全国高等院校应用型创新规划教材·计算机系列

SQL Server 2012 数据库技术实用教程

高 云 主 编

崔艳春 夏 平 副主编

清华大学出版社

北 京

内 容 简 介

这是一本严格采用"工作过程导向"模式规范编写的 Microsoft SQL Server 2012 的教材。本书内容可分为两个部分：数据库的创建和数据库的管理。本书的内容组织以关系数据库理论知识为基础，注重操作技能的培养和实际问题的解决，旨在使学生掌握使用和管理 Microsoft SQL Server 2012。本书以创建"学生管理系统"的数据库为工作任务，具体内容包括设计数据库、创建数据库、创建表、更新和查询记录、Transact-SQL 语言、视图和索引、用户定义函数、存储过程、触发器、管理数据库安全、备份和还原数据库、导入和导出数据库中的数据。最后的项目 18 中介绍了学生管理系统应用程序的设计和实施，从而完成了一个完整的数据库系统。本书贴切实际，结构合理，内容丰富，操作方便。

本书作为 Microsoft SQL Server 2012 的入门类教材，既可以作为高等职业教育计算机及相关专业的教材，也可作为 Microsoft SQL Server 2012 的各种培训班、职业资格等级考试或认证考试的培训教材，还可用于读者自学。

图书在版编目(CIP)数据

SQL Server 2012 数据库技术实用教程/高云主编. --北京：清华大学出版社，2016（2020.2重印）
(全国高等院校应用型创新规划教材·计算机系列)
ISBN 978-7-302-41918-1

Ⅰ. ①S… Ⅱ. ①高… Ⅲ. ①关系数据库系统—高等学校—教材 Ⅳ. ①TP311.138

中国版本图书馆 CIP 数据核字(2015)第 262496 号

责任编辑：章忆文
封面设计：杨玉兰
责任校对：周剑云
责任印制：杨　艳

出版发行：清华大学出版社
　　　网　　　址：http://www.tup.com.cn, http://www.wqbook.com
　　　地　　　址：北京清华大学学研大厦 A 座　　　　　邮　　编：100084
　　　社 总 机：010-62770175　　　　　　　　　　　邮　　购：010-62786544
　　　投稿与读者服务：010-62776969, c-service@tup.tsinghua.edu.cn
　　　质量反馈：010-62772015, zhiliang@tup.tsinghua.edu.cn
　　　课件下载：http://www.tup.com.cn, 010-62791865
印 装 者：北京九州迅驰传媒文化有限公司
经　　销：全国新华书店
开　　本：185mm×260mm　　　印　张：23.75　　　字　数：573 千字
版　　次：2016 年 1 月第 1 版　　　　　　　　　　印　次：2020 年 2 月第 4 次印刷
定　　价：58.00 元

产品编号：064708-02

前　言

为适应高职院校应用型人才培养迅速发展的趋势，培养以就业市场为导向的具备"职业化"特征的高级应用型人才，着眼于国家发展和培养造就综合能力人才的需要，"任务驱动、项目导向"成了主流的教学模式。本书以 Microsoft SQL Server 2012 为数据库管理系统，通过完成一个完整的学生管理系统，引导学生掌握 Microsoft SQL Server 2012 的使用和管理。

本书特色

本书以实际工作任务为背景，将知识的学习、技能的练习与任务相结合，再通过课后练习帮助读者巩固所学内容。每一个项目均针对数据库设计和实施中的一个工作过程环节来传授相关的课程内容，实现实践技能与理论知识的整合，将工作环境与学习环境有机地结合在一起。本书内容简明扼要，结构清晰，通过工作过程的讲解将掌握关系数据库的理论知识和掌握 Microsoft SQL Server 2012 的使用方法有机结合，示例众多，步骤明确，讲解细致，突出可操作性和实用性。再辅以丰富的实训题和课后练习，使学生得到充足的训练，具备使用 Microsoft SQL Server 2012 解决实际问题的能力。

本书由高职院校的优秀教师编写，是在其现有教学成果基础上整合编写而成的，作者拥有丰富的开发案例和教学经验。本书共分为 18 个项目，计划需要 80 个课时，需要用一学期进行学习。

本书主要内容

项目 1 介绍数据库的设计。通过该项目的学习，主要了解数据库的基本概念、数据模型、关系代数和数据库的设计方法与步骤，掌握数据库的理论知识，为后面使用 Microsoft SQL Server 2012 做好准备。

项目 2 介绍安装 SQL Server 2012。通过该项目的学习，了解 SQL Server 的组成，掌握如何安装 SQL Server 2012。

项目 3 讲解如何创建数据库。通过该项目的学习，主要掌握 SQL Server 数据库的分类和文件组成，掌握创建、修改、删除和查看数据库的方法，掌握分离和附加数据库的方法。

项目 4 介绍如何创建数据库中的表，设置表的数据完整性。通过该项目的学习，掌握表的概念，掌握创建、修改、删除表的方法，掌握数据完整性的概念、分类和具体实施方法。

项目 5 介绍如何创建索引。通过该项目的学习，掌握索引的概念和分类，掌握创建、修改、删除索引的方法，了解设计和优化索引的方法。

项目 6 介绍如何创建视图。通过该项目的学习，掌握视图的概念、分类、创建和使用。

项目 7 介绍了 Transact-SQL 语言。通过该项目的学习，了解 Transact-SQL 语言的基础知识。

项目 8 讲解如何查询数据库中的记录。通过该项目的学习，了解 SELECT 语句的组成，掌握 SELECT 语句的书写。

项目 9 学习使用 Transact-SQL 语句插入、更新和删除记录。

项目 10 介绍事务和锁。通过该项目的学习，掌握事务的概念、属性、类型和使用，掌握并发控制的概念和类型，掌握隔离级别的类型，掌握锁定、锁粒度、锁模式、锁兼容性和死锁的概念。

项目 11 学习使用游标。通过该项目的学习，掌握游标的概念、类型和使用方法。

项目 12 讲解创建存储过程。通过该项目的学习，掌握存储过程的概念、分类和作用，介绍创建、修改、删除、执行和查看存储过程的方法。

项目 13 学习使用用户定义函数。通过该项目的学习，掌握用户定义函数的概念、作用和类型，掌握创建、修改、删除、执行和查看用户定义函数的方法。

项目 14 学习使用触发器。通过该项目的学习，掌握触发器的概念、分类、工作原理、创建和使用。

项目 15 讲解对数据库的备份和还原。通过该项目的学习，掌握备份、还原和恢复的概念，掌握备份设备的概念，掌握恢复模式的概念和类型，掌握不同恢复模式下对数据库备份和还原的方法。

项目 16 讲解导入和导出数据库中的数据。通过该项目的学习，掌握 SQL Server 导入和导出向导的使用，学习 SSIS 的作用和工作方式，掌握创建和执行 SSIS 包来导入和导出数据库中的数据。

项目 17 学习管理数据库安全。通过该项目的学习，掌握数据库权限层次结构，掌握身份验证模式的分类，掌握登录名、用户、权限、角色的概念、分类、创建和使用。

项目 18 设计并完成了基于 Windows 的学生管理系统和基于 Web 的学生管理系统。通过本项目的完成，学习 Windows 应用程序的创建方法，学习 Web 应用程序的创建方法，学习注册和登录页面的设计方法，学习查询学生功能的实现方法。

读者对象

本书作为 Microsoft SQL Server 2012 的入门类教材，既可以作为高等职业教育计算机及相关专业的教材，也可作为 Microsoft SQL Server 2012 的各种培训班、职业资格等级考试或认证考试的培训教材，还可用于读者自学。

本书由高云(南京信息职业技术学院教师)任主编，崔艳春(南京信息职业技术学院教师)、夏平(南京信息职业技术学院教师)任副主编，其中项目 1、2、3、4、5、6、7、8、9、10 由高云编写，项目 11、12、13、14 由夏平编写，项目 15、16、17、18 由崔艳春编写，高云负责本书的校对。全书框架结构由何光明拟定，王珊珊、石雅琴、卢振侠、郑爱琴、杨橙、陈凤、曹冬梅等参与了部分资料整理工作。

由于作者水平有限，书中难免存在不当之处，恳请广大读者批评指正。

编　者

目录

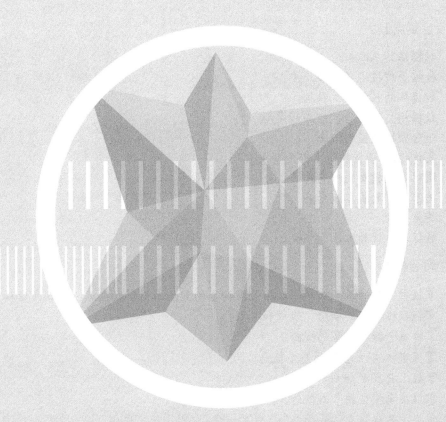

项目 1

设计数据库

【项目要点】

- 数据库的基本概念。
- 数据管理技术的发展历史。
- 数据库的三级模式结构。
- 数据模型的概念、组成和类型。
- 概念数据模型的概念。
- 实体-联系模型的基本概念和 E-R 图。
- 逻辑数据模型的概念和类型。
- 关系模型的基本概念。
- 关系代数。
- 数据库设计的方法和步骤。

【学习目标】

- 掌握数据库的基本概念、数据管理技术的发展历史和数据库三级模式结构。
- 掌握数据模型的概念、组成和类型。
- 掌握概念数据模型的概念。
- 掌握实体-联系模型的基本概念。
- 掌握 E-R 图的组成和画法。
- 掌握关系模型的基本概念。
- 掌握关系代数表达式的书写。
- 掌握数据库设计的方法和步骤。

1.1　数据库的基本概念

1.1.1　数据库

信息(Information)是现实世界事物的存在方式或运动状态的反映，其内容描述的是事物之间的相互联系和相互作用。

数据(Data)是描述事物的符号记录。数据包括文字、图形、图像、声音等。数据包括两个方面，即型和值。型是指数据的类型，是数值类、字符类还是日期类等；值是指数据在给定类型下的值，比如数值类的值可以是 12、字符类的值可以是"中国"、日期类的值可以是"2015-3-22"等。

数据和信息之间存在着联系，信息通过数据表示，而信息是数据的含义。

数据库(Database，DB)是一个长期存储在计算机内的、有组织的、有共享的、统一管理的数据集合。数据库中的数据是按照一定的数据模型组织、描述和存储的，有较小的冗余度、较高的数据独立性和易扩展性。

1.1.2　数据库管理系统

数据库管理系统(Database Management System，DBMS)是使用和管理数据库的系统软件，位于用户与操作系统之间，负责对数据库进行统一的管理和控制。所有对数据库的操作都交由数据库管理系统完成，这使得数据库的安全性和完整性得以保证。

数据库管理系统主要具备 6 个功能：数据定义，数据的组织、存储和管理，数据操纵，数据库的运行管理和安全保护，数据库的维护，通信和互操作。

数据定义功能用于建立和修改数据库的库结构，数据库管理系统提供数据定义语言(Data Definition Language，DDL)来完成数据定义功能。

数据的组织、存储和管理功能的目标是提高存储空间利用率，选择合适的存取方法提高存取效率。数据的组织、存储与管理功能主要包括 DBMS 如何分类组织、存储和管理各种数据，包括数据字典、用户数据、存取路径等，需确定以何种文件结构和存取方式在存储级上组织这些数据，如何实现数据之间的联系。

数据操纵功能用于用户对数据库插入、更新、删除和查询数据，数据库管理系统提供数据操纵语言(Data Manipulation Language，DML)来完成数据操纵功能。

数据库的运行管理和安全保护功能确保数据库系统的正常运行，内容包括多用户环境下的并发控制、安全性检查、存取限制控制、完整性检查、日志的管理、事务的管理和发生故障后数据库的恢复。数据库管理系统提供数据控制语言(Data Control Language，DCL)来完成数据库的运行管理和安全保护功能。

数据库的维护功能包括数据库的数据输入、转换、转储、数据库的重组织、数据库性能监视和分析等功能，这些功能是由若干实用程序和管理工具来完成的。

通信和互操作功能是指数据库管理系统与其他系统的通信和不同数据库之间的互操作。

1.1.3　数据库系统

数据库系统(Database Systems，DBS)是指在计算机系统中引入了数据库的系统，专门用于完成特定的业务信息处理。数据库系统包括硬件、软件和用户。其中，软件包括数据库、数据库管理系统、操作系统、应用开发工具和数据库应用程序。用户包括系统分析员、数据库设计人员、程序开发人员、数据库管理员和最终用户。数据库系统的核心是数据库管理系统。

数据库管理员(Database Administrator，DBA)是专门负责管理和维护数据库系统的人。通常，数据库管理员的工作职责包括参与或负责数据库设计，根据应用来创建和修改数据库，设计系统存储方案并制定未来的存储需求计划，维护数据库的数据安全性、完整性、并发控制，安装和升级数据库服务器以及应用程序工具，管理和监控数据库的用户，监控和优化数据库的性能，制定数据库备份计划，定期进行数据库备份，在灾难出现时对数据库信息进行恢复，等等。在实际工作中，一个数据库系统可能有一个或多个数据库管理员，也可能数据库管理员同时也负责系统中的其他工作。

数据库应用系统(Database Application Systems，DBAS)是指由数据库、数据库管理系统、数据库应用程序组成的软件系统。

1.1.4 数据管理技术的发展

数据管理技术是指对数据进行分类、组织、编码、存储、检索和维护的技术。数据管理技术的发展大致划分为 3 个阶段，即人工管理阶段、文件系统阶段和数据库系统阶段。

(1) 人工管理阶段。20 世纪 50 年代中期之前，计算机刚刚出现，主要用于科学计算。硬件存储设备只有磁带、卡片和纸带；软件方面还没有操作系统，没有专门管理数据的软件。因此，程序员在程序中不仅要规定数据的逻辑结构，还要设计其物理结构，包括存储结构、存取方法、输入输出方式等。数据的组织面向应用，不同的计算程序之间不能共享数据，使得不同的应用之间存在大量的重复数据，数据与程序不独立。数据通过批处理方式进行处理，处理结果不保存，难以重复使用。

(2) 文件系统阶段。20 世纪 50 年代中期到 60 年代中期，随着计算机大容量存储设备(如硬盘)和操作系统的出现，数据管理进入文件系统阶段。在文件系统阶段，数据以文件为单位存储在外存，且由操作系统统一管理。用户通过操作系统的界面管理数据文件。文件的逻辑结构与物理结构相独立，程序和数据分离。用户的程序与数据可分别存放在外存储器上，各个应用程序可以共享一组数据，通过文件来进行数据共享。但是，数据在文件中的组织方式仍然是由程序决定，因此必然存在相当的数据冗余。数据的逻辑结构和应用程序相关联，一方修改，必然导致另一方也要随之修改。此外，简单的数据文件不能体现现实世界中数据之间的联系，只能交由应用程序来进行处理，缺乏独立性。

(3) 数据库系统阶段。20 世纪 60 年代后，随着计算机在数据管理领域的普遍应用，数据管理开始运用数据库技术，进入了数据库系统阶段。数据库技术以数据为中心组织数据，采用一定的数据模型，数据模型不仅体现数据本身的特征，而且体现数据之间的联系，数据集成性高。根据数据模型建成的数据库数据冗余小，易修改、易扩充，便于共享，程序和数据有较高的独立性。数据库管理系统统一管理与控制数据库，保证了数据的安全性和完整性，可以有效地控制并发管理。

20 世纪 80 年代中期以来，数据库技术与其他新技术相结合，陆续产生了多种类型的数据库，如面向对象数据库、分布式数据库、并行数据库、多媒体数据库、模糊数据库、时态数据库、实时数据库、知识数据库、统计数据库等。随着大数据时代的到来，各行各业不仅越来越多地面对海量数据，更迫切需求信息的挖掘和决策的制定，从而推动数据管理技术的进一步发展。

1.1.5 数据库系统的体系结构

从数据库管理系统角度看，数据库系统通常采用三级模式结构，即数据库系统由外模式、模式和内模式三级组成，如图 1-1 所示。

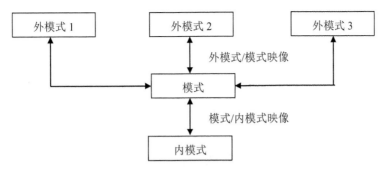

图 1-1　数据库系统三级模式结构图

- 模式：模式也称逻辑模式或概念模式，是数据库中全体数据的逻辑结构和特性的描述，是所有用户的公共数据视图。模式和数据的物理存储及硬件无关，也和使用的应用程序无关。一个数据库只有一个模式。
- 外模式：外模式也称子模式或用户模式，是数据库用户能够使用的部分数据的逻辑结构和特征的描述，是用户的数据视图。外模式面向用户，描述用户所关心的数据，是模式的子集。一个数据库可以有多个外模式。
- 内模式：内模式也称物理模式或存储模式，是数据库中数据物理结构和存储方式的描述，是数据在数据库内部的表示方式。一个数据库只有一个内模式。

数据库系统的三级模式满足了数据库的不同层面的需求。数据库管理系统在三级模式结构之间提供了两层映像，即外模式/模式映像和模式/内模式映像。这种两层映像机制保证了数据库系统的数据独立性。数据独立性包括逻辑独立性和物理独立性。

- 外模式/模式映像：每个外模式和模式之间存在外模式/模式映像，是外模式所描述的数据局部逻辑结构和模式所描述的全局逻辑结构之间的对应关系。当模式改变时，只要修改外模式/模式的映像，使得外模式保持不变，那么使用外模式的应用程序也保持不变，从而保证了数据的逻辑独立性。逻辑独立性将数据库的结构与应用程序相分离，减少了修改应用程序的工作量。
- 模式/内模式映像：模式和内模式之间存在模式/内模式映像，是模式所描述的全局逻辑结构和内模式所描述的物理存储结构之间的对应关系。当内模式改变时，只要修改模式/内模式的映像，使得模式保持不变，那么外模式以及相关的应用程序都不用修改，从而保证了数据的物理独立性。

1.2　数据模型

1.2.1　数据模型的概念

数据模型是数据库的核心和基础，是对现实世界的抽象描述。数据模型描述现实世界的数据、数据之间的联系、数据的语义和完整性约束。数据模型应能够比较真实地模拟现实世界，容易被人们理解，便于在计算机上实现。通过数据模型的建立，人们完成了从现实世界到信息世界和机器世界之间信息的抽象和表示，使得现实中的问题通过计算机系统得到精准的描述和解决。

1.2.2 数据模型的组成

数据模型描述了数据库系统的静态特征、动态特征和完整性约束条件。数据模型包括数据结构、数据操作和完整性约束 3 个部分。

1. 数据结构

数据结构是数据库中所有对象类型的集合，是对系统静态特征的描述。数据结构是数据模型的核心。通常根据数据模型中数据结构的类型来命名数据模型，如将采用层次结构、网状结构和关系结构的数据模型命名为层次模型、网状模型和关系模型。

2. 数据操作

数据操作是基于数据结构并对数据库中对象可执行的操作和操作规则的集合，是对系统动态特征的描述。数据操作主要包括数据库中数据的插入、更新、修改和查询的操作。数据模型必须定义这些操作的确切含义、操作符号、操作规则及实现操作的语言。

3. 完整性约束

完整性约束是一组完整性规则的集合。完整性约束规定了数据模型中的数据本身及数据之间所需要遵守的约束条件，以便确保数据库中数据的正确、有效和相容。

1.2.3 数据模型的类型

用计算机解决现实中的问题，这其实就是建立不同阶段的数据模型的过程。通过建立不同阶段的数据模型，人们将现实世界的特征抽象出来，然后转化为能用计算机建立的模型，从而达到解决实际问题的目的。

根据数据建模的不同阶段，数据模型分为概念数据模型、逻辑数据模型和物理数据模型 3 个类型。

1. 概念数据模型

概念数据模型，也称概念模型，能够真实地反映现实世界，包括事物和相互之间的联系，能满足用户对数据的处理要求，是表示现实世界的一个抽象模型。概念数据模型是用户与数据库设计人员之间进行交流的语言。概念数据模型不依赖于特定的数据库管理系统，但可以转换为特定的数据库管理系统所支持的数据模型。因此，概念数据模型要易于理解、易于扩充和易于向各种类型的逻辑数据模型转换。

概念数据模型有实体-联系模型、面向对象的数据模型、二元数据模型、语义数据模型、函数数据模型等。下面主要介绍实体-联系(E-R)模型。

实体-联系模型是采用 E-R 图来描述现实世界的概念模型。E-R 图由简单的图形构成，可以直观地表示现实世界中各类对象的特征和对象之间的联系。

1) E-R 图的介绍

E-R 图的组成元素包括实体集、属性、联系。E-R 图中，实体集用矩形表示，内有实体集名称；属性用椭圆形表示，内有属性名称，并以直线与所属实体集或联系相连；联系用菱形表示，内有联系名称，并以直线与实体集相连，并在联系旁边注明联系的类型(1：1、1：n 或者 m：n)。如果联系有属性，那么也要用直线将属性和联系相连。

2) 实体-联系模型中的基本概念

(1) 实体：实体是现实世界中可区分的客观对象或抽象概念。例如，一个学生、一门课程。

(2) 属性：属性是实体所具有的特征。一个实体往往有多个属性。例如，每个学生都有学号、姓名、性别、班级、出生日期等属性。

(3) 实体集：实体集是具有相同属性描述的实体的集合。例如，所有学生、所有课程。

(4) 实体型：实体型将实体集抽象为实体的名称和所有属性来表示该类实体。例如，学生(学号，姓名，性别，班级，出生日期)就是学生实体集的实体型。

(5) 码：码也称键，是可以将实体集中每个实体进行区分的属性或属性集。例如，每个学生的学号绝不相同，学号这个属性可以作为学生实体集的键。

(6) 域：域是实体集的各个属性的取值范围。例如，学生的性别属性取值为"男"或"女"。

(7) 联系：两个实体集之间存在一对一、一对多和多对多 3 种联系。例如，一个班主任只管理一个班级，一个班级只有一个班主任，班主任和班级之间是一对一的联系；一个班级有多个学生，一个学生只属于一个班级，班级和学生之间是一对多的联系；一门课程有多个学生选修，一个学生选修多门课程，课程和学生之间是多对多的联系。两个实体集之间的 3 种联系如图 1-2 所示。

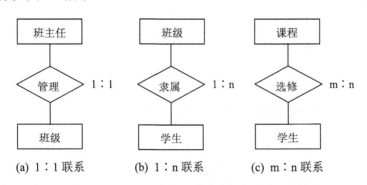

图 1-2 两个实体集之间的联系图

单一实体集之间也存在一对一、一对多和多对多 3 种联系。例如，领导和职工之间，一个领导可以管理多个职工，而领导本人也是职工，如图 1-3 所示。

两个以上的实体集之间也存在一对一、一对多和多对多 3 种联系。例如，一门课程由多个教师讲授，一门课程有多个学生学习，一个学生的一门课程可能由多个教师讲授(因为有可能存在补考和重修)，如图 1-4 所示。

图 1-3　单个实体集之间的一对多联系图

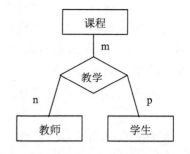

图 1-4　3 个实体集之间的多对多联系图

班主任、班级、学生、课程 4 个实体集组成的 E-R 图如图 1-5 所示。

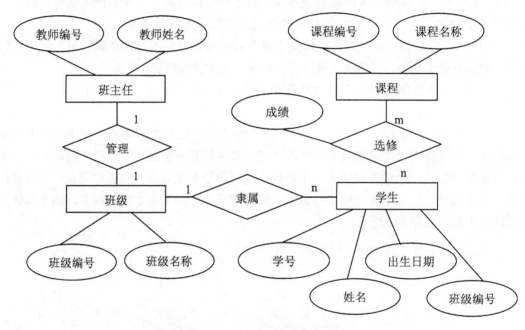

图 1-5　班主任、班级、学生、课程实体集的 E-R 图

2. 逻辑数据模型

逻辑数据模型，也称逻辑模型，是与特定的数据库管理系统相关的数据模型。逻辑模型设计的要求是把概念模型转换成所选用的数据库管理系统所支持的特定类型的逻辑模型。

现有的逻辑模型主要包括层次模型、网状模型和关系模型。

1) 层次模型

层次模型的总体结构为树形结构，其中结点表示记录类型，每个记录类型包含多个字段，结点之间的连线表示记录类型之间的联系。层次模型有且只有一个根结点，除根结点外的所有结点向上有且只有一个父结点，向下可以有一个或多个子结点。层次模型的优点是数据结构简单，完整性支持良好，但仅适用于数据具有层次性联系的场合，插入和删除结点操作的限制较多，查询必须逐级通过父结点。

2) 网状模型

网状模型允许每个结点有零个或多个父结点，还允许结点之间有多个联系。网状模型较层次模型相比更接近现实，存取效率高，但数据独立性复杂，在存取时要指定路径，应用程序访问困难。

3) 关系模型

关系模型建立在严格的数学概念基础上，是当前流行的逻辑模型。以二维表为基本结构所建立的模型称为关系模型。关系模型中，表是基础逻辑结构，由行和列组成，如表 1-1 所示。

表 1-1   教师信息表

教师工号	姓　名	性　别	出生日期	职　称
09001	王斌	男	1975-3-26	副教授
09002	李梅	女	1977-6-2	讲师
09003	金志明	男	1957-12-15	教授
09004	王思思	女	1981-3-2	助教

关系模型中以表来表示实体以及实体之间的联系，以表来存储记录，数据结构简单，存取路径透明，具有良好的数据独立性和安全保密性。关系模型中的基本概念如下。

● 关系：表。
● 元组：也称记录，是表中的一行，代表该关系所包含的一个实体。
● 属性：也称字段，是表中的一列，代表该关系所具有的一个特性。
● 码：表中可以唯一确定一个元组的属性或者属性组。
● 候选码：表中所有可以唯一确定一个元组的属性或者属性组的集合。其中，属性组中应没有可去除的属性。
● 主码：表中唯一确定一个元组的属性或者属性组。一个表只能有一个主码。
● 外码：不是表中的码，但与另一个表中的主码相对应的属性或者属性组。
● 域：属性的取值范围。
● 分量：一个元组中的某个属性值。
● 关系模式：对关系的描述，可写成"关系名(属性 1,属性 2,…,属性 n)"。

关系具有以下 7 个性质。

● 关系中元组的个数有限。
● 关系中的元组不能重复，
● 关系中的元组可以交换顺序。
● 关系中的属性具有原子性，不可分解。
● 关系中各属性的名称不能重复。
● 关系中的属性可以交换顺序。
● 关系中各元组同一属性值的值域是相同的。

关系模型的数据操作主要包括查询、插入、更新和删除。

关系模型的完整性分为实体完整性、参照完整性和域完整性 3 类。其中，实体完整性是指关系的主码值不能为空值；参照完整性是指关系的外码值必须为空值或者等于所对应主码所在关系中某个元组的主码值；域完整性是指关系的属性值满足特定的语义要求。

1.2.4　数据库的规范化

既然关系模型是用关系来保存数据，那么是不是关系中只要能装入所有数据就行了呢？答案是否定的。关系模式不是随意设计的。关系模式设计不佳，会导致后续使用出现如数据冗余量过大、插入异常、更新异常、删除异常等问题。

因此，关系模式的设计必须满足一定的标准，这个标准就是范式。关系数据库中的关系模式必须满足一定级别的范式。范式是符合某一种级别的关系模式的集合。目前，关系模式有 6 种范式，即第一范式(1NF)、第二范式(2NF)、第三范式(3NF)、改进的第三范式(BCNF)、第四范式(4NF)和第五范式(5NF)。满足最低要求的范式是第一范式(1NF)。在第一范式的基础上进一步满足更多要求的称为第二范式(2NF)，其余范式依次类推。

第一范式是指关系模式的每一个属性都是不可分割的基本数据项，同一行同一列中不能有多个值。在任何一个关系数据库中，第一范式是对关系模式的基本要求，不满足第一范式的数据库就不是关系数据库。例如，学生表包含学号、学生姓名、班级编号和联系方式，其中联系方式不能将电话、地址和邮编 3 类数据合在一列中显示，解决的方法是在学生表中设置电话、地址和邮编 3 个属性，分别保存这 3 部分数据。

第二范式建立在第一范式的基础上，即满足第二范式必须先满足第一范式。第二范式要求关系模式的非主属性完全函数依赖于码，不能存在对码的部分函数依赖。例如，成绩表包含学号、学生姓名、班级编号、课程编号、成绩，主码是学号、课程编号和班级编号。但是，只知道学号和课程编号就可以查出该学生的成绩，不需要知道学生的班级编号，因此成绩表的现有结构不符合第二范式。这样设计的表在使用中有很多问题，插入一个学生的所有课程成绩将反复插入该生的基本信息，如果删除该生的所有课程成绩将导致删除该生的基本信息，如果该生的基本信息有变化又需要将其所有的成绩记录进行更新。为了解决数据冗余和重复操作的问题，可以将其中的学号和班级编号分解出来，形成学生表，原有的成绩表保留学号、学生姓名、课程编号和成绩。学生表的主码是学号，成绩表的主码是学号和课程编号，这样调整使得两个表均满足第二范式。

第三范式建立在第二范式的基础上，要求关系模式中的非主属性不依赖于其他非主属性，也就是不存在传递依赖。例如，班级表包含班级编号、班级名称、系编号、系名称，主码是班级编号。如果插入同一个系的两个班级的信息，将产生两条记录，其中系编号和系名称完全一样。其实，系编号决定了系名称，这样又会产生大量的数据冗余。可以添加系表，系表包含系编号、系名称、系简介，主码是系编号，在班级表中删除系名称和系简介，添加系编号。这样使得关系模式满足第三范式。

BCNF 建立在第三范式的基础上，是指关系模式的所有非主属性完全函数依赖于码，所有主属性完全函数依赖于不包含它的码，没有属性完全函数依赖于非码的任何属性组。例如，排课表包含课程编号、教师编号和学号。一名教师教一门课程，一名学生上一门课程，一门课程有多名教师任教。由此可见，知道学号和教师编号便可推断课程编号，但根据教师编号也可以推断课程编号。这个关系模式有学号和教师编号及教师编号两个码，虽然满足第三范式，但不满足 BCNF。可以将这个关系模式分解成任教表和选课表，任教表包含教师编号和课程编号，选课表包含学号和教师编号。这两个关系模式满足了 BCNF。

第一范式到第五范式的 6 种范式之间的关系：第五范式高于第四范式高于 BCNF 高于第三范式高于第二范式高于第一范式。但并不是说关系模式分解的数量越多越好，表的数量过多反而会导致连接操作的代价增大，影响数据库的使用效率。一般说来，工程项目中关系数据库设计只需满足第三范式(3NF)就行了。

1.3　关　系　代　数

关系模型的数据结构是关系，也就是表。对于关系中元组的操作包括插入、更新、删除和查询 4 种。这些操作可以使用数学理论来进行表述，其中最重要的是关系代数。

1.3.1　传统的集合运算

关系代数中，传统的集合运算包括并、差、交和笛卡儿积。

(1) 并：假设关系 R 和关系 S，R 和 S 的关系模式完全一样，则 R 和 S 并运算的结果是由关系 R 和关系 S 中所有的元组组成(重复元组需要去除)，记作 R∪S，如图 1-6 所示。

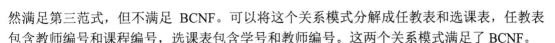

图 1-6　并运算示意图

(2) 差：假设关系 R 和关系 S，R 和 S 的关系模式完全一样，则 R 和 S 差运算的结果是仅存在于关系 R 而不存在于关系 S 的元组组成，记作 R-S，如图 1-7 所示。

图 1-7　差运算示意图

(3) 交：假设关系 R 和关系 S，R 和 S 的关系模式完全一样，则 R 和 S 交运算的结果是由关系 R 和关系 S 共同存在的元组组成，记作 R∩S，如图 1-8 所示。

关系 R			
A	B	C	D
a	b	1	2
a	b	3	4
c	d	1	2
c	d	5	6

关系 S			
A	B	C	D
a	b	1	2
a	b	5	6
c	d	1	3
c	d	5	6

R∩S			
A	B	C	D
a	b	1	2
c	d	5	6

图 1-8　交运算示意图

(4) 笛卡儿积：假设关系 R 和关系 S，则 R 和 S 笛卡儿积运算的结果是由关系 R 的元组和关系 S 的元组拼接组成，笛卡儿积的关系模式同样也是 R 和 S 的关系模式的拼接结果，记作 R×S，如图 1-9 所示。

关系 R			
A	B	C	D
a	b	1	2
a	b	3	4
c	d	1	2
c	d	5	6

关系 S			
A	B	C	D
a	b	1	2
a	b	5	6
c	d	1	3
c	d	5	6

R×S							
R.A	R.B	R.C	R.D	S.A	S.B	S.C	S.D
a	b	1	2	a	b	1	2
a	b	3	4	a	b	1	2
c	d	1	2	a	b	1	2
c	d	5	6	a	b	1	2
a	b	1	2	a	b	5	6
a	b	3	4	a	b	5	6
c	d	1	2	a	b	5	6
c	d	5	6	a	b	5	6
a	b	1	2	c	d	1	3
a	b	3	4	c	d	1	3
c	d	1	2	c	d	1	3
c	d	5	6	c	d	1	3
a	b	1	2	c	d	5	6
a	b	3	4	c	d	5	6
c	d	1	2	c	d	5	6
c	d	5	6	c	d	5	6

图 1-9　笛卡儿积运算示意图

1.3.2　专门的关系运算

关系代数中，专门的关系运算包括选择、投影、连接和除运算。

在使用关系运算时，往往还会使用到比较运算符和逻辑运算符。比较运算符包括>、>=、<、<=、=和<>(代表不等于)。逻辑运算符包括∧(与)、∨(或)和非(¬)。比较运算符和逻辑运算符可以组合使用，就是逻辑表达式。例如，a=0、b<3∧c>=10、¬(a='abc'∧b<10)。逻辑表达式的结果只能为逻辑值“真”或者“假”。

(1) 选择：选择运算是在关系 R 中选择满足给定条件 F 的元组，记作$\sigma_F(R)$，其中的 F 是一个逻辑表达式。选择运算是对关系进行水平分解，也就是说运算结果的模式和原关系的模式完全一样。例如，在关系 R 中选择属性 A 值为“a”并且属性 C 值为 1 的元组，表达式写作$\sigma_{A='a'\wedge C=1}(R)$，如图 1-10 所示。

$\sigma_{A='a'\wedge C=1}(R)$也可以写作$\sigma_{1='a'\wedge 3=1}(R)$，这里的 1='3'的意思是第一属性列的值等于 3，3=1 的意思是第三属性列的值等于 1。

(2) 投影：选择运算是在关系 R 中选择所需的属性列，记作$\pi_A(R)$，其中的 A 是 R 中的属性列。投影运算是对关系进行垂直分解，也就是说运算结果的模式和原关系的模式不完全一样，属性列少于或等于原有关系，如果出现重复行则需要去除。例如，在关系 R 中对属性 A 和属性 B 进行投影，表达式写作$\pi_{A,B}(R)$，如图 1-11 所示。

关系 R

A	B	C	D
a	b	1	2
a	b	3	4
c	d	1	2
c	d	5	6

$\sigma_{a'\wedge C=1}(R)$

A	B	C	D
a	b	1	2

图 1-10　选择运算示意图

关系 R

A	B	C	D
a	b	1	2
a	b	3	4
c	d	1	2
c	d	5	6

$\pi_{A,B}$ (R)

A	B
a	b
c	d

图 1-11　投影运算示意图

(3) 连接：连接也称θ连接。连接运算是从关系 R 和关系 S 的笛卡儿积运算结果中选择属性值之间满足条件的元组，记作$R\underset{i\theta j}{\bowtie}S$。其中，i 和 j 分别是关系 R 和关系 S 上的属性组，值具备可比性，θ是比较运算符。

连接运算中有两种最重要的运算，分别是等值运算和自然连接。等值运算是指θ为“=”的连接运算。等值运算从是从关系 R 和关系 S 的笛卡儿积运算结果中选择属性值相等的元组，记作$R\underset{i\theta j}{\bowtie}S$。自然连接将关系 R 和关系 S 中相同属性组具有相同值的元组进行等值连接，结果中相同属性需要去重，记作 $R\bowtie S$。连接、等值连接和自然连接如图 1-12 所示。

(4) 除：假设关系 R(X,Y)和关系 S(Y,Z)，其中 X，Y，Z 为属性组。R 中的 Y 与 S 中的 Y 可以有不同的属性名，但必须出自相同的域集。R 与 S 的除运算得到一个新的关系 P(X)，P 是 R 中满足下列条件的元组在 X 属性列上的投影：元组在 X 上分量值 x 的象集 Yx 包含 S 在 Y 上投影的集合。记作 R÷S，如图 1-13 所示。

关系 R

A	B	C	D
a	b	1	2
a	b	3	4
c	d	1	2
c	d	5	6

关系 S

A	B	E	F
a	b	1	2
a	b	5	6
c	d	1	3
c	d	5	6

$R \underset{C<E}{\bowtie} S$

R.A	R.B	C	D	S.A	S.B	E	F
a	b	1	2	a	b	5	6
a	b	1	2	c	d	5	6
a	b	3	4	a	b	5	6
a	b	3	4	c	d	5	6
c	d	1	2	a	b	5	6
c	d	1	2	c	d	5	6

$R \underset{C=E}{\bowtie} S$

R.A	R.B	C	D	S.A	S.B	E	F
a	b	1	2	a	b	1	2
a	b	1	2	c	d	1	3
c	d	1	2	a	b	1	2
c	d	1	2	c	d	1	3
c	d	5	6	a	b	5	6
c	d	5	6	c	d	5	6

$R \bowtie S$

A	B	C	D	E	F
a	b	1	2	1	2
a	b	1	2	5	6
a	b	3	4	1	2
a	b	3	4	5	6
c	d	1	2	1	3
c	d	1	2	5	6
c	d	5	6	1	3
c	d	5	6	5	6

图 1-12　连接、等值连接、自然连接运算示意图

关系 R

A	B	C
a	d	1
b	d	5
c	d	1
c	d	5

关系 S

B	C	D
d	1	3
d	5	6

R÷S

A
c

图 1-13　除运算示意图

1.4　数据库设计的方法和步骤

　　数据库设计是指将基于特定的信息内容、操作方法和应用环境来设计数据库的数据模式。数据库设计的目标是为用户提供一个高效、安全的数据库，满足用户的使用需求。大型数据库设计是一项复杂的工程，要求数据库设计人员既要具有坚实的数据库知识，还要具备应用系统开发的能力，同时要了解应用系统的业务使用。因此，数据库设计是一项涉及多学科的综合性技术。系统设计师、程序设计师、数据库管理员和用户代表也应参与整

个数据库设计过程。

1.4.1 数据库设计的方法

目前常用的各种数据库设计方法都属于规范设计法，即都是运用软件工程的思想与方法，根据数据库设计的特点，提出了各种设计准则与设计规程。这种工程化的规范设计方法也是在目前技术条件下设计数据库的最实用的方法。规范设计法中，最著名的是新奥尔良(New Orleans)方法。新奥尔良方法采用软件工程的思想，按照软件开发生命周期来完成数据库的设计，开发过程采取工程化方法，按照步骤来进行，确保数据库设计的质量。

1.4.2 数据库设计的步骤

按照常用的规范设计法——新奥尔良方法来划分，数据库设计分为 6 个阶段，即需求分析、概念设计、逻辑设计、物理设计、数据库的实施和部署、数据库的运行和维护。

1. 需求分析

需求分析的内容是充分调查研究，收集基础数据，了解系统运行环境，明确用户需求，确定新系统的功能，最终得到系统需求分析说明书，作为设计数据库的依据。需求分析所调查的重点是数据和处理，以获得用户对数据库的以下要求：①用户需要从数据库中获得信息的内容与性质；②用户要完成什么处理功能，处理有哪些业务规则；③数据操作、系统吞吐量、并发访问的性能要求；④安全性和数据完整性的要求；⑤数据库及其应用系统的环境要求。

在做需求分析时，首先要了解用户单位的组织机构组成，然后调查用户单位的日常业务活动流程。在此基础上，明确用户的信息需求和系统概念需求，明确用户对系统的性能和成本的要求，确认数据项，产生系统需求说明书。需求分析的调查方法包括跟班作业、开调查会、请专人调查、发放用户调查表和查阅原系统有关记录。

经过需求分析，可以产生数据字典、数据流图、判定表和判定树等。①数据字典是系统中所有数据及其处理的描述信息的集合。数据字典由数据项、数据结构、数据流、数据存储、处理过程组成。②数据流图是结构化分析方法中使用的图形化工具，描绘数据在系统中流动和处理的过程。数据流图中包括数据流、数据源、对数据的加工处理和数据存储。数据流图根据层级不同分为顶层数据流图、中层数据流图和底层数据流图。顶层数据流图经过细化可以产生中层数据流图和底层数据流图。③判定表和判定树是描述加工的图形工具，分别是表格和树状结构，适合描述问题处理中具有多个判断，而且每个决策与若干条件有关。判定表和判定树给出判定条件和判定决策，以及判定条件的从属关系、并列关系、选择关系。

2. 概念设计

概念设计的任务是根据需求分析说明书对现实世界进行数据抽象，建立概念模型。概念模型的作用是与用户沟通，确认系统的信息和功能，与数据库管理系统无关。

概念设计方法有 4 种，分别是自顶向下、自底向上、逐步扩张和混合策略。①自顶向下是指先设计概念模型的总体框架，再逐步细化。②自底向上是指先设计局部概念模型，再合并成总体。③逐步扩张是指先设计概念模型的主要部分，再逐步扩充。④混合策略是指将自顶向下和自底向上相结合，先设计概念模型的总体框架，再根据框架来合并各局部概念模型。

概念模型有实体-联系模型、面向对象的数据模型、二元数据模型、语义数据模型、函数数据模型等。

采用实体-联系模型进行概念模型设计的步骤如下。

(1) 设计局部实体-联系模型。具体任务是确定局部实体-联系模型中的实体、实体的属性、关键字、实体之间的联系和属性，画出局部 E-R 图。

(2) 设计全局实体-联系模型。具体任务是合并局部 E-R 图，生成全局 E-R 图，并消除局部 E-R 图合并时产生的冲突。这里的冲突包括属性冲突、命名冲突和结构冲突，仅在合并 E-R 图时才会发现。①属性冲突是指同名的属性的类型、值域或单位不同；②命名冲突是指业务内容相同的属性命名不同或业务内容不同的属性命名相同；③结构冲突是指实体在其他图中作为联系或属性出现，或是同一实体的属性不同。

(3) 优化全局 E-R 模型。具体任务是修改全局 E-R 图，消除冗余属性、消除冗余联系，得到最终的 E-R 图。

3. 逻辑设计

逻辑模型设计的任务是把概念模型转换为所使用的数据库管理系统所支持的逻辑模型，定义数据完整性、安全性，评估性能。

将实体-联系模型转换成关系模型的步骤如下。

(1) 将 E-R 图转换为关系模式集合。在转换时，E-R 图中的一个实体转换为一个关系模式，实体的属性转换为关系模式的属性，实体的码转换为关系模式的关键字。E-R 图中的联系也要进行转换，转换方法如下：①一对一的联系可以转换成单个关系模式，也可以与任意一端的实体型转换成的关系模式合并；②一对多的联系可以转换成单个关系模式，也可以与多端的实体型转换成的关系模式合并；③多对多、3 个及 3 个以上的联系只能转换成单个关系模式。

(2) 对关系模式集合进行规范化处理，满足一定的范式。规范化目的是使结构更合理，消除存储异常，使数据冗余尽量小，便于插入、删除和更新。在对关系模式进行规范化时，必须遵从概念单一化原则，即一个关系模式描述一个实体或实体间的一种联系。规范化的操作方法是确定数据依赖，用关系来表示 E-R 图中的所有实体，对所有数据依赖进行极小化处理，对需要分解的关系模式逐一进行分解，分解后的关系模式集合必须保证不丢失原有关系的信息。实际操作时，并不一定要求全部模式都达到 BCNF，有时会故意保留部分冗余便于数据查询。

(3) 设计外模式。外模式是提供给数据库不同用户的使用接口。对于关系数据库来说，外模式就是视图。视图能够为用户屏蔽不需要的数据库结构，按用户的需求显示数据库中的数据。同时，视图使得用户在使用数据库时，只能使用被视图引用的数据，而不能使用数据库中其他数据，保证了数据库的安全性。在数据库结构发生变化时，只需要修改视图的定义，用户的使用接口保持不变，从而保证了与数据库相关的应用程序无须修改，达到了数据独立性。

(4) 评价数据库性能并优化关系模式。

4．物理设计

物理设计是要选取一个最适合数据库的应用环境的物理结构，包括数据库的存储记录格式、存储记录安排和存取方法，使得数据库具有良好的响应速度、足够的事务流量和适宜的存储空间。它与系统硬件环境、存储介质性能和 DBMS 有关。

在关系模型数据库中，物理设计主要包括存储记录结构的设计、数据存放位置和存取方法。其中，存储记录结构包括记录的组成、数据项的类型和长度，以及逻辑记录到存储记录的映像。数据存放位置是指是否要把经常访问的数据结合在一起。存取方法是指聚集索引和非聚集索引的使用。物理设计还要对综合分析影响数据库的因素，确定系统配置，建立最优化设计方案，使空间利用率达到最大，系统数据操作负荷最小。

5．数据库的实施和部署

数据库实施的内容包括使用数据库管理系统创建实际数据库结构、加载初始数据、编制和调试相应的应用程序、测试数据库及其应用程序。

数据库部署的内容是指将完成并通过测试的数据库及其应用程序，包括相关的系统软件安装在规定的硬件平台上，在数据库中装入完整的数据，配置系统运行环境，对系统的用户进行操作培训，提交用户手册及系统使用文档。

6．数据库的运行和维护

数据库的运行和维护主要是由数据库管理员来负责。数据库的运行和维护主要包括调整数据库的结构，重组与重构数据库，调整数据库的安全性和完整性条件，制定合理的数据备份计划，完成备份以及故障恢复任务，监控数据库性能并优化数据库结构。

1.5　小型案例实训

创建一个学生成绩数据库，所涉及的信息包括校内所有的系、班级、学生、课程、教师和学生成绩。

学生成绩数据库的信息内容如下：每个系有系号、系名和系主任，每个班级有班号、班名、入学年份、人数、系号和班主任，每个学生有学号、姓名、性别、出生日期，每门课程有课程号、课程名、学分和学时，每个教师有教师号、姓名、性别、出生日期、职称。每位学生属于一个班级，每个班级属于一个系，每个班级有一个班主任，每个系有一个系主任，每个学生修多门课程，每门课程有多个学生选修，并有课程成绩。学生成绩需要记录该课程的授课教师、学期、成绩。

先画出学生成绩数据库的 E-R 图，再转换成关系模型。E-R 图和关系模式中加下划线的属性分别是该实体集的和关系模式的主码。

由题意可知，学生成绩数据库 E-R 图中包含 5 个实体，即系、班级、学生、课程和教师。各实体的属性设计如下：系(系号,系名,系主任号)，班级(班号,班名,入学年份,人数,系号,班主任号)，学生(学号,姓名,性别,出生日期,班号)，课程(课程号,课程名,学分,学时)，教师(教师号,姓名,性别,出生日期,职称,系号)。各实体之间的联系包括：班级与系之间的隶属关系，学生与班级之间的隶属关系，教师与系之间的隶属关系，学生选修课程之间的"选修"联系，"选修"联系应有成绩属性。根据以上分析，得到学生成绩数据库的 E-R 图，如图 1-14 所示。

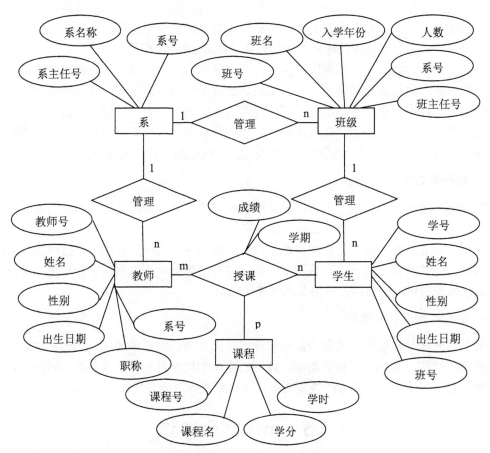

图 1-14　学生成绩数据库 E-R 图

根据学生成绩数据库 E-R 图，转换得到学生成绩数据库关系模式如下。

系(系号,系名,系主任号)

班级(班号,班名,入学年份,人数,系号,班主任号)

学生(学号,姓名,性别,出生日期,班号)

课程(课程号,课程名,学分,学时)

教师(教师号,姓名,性别,出生日期,职称,系号)

成绩(学号,课程号,教师号,成绩,学期)

小　　结

数据库(Database，DB)是一个长期存储在计算机内的、有组织的、有共享的、统一管理的数据集合。数据库中的数据是按照一定的数据模型组织、描述和存储的，有较小的冗余度、较高的数据独立性和易扩展性。

数据库管理系统(Database Management System，DBMS)是使用和管理数据库的系统软件，位于用户与操作系统之间，负责对数据库进行统一的管理和控制。所有对数据库的操作都交由数据库管理系统完成，这使得数据库的安全性和完整性得以保证。

数据库系统(Database Systems，DBS)是指在计算机系统中引入了数据库的系统，专门用于完成特定的业务信息处理。数据库系统包括硬件、软件和用户。其中，软件包括数据库、数据库管理系统、操作系统、应用开发工具和数据库应用程序。用户包括系统分析员、数据库设计人员、程序开发人员、数据库管理员和系统用户。数据库系统的核心是数据库管理系统。

数据管理技术是指对数据进行分类、组织、编码、存储、检索和维护的技术。数据管理技术的发展大致划分为 3 个阶段，即人工管理阶段、文件系统阶段和数据库系统阶段。

从数据库管理系统角度看，数据库系统通常采用三级模式结构，即数据库系统由外模式、模式和内模式三级组成。两层映像机制保证了数据库系统的数据独立性，数据独立性包括逻辑独立性和物理独立性。

数据模型是数据库系统的核心和基础，是对现实世界的抽象描述。数据模型描述现实世界的数据、数据之间的联系、数据的语义和完整性约束。数据模型包括数据结构、数据操作和完整性约束 3 部分。数据模型分为概念数据模型、逻辑数据模型和物理数据模型 3 类。

实体-联系模型是采用 E-R 图来描述现实世界的概念模型。E-R 图的组成元素包括实体集、属性和联系。

现有的逻辑模型主要包括层次模型、网状模型和关系模型。以二维表为基本结构所建立的模型称为关系模型。

关系数据库中的关系模式必须满足一定级别的范式。目前关系模式有 6 种范式，即第一范式(1NF)、第二范式(2NF)、第三范式(3NF)、改进的第三范式(BCNF)、第四范式(4NF)和第五范式(5NF)。一般说来，工程项目中关系数据库设计只需满足第三范式(3NF)即可。

关系代数中，传统的集合运算包括并、差、交和笛卡儿积，专门的关系运算包括选择、投影、连接和除运算。

目前常用的各种数据库设计方法都属于规范设计法，最著名的是新奥尔良(New Orleans)方法。按照常用的规范设计法——新奥尔良方法来划分，数据库设计分为 6 个阶段，即需求分析、概念设计、逻辑设计、物理设计、数据库实施和部署、数据库运行和维护。

习　题

1. 填空题

(1) 数据库是一个_____的数据集合。数据库中的数据是按照一定的_____组织、描述和存储的，有较小的_____、较高的_____和_____。

(2)_____用于建立和修改数据库的库结构，数据库管理系统提供_____来完成该功能。_____用于用户对数据库插入、更新、删除和查询数据，数据库管理系统提供_____来完成该功能。_____确保数库系统的正常运行，内容包括多用户环境下的并发控制、安全性检查、存取限制控制、完整性检查、日志的管理、事务的管理和发生故障后数据库的恢复，数据库管理系统提供_____来完成该功能。

(3) 数据库系统包括硬件、软件和用户。其中，软件包括_____。用户包括_____。数据库系统的核心是_____。

(4) 数据管理技术的发展大致划分为 3 个阶段，即_____、_____和_____。

(5) 从数据库管理系统角度看，数据库系统通常采用三级模式结构，即数据库系统由_____三级组成。_____保证了逻辑独立性，_____保证了物理独立性。

(6) 数据模型包括_____、_____和_____ 3 部分。

(7) 根据数据建模的不同阶段，数据模型分为_____、_____和_____三类。

(8)_____是用户与数据库设计人员之间进行交流的语言。

(9)_____是采用 E-R 图来描述现实世界的概念模型。E-R图的组成元素包括_____。_____用矩形表示，_____用椭圆形表示，_____用菱形表示，两个实体集之间存在_____ 3 种联系。

(10) 现有的逻辑模型主要包括_____。

(11) 以_____为基本结构所建立的模型称为关系模型。关系模型中，表是基础逻辑结构，由_____组成。

(12) 第一范式是指_____。第二范式要求关系模式的非主属性完全函数依赖于码，不能存在对码的_____。第三范式要求关系模式中的非主属性不依赖于其他非主属性，也就是不存在_____。_____是指关系模式的所有非主属性完全函数依赖于码，所有主属性完全函数依赖于不包含它的码，没有属性完全函数依赖于非码的任何属性组。

(13) 关系代数中，传统的集合运算包括_____，专门的关系运算包括_____。

(14) 按照常用的规范设计法——_____来划分，数据库设计分为 6 个阶段，即_____。

2. 操作题

设计一个图书馆管理数据库。图书馆管理数据库的信息内容如下：

每种图书属于一个图书类别，每个图书类别有多种图书。每种图书有 ISBN、书名、版次、类型、作者、出版社、价格、可借数量和库存数量。每种图书有多本。每本图书有图书编号、ISBN、状态和状态更新时间。

每个读者属于一个读者类型，每个读者类型有多个读者。每个读者有读者编号、姓名、类型、证件号、性别、联系方式、登记日期、有效日期、已借书数量和是否挂失。

每个读者可以借阅多本图书，每本图书可以被多次借阅。每次借阅记录有借阅编号、图书编号、读者编号、借阅日期、到期日期、处理日期和状态。

先画出图书馆管理数据库的 E-R 图，再转换成关系模型。

项目 2

安装 SQL Server 2012

【项目要点】

- SQL Server 的发展历史和 SQL Server 2012 的新增功能。
- SQL Server 2012 的版本。
- SQL Server 2012 的组件。
- SQL Server 2012 的管理工具。
- 安装 SQL Server 2012。
- 运行 SQL Server Management Studio。
- 配置 SQL Server 2012。

【学习目标】

- 了解 SQL Server 的发展历史和 SQL Server 2012 的新增功能。
- 掌握 SQL Server 2012 的版本及其差异。
- 掌握 SQL Server 2012 的组件及其作用。
- 掌握 SQL Server 2012 的管理工具及其功能。
- 掌握 SQL Server 2012 的安装方法。
- 掌握 SQL Server Management Studio 的运行方法。
- 掌握 SQL Server 2012 的配置方法。

2.1 了解 SQL Server 2012

2.1.1 SQL Server 2012 简介

SQL Server 是一个关系数据库管理系统，最初是由 Microsoft Sybase 开发的，于 1988 年推出了第一个 OS/2 版本。1992 年，Microsoft 将 SQL Server 移植到 Windows NT 系统上。后来，Microsoft 不断对 SQL Server 的功能进行扩充，推出了更多的产品版本，分别是 SQL Server 7.0、SQL Server 2000、SQL Server 2005 和 SQL Server 2008。本书使用的版本是 SQL Server 2012。

作为新一代的数据平台产品，SQL Server 2012 全面支持云技术，并且能够快速构建相应的解决方案，实现私有云与公有云之间数据的扩展与应用的迁移。SQL Server 2012 的云计算信息平台可帮助企业对整个组织有突破性的深入了解，并且能够快速在内部和公共云端重新部署方案和扩展数据，提供对企业基础架构最高级别的支持。在业界领先的商业智能领域，SQL Server 2012 提供了更多更全面的功能以满足不同人群对数据以及信息的需求，包括支持来自于不同网络环境的数据的交互、全面的自助分析等创新功能。针对大数据以及数据仓库，SQL Server 2012 提供从数万亿字节到数百万亿字节全面端到端的解决方案。

SQL Server 2012 推出了许多新的特性和关键的改进，包括通过 AlwaysOn 提供所需运行时间和数据保护，通过列存储索引获得突破性和可预测的性能，通过用于组的新用户定义角色和默认架构来帮助实现安全性和遵从性，通过列存储索引实现快速数据恢复以便更深入地了解组织，通过 SSIS 改进、用于 Excel 的 Master Data Services 外接程序和新

Data Quality Services(数据质量服务)，确保更加可靠、一致的数据，通过使用 SQL Azure 和 SQL Server 数据工具的数据层应用程序组件(DAC)奇偶校验，优化服务器和云间的 IT 以及开发人员工作效率，从而在数据库、BI 和云功能间实现统一的开发体验。

2.1.2　SQL Server 2012 的版本

SQL Server 2012 包含企业版(Enterprise)、商业智能版(Business Intelligence)、标准版 (Standard)、Web 版、开发者版(Developer)和精简版(Express)。不同的版本具备不同的性能、功能和价格。

- 企业版(Enterprise)：SQL Server 2012 企业版是一个全面的数据管理和业务智能平台，提供了全面的高端数据中心功能，可为关键任务工作负荷提供较高服务级别，支持最终用户访问深层数据。它的性能极为快捷、虚拟化不受限制，为关键业务应用提供了企业级的可扩展性、数据仓库、安全、高级分析和报表支持，可以提供更加坚固的服务器和执行大规模在线事务处理。
- 商业智能版(Business Intelligence)：SQL Server 2012 商业智能版是一个值得信赖的数据管理和报表平台，可支持组织构建和部署安全、可扩展且易于管理的商业智能解决方案。它提供了基于浏览器的数据浏览与可见性等卓越功能、功能强大的数据集成功能，以及增强的集成管理。
- 标准版(Standard)：SQL Server 2012 标准版是一个完整的数据管理和业务智能平台，为部门级应用提供了最佳的易用性和可管理特性。提供了基本数据管理和商业智能数据库，使部门和小型组织能够顺利运行其应用程序并支持将常用开发工具用于内部部署和云部署，有助于以最少的 IT 资源获得高效的数据库管理。
- Web 版：SQL Server 2012 Web 版是针对运行于 Windows 服务器中要求高可用、面向 Internet Web 服务的环境而设计，为实现低成本、大规模、高可用性的 Web 应用或客户托管解决方案提供了必要的支持工具。
- 开发者版(Developer)：SQL Server 2012 开发者版允许开发人员构建和测试基于 SQL Server 的任意类型应用。这一版本拥有所有企业版的特性，但只限于在开发、测试和演示中使用，而不能用作生产服务器。
- 精简版(Express)：SQL Server 2012 精简版是 SQL Server 的一个免费版本，拥有核心的数据库功能，但它是为了学习、创建桌面应用和小型服务器应用而发布的。

2.1.3　SQL Server 2012 的组件

SQL Server 2012 的组件为用户提供了 SQL Server 2012 的不同功能。SQL Server 2012 的组件包括 SQL Server 数据库引擎、Analysis Services、Reporting Services、Integration Services 和 Master Data Services。

- SQL Server 数据库引擎：SQL Server 数据库引擎包括数据库引擎(用于存储、处理和保护数据的核心服务)、复制、全文搜索、用于管理关系数据和 XML 数据的工具以及 Data Quality Services(DQS)服务器。SQL Server 数据库引擎是 SQL

Server 2012 的核心组件,是其他组件运行的基础。数据库引擎是用于存储、处理和保护数据的核心服务。使用数据库引擎创建用于联机事务处理或联机分析处理数据的关系数据库,包括创建用于存储数据的表和用于查看、管理和保护数据安全的数据库对象(如索引、视图和存储过程)。

- Analysis Services:Analysis Services(分析服务)包括用于创建和管理联机分析处理 (OLAP) 以及数据挖掘应用程序的工具。Analysis Services 提供多种解决方案来生成和部署用于在 Excel、PerformancePoint、Reporting Services 和其他商业智能应用程序中提供决策支持的分析数据库。

- Reporting Services:Reporting Services(报表服务)包括用于创建、管理和部署表格报表、矩阵报表、图形报表以及自由格式报表的服务器和客户端组件。使用 Reporting Services,可以从关系数据源、多维数据源和基于 XML 的数据源创建交互式、表格式、图形式或自由格式的报表。在 SQL Server 2012 中,Reporting Services 引入了 Power View,可以完成交互式数据浏览、可视化和展示体验。Reporting Services 还是一个可用于开发报表应用程序的可扩展平台,Reporting Services 工具在 Microsoft Visual Studio 环境中工作,并与 SQL Server 工具和组件完全集成。

- Master Data Services(MDS):Master Data Services(主数据服务)是针对主数据管理的 SQL Server 解决方案。可以配置 MDS 来管理任何领域(产品、客户、账户);MDS 中可包括层次结构、各种级别的安全性、事务、数据版本控制和业务规则,以及可用于管理数据的外接程序。MDS 的项目通常包括评估和重构内部业务流程,生成分析的可靠、集中的数据,从而导致更好的业务决策。

2.1.4 SQL Server 2012 管理工具

使用 SQL Server 2012 管理工具可以通过 SQL Server 2012 所提供的组件来完成各项任务。SQL Server 2012 的管理工具包括 SQL Server Management Studio、SQL Server 配置管理器、SQL Server Profiler、数据库引擎优化顾问、数据质量客户端、SQL Server 数据工具以及连接组件。

- SQL Server Management Studio:SQL Server Management Studio 是一套管理工具,用于管理从属于 SQL Server 的组件,如图 2-1 所示。SQL Server Management Studio 提供了用于数据库管理的图形工具和功能丰富的开发环境,使得 SQL Server 各组件协同工作。大多数使用数据库的人员都使用 SQL Server Management Studio 工具。SQL Server SQL Server Management Studio 的图形用户界面用于创建数据库和管理数据库中的对象。SQL Server Management Studio 的查询编辑器用于通过编写 Transact-SQL 语句与数据库进行交互。

- SQL Server 配置管理器:SQL Server 配置管理器为 SQL Server 服务、服务器协议、客户端协议和客户端别名提供基本配置管理,如图 2-2 所示。

- SQL Server Profiler:SQL Server Profiler 提供了一个图形用户界面,用于监视数据库引擎实例或 Analysis Services 实例,如图 2-3 所示。SQL Server Profiler 显示 SQL Server 的内部解析查询,供用户监视系统和分析查询性能。SQL Server

Profiler 可以创建基于可重用模板的跟踪，在跟踪运行时监视跟踪结果，并将跟踪结果存储在表中，根据需要启动、停止、暂停和修改跟踪结果，重播跟踪结果。

图 2-1　SQL Server Management Studio

图 2-2　SQL Server 配置管理器

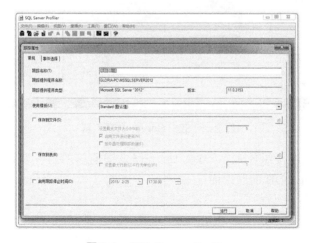

图 2-3　SQL Server Profiler

- 数据库引擎优化顾问：数据库引擎优化顾问可以协助创建索引、索引视图和分区的最佳组合。数据库引擎优化顾问分析在一个或多个数据库中运行的工作负荷的性能效果，并提供修改数据库物理结构的建议，包括添加、修改和删除聚集索引、非聚集索引、索引视图和分区，使得查询处理器能够用最短的时间执行工作负荷任务，从而帮助用户优化数据库的结构。其界面如图 2-4 所示。

图 2-4 数据库引擎优化顾问

- SQL Server 数据工具：SQL Server 数据工具(SSDT)为 Analysis Services、Reporting Services 和 Integration Services(集成服务)提供集成环境并帮助生成解决方案，如图 2-5 所示。SSDT 中的数据库项目使得可以在 Visual Studio 内为任何 SQL Server 平台(无论是内部还是外部)执行其所有数据库设计工作。

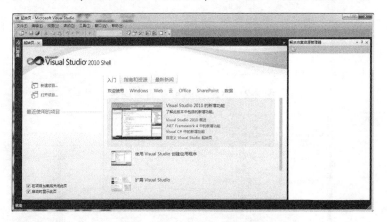

图 2-5 SQL Server 数据工具

- 连接组件：连接组件是客户端和服务器之间通信的组件以及用于 DB-Library、ODBC 和 OLE DB 的网络库。

2.2　安装 SQL Server 2012

2.2.1　硬件和软件要求

硬件要求：CPU 为 AMD Opteron、AMD Athlon 64、支持 Intel EM64T 的 Intel Xeon、支持 EM64T 的 Intel Pentium 4 之类的 x64 处理器或是 Pentium III 兼容处理器或更快的 x86 处理器。CPU 的主频，x64 处理器至少是 1.4GHz，x86 处理器至少是 1.0GHz。最小内存对于精简版来说为 512MB，其他版本要求为 1GB。硬盘要求至少 6GB 可用空间。

软件要求：企业版、商业智能版和 Web 版要求操作系统为 Windows Server 版；标准版、开发版和精简版要求操作系统为 Windows Vista、Windows 7、Windows 8 或 Windows Server。SQL Server 2012 的所有版本均有 32 位和 64 位两种安装软件。如果是 32 位的 Windows 操作系统，则选择 32 位的安装软件；如果是 64 位的 Windows 操作系统，则选择 64 位的安装软件。

先根据业务需求选择相应的 SQL Server 2012 版本，然后再确定计算机的操作系统，给计算机先安装操作系统和所需要的软件后，再安装 SQL Server 2012。SQL Server 2012 不同版本的硬件和软件需求略有不同，安装前需要仔细确认并保证满足条件。

2.2.2　SQL Server 的默认实例和命名实例

在计算机上安装 SQL Server 时需要确认此次安装的 SQL Server 实例名称。第一次安装时，安装软件会给定 SQL Server 默认实例的名称，同一台计算机再次安装时，必须指定 SQL Server 的命名实例。无论是默认实例还是命名实例都有自己的一组程序文件和数据文件，同时还有在计算机上的所有 SQL Server 实例之间共享的一组公共文件。使用同一台计算机上的不同命名实例，可以将同一台计算机当作不同的服务器来使用。

2.2.3　SQL Server 安装中心

SQL Server 2012 的安装有多种方法。使用 SQL Server 安装中心是最常用的安装方法。将 SQL Server 安装光盘放入光驱，然后运行根文件夹中的 Setup.exe。如果从网络共享进行安装，先找到共享中的根文件夹，然后双击 Setup.exe。运行显示安装中心，界面如图 2-6 所示。

SQL Server 安装中心提供了一系列功能用来安装、升级和配置 SQL Server。在【计划】选项页中可以查看安装的硬件和软件要求；【安装】选项页可以用来安装和升级 SQL Server，如图 2-7 所示；使用【维护】选项页可以更改 SQL Server 版本和修复安装；【工具】选项页中包含了多个工具包的设置；使用【资源】选项页可以查看 SQL Server 2012 联机丛书和连接 SQL Server 技术中心；使用【高级】选项页可以进行集群安装和实例化映像。

图 2-6　SQL Server 安装中心

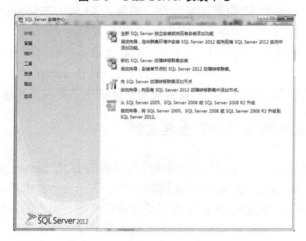

图 2-7　SQL Server 安装中心的【安装】选项页

在 SQL Server 安装中心界面，单击【安装】选项页中的【全新 SQL Server 独立安装或向现有安装添加功能】，启动安装向导，根据安装向导中的步骤完成设定，由安装向导完成所选组件和管理工具的安装。

2.3　运行 SQL Server 2012

SQL Server 2012 安装完毕后，即可运行 SQL Server 2012。从【开始】菜单中找到 SQL Server 2012 程序组，展开后单击 SQL Server Management Studio，即可运行 SQL Server Management Studio。本书中的主要操作是在 SQL Server Management Studio 内完成。

SQL Server Management Studio 启动后，可以看到【连接到服务器】对话框，如图 2-8 所示。

在【连接到服务器】对话框中设置不同的服务器类型，就可以使用 SQL Server 2012 的不同组件，如图 2-9 所示。大多数情况下，使用的服务器类型是数据库引擎。

图 2-8　【连接到服务器】对话框

图 2-9　【连接到服务器】对话框中的【服务器类型】

在【连接到服务器】对话框中可以设置服务器名称，从而使用不同的 SQL Server 实例，如图 2-10 所示。

图 2-10　【连接到服务器】对话框中的【服务器名称】

可以单击【服务器名称】下拉列表中的【<浏览更多...>】，打开【查找服务器】对话框，单击所需服务类型的实例名称，单击【确认】按钮后返回，如图 2-11 所示。

在【连接到服务器】对话框的【身份验证】下拉列表中包括【Windows 身份验证】和

【SQL Server 身份验证】两种方式,如图 2-12 所示。如果采用 Windows 身份验证方式,用户可以无须输入用户名和密码而直接连接到服务器。如果采用 SQL Server 身份验证方式,那么用户必须使用 SQL Server 2012 中事先创建的 SQL Server 登录名和相应的密码才能连接到服务器。

图 2-11 【查找服务器】对话框

图 2-12 【连接到服务器】对话框中的【身份验证】

设置结束后,单击【连接】按钮,按照设置与服务器连接。如果连接成功,【连接到服务器】对话框关闭,显示 SQL Server Management Studio,如图 2-13 所示。

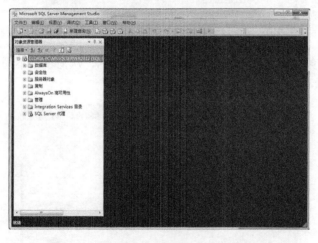

图 2-13 SQL Server Management Studio

2.4 配置 SQL Server 2012

使用 SQL Server 配置管理器,可以对 SQL Server 2012 进行管理。SQL Server 配置管理器界面如图 2-2 所示。在窗口左边的操作树上单击【SQL Server 服务】、【SQL Server 网络配置】或【SQL Server Native Client 11.0 配置】,窗口右边即可显示相应设置的详细内容。

在 SQL Server 配置管理器中选择【SQL Server 服务】后，显示系统中 SQL Server 所提供的所有服务的名称、状态、启动模式等信息，如图 2-14 所示。单击选定的服务后，可以启动、暂停、继续、停止或重新启动该服务，也可以打开属性对话框，查看并修改该服务的登录信息、启动参数等属性。如果在 SQL Server Management Studio 中无法与 SQL Server 实例的特定类型的服务器连接，那么一定要先确认 SQL Server 配置服务器中该实例所选定的服务器类型对应的服务是否已启动，只有启动该服务后才能在 SQL Server Management Studio 中与该实例的对应类型的服务器进行连接。

图 2-14　SQL Server 配置管理器中的【SQL Server 服务】

在 SQL Server 配置管理器中选择【SQL Server 网络配置】后，显示系统中所有实例的服务器网络协议。单击实例名称，则显示该实例相关的网络协议及其状态，如图 2-15 所示。单击协议名称，可以启用或禁用该协议。

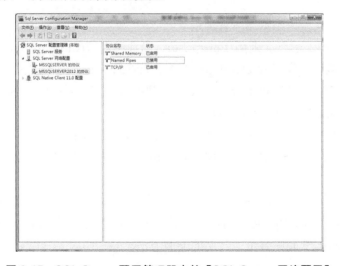

图 2-15　SQL Server 配置管理器中的【SQL Server 网络配置】

在 SQL Server 配置管理器中选择【SQL Native Client 11.0 配置】后，可以显示并修改客户端的网络协议，查看和设置别名，如图 2-16 所示。

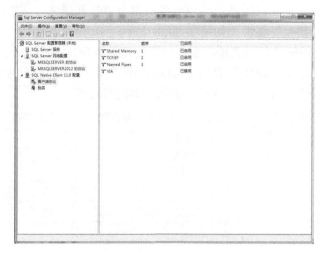

图 2-16 SQL Server 配置管理器中的【SQL Native Client 11.0 配置】

2.5 小型案例实训

使用 SQL Server 安装中心，完成 SQL Server 2012 的安装，并能运行 SQL Server Management Studio。

使用 SQL Server 配置管理器，查看 SQL Server 2012 的配置。

小   结

SQL Server 是一个关系数据库管理系统。

SQL Server 2012 包含企业版(Enterprise)、商业智能版(Business Intelligence)、标准版(Standard)、Web 版、开发者版(Developer)和精简版(Express)。

SQL Server 2012 组件包括 SQL Server 数据库引擎、Analysis Services、Reporting Services、Integration Services 和 Master Data Services。

SQL Server 2012 的管理工具包括 SQL Server Management Studio、SQL Server 配置管理器、SQL Server Profiler、数据库引擎优化顾问、数据质量客户端、SQL Server 数据工具以及连接组件。

在计算机上安装 SQL Server 时需要确认此次安装的 SQL Server 实例名称。使用同一台计算机上的不同命名实例，可以将同一台计算机当作不同的服务器来使用。

使用 SQL Server 安装中心是最常用的安装方法。

习　　题

1. 填空题

(1) SQL Server 是一个_____数据库管理系统。

(2) SQL Server 2012 包含_____5 种版本。

(3) SQL Server 2012 组件包括_____。其中，_____是 SQL Server 2012 的核心组件，是其他组件运行的基础。

(4) SQL Server 2012 的管理工具包括_____。其中，_____提供了用于数据库管理的图形工具和功能丰富开发环境，使得 SQL Server 各组件协同工作。_____为 SQL Server 服务、服务器协议、客户端协议和客户端别名提供基本配置管理。

(5) 使用同一台计算机上的不同_____，可以将同一台计算机当作不同的服务器来使用。

2. 操作题

自行阅读 SQL Server 2012 的联机丛书。

项目 3

创建数据库

【项目要点】

- SQL Server 数据库的类型和组成。
- 文件组。
- 创建、修改和删除数据库。
- 查看数据库信息。
- 分离和附加数据库。

【学习目标】

- 掌握 SQL Server 数据库的类型和组成的文件。
- 掌握文件组的概念和作用。
- 掌握创建、修改和删除数据库的方法。
- 掌握查看数据库信息的方法。
- 掌握分离和附加数据库的方法。

3.1 SQL Server 数据库

数据库是指长期存储在计算机内、有组织的、有结构的、可共享的数据集合。数据库中的数据按一定的数据模型组织、描述和存储，具有较小的冗余度、较高的数据独立性和易扩展性，可供各种用户共享。

数据库是很多应用程序的主要组成部分。在创建应用程序时，首先必须根据业务需求来设计数据库，使其覆盖应用中所有需要保存的业务信息。

SQL Server 2012 中的数据库包括两类：一类是系统数据库；一类是用户数据库。系统数据库在 SQL Server 2012 安装时就被安装，存储了 SQL Server 2012 数据库管理系统的基本信息，为 SQL Server 2012 运行提供支持。用户数据库是由 SQL Server 2012 用户在安装 SQL Server 2012 后创建，专门用于存储和管理用户的特定业务信息。

3.1.1 系统数据库

SQL Server 2012 共有 5 个系统数据库，分别是 master、model、tempdb、msdb 和 resource 数据库。

master 数据库用于记录 SQL Server 实例的所有系统级信息，不仅包含了实例范围的元数据(例如登录账户)、端点、链接服务器和系统配置设置，还保存了所有其他数据库的存在、数据库文件的位置以及 SQL Server 的初始化信息。为了保证 SQL Server 2012 的正常使用，建议始终有一个 master 数据库的当前备份可用。如果 master 数据库不可用，那么 SQL Server 无法启动，这时必须从当前数据库备份还原 master 数据库或是完全重新生成 master 数据库。

Model 数据库是 SQL Server 实例上创建的所有数据库的模板。新建数据库的各项初始设置与 model 数据库完全一样。如果修改了 model 数据库中文件的大小、排序规则、恢复模式和其他选项，或是添加了某些新的数据库对象，之后创建的所有数据库也将随之而改变。

msdb 数据库用于 SQL Server 代理来进行警报和作业管理，包括使用 Service Broker 和数据库邮件等。SQL Server 代理用于 SQL Server 自动化管理，而 msdb 数据库可以为 SQL Server 提供队列和可靠消息传递。

tempdb 数据库供连接到 SQL Server 实例的所有用户使用，专门用于保存临时对象(全局或局部临时表、临时存储过程、表变量或游标)、SQL Server 数据库引擎生成的中间结果集以及数据修改事务生成的行版本。每次启动 SQL Server 时都会重新创建 tempdb 数据库，并存储本次启动后所有产生的临时对象和中间结果集，在 SQL Server 断开连接时又会将它们自动删除。用户可以在 tempdb 数据库中创建临时对象，但只能访问自己创建的对象。

Resource 数据库是一个只读数据库，包含 SQL Server 中的所有系统对象。SQL Server 系统对象在物理上保留于 Resource 数据库中，但在逻辑上显示于每个数据库的 sys 架构中。因此，使用 Resource 数据库，可以方便地升级到新的 SQL Server 版本，而不会失去原来系统数据库中的信息。

3.1.2 数据库文件和文件组

一个 SQL Server 数据库至少包含两个操作系统文件：主要数据文件和日志文件。主要数据文件包含数据和对象，例如表、索引、存储过程和视图。日志文件包含恢复数据库中的所有事务所需的信息。为了便于分配和管理，可以将数据文件集合起来放到文件组中。

SQL Server 数据库建立后，其包含的文件有以下三类。

● 主要数据文件：主要数据文件的文件扩展名是.mdf。主要数据文件存储用户数据和数据库中的对象，在数据库创建时生成。每个数据库只有一个主要数据文件。

● 次要数据文件：次要数据文件的文件扩展名是 .ndf。次要数据文件存储用户数据和数据库中的对象，可在数据库创建时生成，也可在数据库创建后添加。次要文件主要用于将数据分散到多个磁盘上。如果数据库文件过大，超过了单个 Windows 文件的最大文件长度，可以使用次要数据文件将数据分开保存使用。每个数据库的次要数据文件个数可以是 0 至多个。

● 日志文件：日志文件的文件扩展名是 .ldf。日志文件在数据库创建时生成，用于记录所有事务以及每个事务对数据库所做的修改，这些记录就是恢复数据库的依据。在系统出现故障时，通过日志文件可将数据库恢复到正常状态。每个数据库必须至少有一个日志文件。

数据库文件的默认存储文件夹为 C:\Program Files\Microsoft SQL Server\MSSQL.n\MSSQL\Data(n 代表已安装的 SQL Server 实例的唯一编号)。

文件组是数据库中数据文件的逻辑组合，可以通过文件组将数据文件分组，便于存放和管理数据。文件组有两种类型：一种是主文件组，其默认名称为 PRIMARY；另一种是用户定义文件组，名称由用户在创建时自定义。主文件组在创建数据库时自动生成，包含主数据文件和所有未设置文件组的次要数据文件。用户定义文件组是在创建数据库时或数据库创建后由用户添加的文件组。系统表存储在主文件组中。

　　通常情况下，数据库只需要一个数据文件和一个日志文件。如果需要增加次要数据文件，可以添加用户定义文件组，并将次要数据文件加入用户定义文件组。SQL Server 数据库是由一组文件组成，数据和日志信息分属不同文件，每个数据文件只能是一个文件组的成员。可以指定表、索引和大型对象数据所属的文件组相关联，那么它们的数据页或者分区后的数据单元将被分配到该文件组。

　　使用文件和文件组可以改善数据库的性能，因为可以将数据库的数据文件分别放置在多个磁盘上，可以同时对所有磁盘并行访问数据库数据，大大加快数据库操作的速度。也可以通过指定表所属的文件组来调整数据的存放位置，从而使数据库能够得到良好的存储配置。可以根据具体的业务需求来添加文件组和设置文件所属的文件组，让不同的文件组位于不同的物理磁盘上。

　　文件组内不包括日志文件。日志空间与数据空间分开管理。日志文件不与数据库中其他文件和文件组共用一个物理磁盘，降低了数据文件和日志文件同时出错的可能性。

　　设计数据库时应根据需要估计填入数据后数据库的大小。合适的数据库大小可以使得数据有足够的空间来存储，还确保应用程序正常运行所需的性能。数据文件的大小之和等于数据库中所有表的大小之和。

3.1.3　事务日志

　　SQL Server 数据库文件中，日志文件是不可缺少的组成部分。使用日志文件可以在数据库出现故障时将其恢复到一致状态。

　　SQL Server 2012 数据库的日志文件中记录了该数据库所有事务以及每个事务对数据库所做的修改。所谓事务，是 SQL Server 中最基本的工作单元，它由一个或多个 Transact-SQL 语句组成，执行一系列操作。事务中包含对数据库的操作的语句要么全都执行，要么全都不执行。SQL Server 2012 数据库中的日志文件中按时间顺序记录了各种类型的操作，分别包括各个事务的开始和结束；插入、更新或删除数据；分配或释放区和页；创建或删除表或索引等。其中，数据修改的日志记录还记录操作前后的数据副本。

3.2　创建数据库

3.2.1　创建单个数据文件和日志文件的数据库

　　在对象资源管理器中，连接到 SQL Server 数据库引擎实例，展开该实例。右击【数据库】节点，在弹出的快捷菜单中选择【新建数据库】命令，打开【新建数据库】对话框，如图 3-1 所示。

　　在【新建数据库】对话框中，填写数据库名称，完成主数据文件和日志文件的逻辑名称、初始文件长度、自动增长/最大文件长度、文件路径和文件名的设置。数据库名称是必须填写的，其他设置可以采用默认设置，也可以修改。设置完毕，单击【确定】按钮，完成单个数据文件和日志文件的数据库的创建。创建成功的数据库会出现在对象资源管理器中 SQL Server 实例所属的数据库中。在【新建数据库】对话框中，单击数据文件和日志文件的自动增长/最大大小(文件长度)列后的按钮，可打开所对应数据文件或日志文件的【更改 test 的自动增长设置】对话框，如图 3-2 所示。

 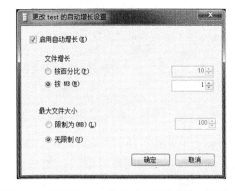

图 3-1 【新建数据库】对话框   图 3-2 【更改 test 的自动增长设置】对话框

创建数据库的 Transact-SQL(有时简写为 T-SQL)语句是 CREATE DATABASE 语句。创建单个数据文件和日志文件的数据库使用 CREATE DATABASE 语句，其语法格式如下所示：

```
CREATE DATABASE 数据库名称 ON PRIMARY
(NAME=主数据文件逻辑名称,FILENAME=主数据文件物理名称,SIZE=主数据文件初始文件长度,
MAXSIZE=主数据文件最大文件长度,FILEGROWTH=主数据文件增长幅度)
LOG ON
(NAME=日志文件逻辑名称,FILENAME=日志文件物理名称,SIZE=日志文件初始文件长度,
MAXSIZE=日志文件最大文件长度,FILEGROWTH=日志文件增长幅度)
```

以上语句中，文件的 5 个设置选项如果采用默认设置的，语句中可以不写出该参数。

【实例 3-1】创建数据库 Student。其中主数据文件的逻辑名称是 Studentdata，对应的物理文件是"C:\Studentdata.mdf"，初始文件长度是 10MB，最大文件长度是 100MB，增长幅度是 10%。日志文件的逻辑名称是 Studentlog，对应的物理文件是"C:\Studentlog.ldf"，初始文件长度是 5MB，最大文件长度是 100MB，增长幅度是 10MB。

```
CREATE DATABASE Student ON PRIMARY
( NAME = Studentdata, FILENAME = 'C:\Studentdata.mdf',
   SIZE = 10MB,MAXSIZE =100MB,FILEGROWTH = 10%)
LOG ON
( NAME = Studentlog,FILENAME = 'C:\Studentlog.ldf',
   SIZE = 5MB,MAXSIZE = 100MB,FILEGROWTH = 10MB )
```

3.2.2 创建多个数据文件和日志文件的数据库

在【新建数据库】对话框中，填写数据库名称，完成主数据文件和日志文件的设置。

如果需要添加多个数据文件或日志文件，则单击【添加】按钮，添加文件，然后设置文件类型。如果添加的是数据文件，则文件类型是行数据；如果是日志文件，则文件类型是日志。选中文件，单击【删除】按钮，可以删除所选的文件。对添加的文件完成设置后，单击【确定】按钮，完成多个数据文件和日志文件的数据库的创建。

创建多个数据文件和日志文件的数据库使用 CREATE DATABASE 语句，其语法格式如下：

```
CREATE DATABASE 数据库名称 ON PRIMARY
(NAME=主数据文件逻辑名称,FILENAME=主数据文件物理名称,SIZE=主数据文件初始文件长度,
MAXSIZE=主数据文件最大文件长度,FILEGROWTH=主数据文件增长幅度)
(NAME=次要数据文件逻辑名称,FILENAME=次要数据文件物理名称,SIZE=次要数据文件初始文件
长度,MAXSIZE=次要数据文件最大文件长度,FILEGROWTH=次要数据文件增长幅度) [,...m]
LOG ON
(NAME=日志文件逻辑名称,FILENAME=日志文件物理名称,SIZE=日志文件初始文件长度,
MAXSIZE=日志文件最大文件长度,FILEGROWTH=日志文件增长幅度) [,...n]
```

以上语句中，m 为次要数据文件的个数，n 为日志文件的个数，多个数据文件或日志文件的参数组之间用逗号分隔，最后一个文件的参数组后面没有逗号。

【实例 3-2】创建数据库 Student。其中主数据文件的逻辑名称是 Studentdata，对应的物理文件是"C:\Studentdata.mdf"，初始文件长度是 10MB，最大文件长度是100MB，增长幅度是 10%。次要数据文件的逻辑名称是 Studentdata1，对应的物理文件是"C:\Studentdata1.ndf"，初始文件长度是 10MB，最大文件长度是 100MB，增长幅度是10%。第一日志文件的逻辑名称是 Studentlog，对应的物理文件是"C:\Studentlog.ldf"，初始文件长度是 5MB，最大文件长度是 100MB，增长幅度是 10MB。第二日志文件的逻辑名称是 Studentlog1，对应的物理文件是"C:\Studentlog1.ldf"，初始文件长度是 5MB，最大文件长度是 100MB，增长幅度是 10MB。

```
CREATE DATABASE Student ON PRIMARY
( NAME = Studentdata, FILENAME = 'C:\Studentdata.mdf',
   SIZE = 10MB,MAXSIZE = 100MB,FILEGROWTH =10% ),
( NAME = Studentdata1, FILENAME = 'C:\Studentdata1.ndf',
   SIZE = 10MB,MAXSIZE =100MB,FILEGROWTH =10%)
LOG ON
( NAME = Studentlog,FILENAME = 'C:\Studentlog.ldf',
   SIZE = 5MB,MAXSIZE = 100MB,FILEGROWTH = 10MB ),
( NAME = Studentlog1,FILENAME = 'C:\Studentlog1.ldf',
   SIZE = 5MB,MAXSIZE = 100MB,FILEGROWTH = 10MB )
```

3.2.3 创建有用户文件组的数据库

在【新建数据库】对话框中，填写数据库名称，完成主数据文件和日志文件的设置。在添加数据文件后，单击文件组栏，出现下拉列表，如图 3-3 所示。

选择【<新文件组>】选项，打开【新建文件组】对话框，如图 3-4 所示。文件组的设置包括文件组名称、【只读】选项和【默认值】选项。【只读】选项设置该文件组的文件是否为只读文件，【默认值】选项是指该文件组将会容纳没有指定所属文件组的数据文件

和数据库对象。完成文件组设置后，单击【确定】按钮，即返回【新建数据库】对话框，所添加的数据文件就属于新建的用户文件组。

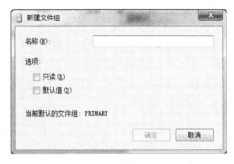

图 3-3　【新建数据库】对话框中文件组设置　　　　图 3-4　【新建文件组】对话框

新建文件组也可以在【新建数据库】对话框的【文件组】页中完成，如图 3-5 所示。【文件组】页显示该数据库中的所有文件组信息，单击【添加】按钮，添加新文件组，然后填写用户文件组名称、只读和默认值设置。如果选中某文件组，单击【删除】按钮，即可删除所选的文件组。新建用户文件组完成后，再返回【常规】页，添加新数据文件时，【文件组】下拉列表中可以看到新建的用户文件组名称。

图 3-5　【新建数据库】对话框中的【文件组】页

创建有用户文件组的数据库使用的 CREATE DATABASE 语句，其语法格式如下：

```
CREATE DATABASE 数据库名称 ON PRIMARY
(NAME=主数据文件逻辑名称,FILENAME=主数据文件物理名称,SIZE=主数据文件初始文件长度,
MAXSIZE=主数据文件最大文件长度,FILEGROWTH=主数据文件增长幅度)
ON FILEGROUP 用户文件组名称
```

```
(NAME=次要数据文件逻辑名称,FILENAME=次要数据文件物理名称,SIZE=次要数据文件初始文件
长度,MAXSIZE=次要数据文件最大文件长度,FILEGROWTH=次要数据文件增长幅度) [,...m]
LOG ON
(NAME=日志文件逻辑名称,FILENAME=日志文件物理名称,SIZE=日志文件初始文件长度,
MAXSIZE=日志文件最大文件长度,FILEGROWTH=日志文件增长幅度) [,...n]
```

【实例 3-3】创建数据库 Student。其中，主数据文件的逻辑名称是 Studentdata，对应的物理文件是"C:\Studentdata.mdf"，初始文件长度是 10MB，最大文件长度是 100MB，增长幅度是 10%。日志文件的逻辑名称是 Studentlog，对应的物理文件是"C:\Studentlog.ldf"，初始文件长度是 5MB，最大文件长度是 100MB，增长幅度是 10MB。添加文件组 STUDENTGROUP，添加次要数据文件 Studentdata2，物理文件为"C:\Studentdata2.ndf"，初始文件长度为 10MB，最大文件长度为 100MB，自动增长为 10%。

```
CREATE DATABASE Student ON PRIMARY
( NAME = Studentdata, FILENAME = 'C:\Studentdata.mdf',
    SIZE = 10MB,MAXSIZE = 100MB,FILEGROWTH =10%),
FILEGROUP STUDENTGROUP
( NAME = Studentdata2, FILENAME = 'C:\Studentdata2.ndf',
    SIZE = 10MB,MAXSIZE =100MB,FILEGROWTH =10%)
LOG ON
( NAME = Studentlog,FILENAME = 'C:\Studentlog.ldf',
    SIZE = 5MB,MAXSIZE = 100MB,FILEGROWTH = 10MB )
```

3.3   修改数据库

修改数据库的主要操作在【数据库属性】对话框中完成。在对象资源管理器中，连接到 SQL Server 数据库引擎实例，展开该实例下的【数据库】节点。右击选中的数据库，在弹出的快捷菜单中选择【属性】命令，打开【数据库属性】对话框。选择【数据库属性】对话框中的不同页，在页中可以查看和修改数据库。

3.3.1   添加数据文件

在【数据库属性】对话框的【文件】页中添加数据文件，如图 3-6 所示。【文件】页显示该数据库中的所有文件信息，单击【添加】按钮，添加新文件，文件类型为行数据，设置新文件参数。添加数据文件结束后，单击【确定】按钮，保存修改。

添加数据文件使用 ALTER DATABASE 语句，其语法格式如下：

```
ALTER DATABASE 数据库名称 ADD FILE
(NAME=次要数据文件逻辑名称,FILENAME=次要数据文件物理名称,SIZE=次要数据文件初始文件
长度,MAXSIZE=次要数据文件最大文件长度,FILEGROWTH=次要数据文件增长幅度)
```

图 3-6　【数据库属性】对话框中的【文件】页

【实例 3-4】修改数据库 Student，添加次要数据文件 Studentdata1，物理文件为"C:\Studentdata1.ndf"，初始文件长度为 10MB，最大文件长度为 100MB，自动增长为 10%。

```
ALTER DATABASE Student ADD FILE
( NAME = Studentdata1, FILENAME = 'C:\Studentdata1.ndf',
  SIZE = 10MB,MAXSIZE =100MB,FILEGROWTH =10%)
```

3.3.2　添加带有数据文件的文件组

要添加带有数据文件的文件组，可以在【数据库属性】对话框的【文件】页中添加数据文件，同时在【文件组】栏中添加新文件组，也可以在【数据库属性】对话框的【文件组】页中添加新文件组，然后再切换至【文件】页中添加属于该新文件组的数据文件。【数据库属性】对话框的【文件组】页如图 3-7 所示。

添加文件组使用 ALTER DATABASE 语句，其语法格式如下：

```
ALTER DATABASE 数据库名称 ADD FILEGROUP 文件组名称
```

添加指定文件组的数据文件使用 ALTER DATABASE 语句，其语法格式如下：

```
ALTER DATABASE 数据库名称 ADD FILE
(NAME=次要数据文件逻辑名称,FILENAME=次要数据文件物理名称,SIZE=次要数据文件初始文件
长度,MAXSIZE=次要数据文件最大文件长度,FILEGROWTH=次要数据文件增长幅度)TO FILEGROUP
文件组名称
```

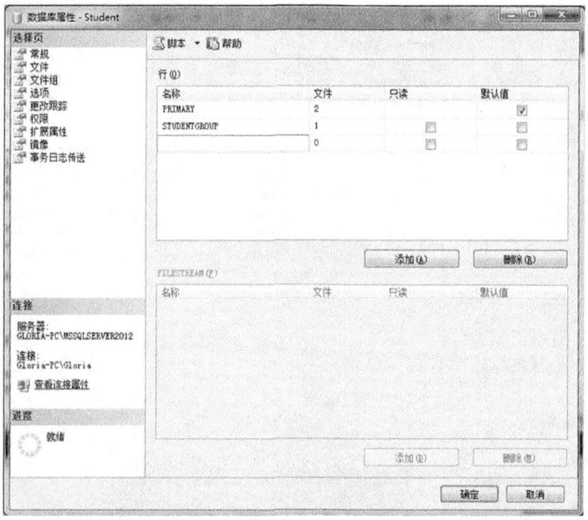

图 3-7　【数据库属性】对话框中的【文件组】页

【实例 3-5】修改数据库 Student，添加文件组 STUDENTGRP，添加次要数据文件 Studentdata3，物理文件为"C:\Studentdata3.ndf"，初始文件长度为 10MB，最大文件长度 为 100MB，自动增长为 10%。

```
ALTER DATABASE Student ADD FILEGROUP STUDENTGRP
GO
ALTER DATABASE Student ADD FILE
( NAME = Studentdata3, FILENAME = 'C:\Studentdata3.ndf',
    SIZE = 10MB,MAXSIZE =100MB,FILEGROWTH =10%)
TO FILEGROUP STUDENTGRP
GO
```

3.3.3　添加日志文件

在【数据库属性】对话框的【文件】页中添加日志文件。单击【添加】按钮，添加新 文件，文件类型设为日志，设置新文件参数。添加日志文件结束后，单击【确定】按钮，保存 修改。

添加日志文件使用 ALTER DATABASE 语句，其语法格式如下：

```
ALTER DATABASE 数据库名称 ADD LOG FILE
(NAME=日志文件逻辑名称,FILENAME=日志文件物理名称,SIZE=日志文件初始文件长
度,MAXSIZE=日志文件最大文件长度,FILEGROWTH=日志文件增长幅度)
```

【实例 3-6】修改数据库 Student，添加日志文件 Studentlog1，物理文件为"C:\ Studentlog1.ldf"，初始文件长度为 10MB，最大文件长度为 100MB，自动增长为 10MB。

```
ALTER DATABASE Student ADD LOG FILE
( NAME = Studentlog1, FILENAME = 'C:\Studentdata1.ldf',
    SIZE = 10MB,MAXSIZE =100MB,FILEGROWTH =10%)
```

3.3.4 增加文件大小

在【数据库属性】对话框的【文件】页中增加文件的初始文件长度和最大文件长度。添加文件大小后，单击【确定】按钮，保存修改。

增加文件大小使用 ALTER DATABASE 语句，其语法格式如下：

```
ALTER DATABASE 数据库名称 MODIFY FILE
(NAME=文件逻辑名称,SIZE=文件初始文件长度,MAXSIZE=文件最大文件长度)
```

这里的文件包括数据文件和日志文件，如果文件初始文件的长度或最大文件长度未修改，则不需要写出该参数。

【实例 3-7】修改数据库 Student，增加次要数据文件 Studentdata1 的大小，初始文件长度为 15MB，最大文件长度为 200MB。

```
ALTER DATABASE Student MODIFY FILE
(NAME = 'Studentdata1', SIZE = 15MB,MAXSIZE =200MB)
```

3.3.5 收缩文件

收缩文件特指减少数据库文件的初始文件长度。增加和减少数据库文件的最大文件长度的方法和语句都是一样的，但减少数据库文件的初始文件长度的方法和语句与增加数据库文件的初始文件长度的方法和语句不一样。在对象资源管理器中，连接到 SQL Server 数据库引擎实例，展开该实例下的【数据库】节点。右击选中的数据库，在弹出的快捷菜单中选择【任务】|【收缩】|【文件】命令，打开【收缩文件】对话框，如图 3-8 所示。在【收缩文件】对话框中设置文件类型、文件组和文件名，设置对该文件的收缩操作类型，单击【确定】按钮，完成操作。

图 3-8　【收缩文件】对话框

收缩文件通过将数据页从文件末尾移动到更靠近文件开头的未占用的空间来恢复空

间。如果收缩操作选择【在释放未使用的空间前重新组织页】选项，那么必须继续设置【将文件收缩到】微调框来确定文件大小。然后，SQL Server 需要查看该文件中已使用的空间大小，如果设置值小于已使用的空间大小，那么该操作将不能执行，初始文件长度仍会恢复原有值。

收缩文件使用 DBCC SHRINKFILE 语句，其语法格式如下：

```
DBCC SHRINKFILE (文件名称，文件初始文件长度)
```

【实例 3-8】修改数据库 Student，收缩次要数据文件 Studentdata1 的大小为 10MB。

```
USE Student
GO
DBCC SHRINKFILE ('Studentdata1' , 10)
GO
```

3.3.6　收缩数据库

在对象资源管理器中，连接到 SQL Server 数据库引擎实例，展开该实例下的【数据库】节点。右击选中的数据库，在弹出的快捷菜单中选择【任务】|【收缩】|【数据库】命令，打开【收缩数据库】对话框，如图 3-9 所示。在【收缩文件】对话框中设置文件类型、文件组和文件名，设置对该文件的收缩操作类型，单击【确定】按钮，完成操作。

图 3-9　【收缩数据库】对话框

收缩数据库文件时，SQL Server 会查看数据文件和日志文件的大小，从而确定数据库的已使用空间和未使用空间。如果收缩操作选择在释放未使用的空间前重新组织文件，那么必须继续设置收缩后文件中可用的最大空间的百分比，默认值为 0。

收缩数据库使用 DBCC SHRINKDATABASE 语句，其语法格式如下：

```
DBCC SHRINKDATABASE (数据库名称,收缩后文件中可用的最大空间百分比)
```

【实例 3-9】收缩数据库 Student，收缩后文件中可用的最大空间百分比为 50%。

```
USE Student
GO
DBCC SHRINKDATABASE(Student, 50)
GO
```

3.3.7　删除文件

在【数据库属性】对话框的【文件】页中删除文件，选中要删除的文件，单击【删除】按钮。删除文件结束后，单击【确定】按钮，保存修改。

删除文件使用 ALTER DATABASE 语句，其语法格式如下：

```
ALTER DATABASE 数据库名称 REMOVE FILE 文件逻辑名称
```

这里的文件包括数据文件和日志文件。

【实例 3-10】修改数据库 Student，删除次要数据文件 Studentdata1。

```
ALTER DATABASE Student REMOVE FILE Studentdata1
```

3.4　删除数据库

在对象资源管理器中，连接到 SQL Server 数据库引擎实例，展开该实例下的【数据库】节点。右击选中的数据库，在弹出的快捷菜单中选择【删除】命令，打开【删除对象】对话框，如图 3-10 所示。在【删除对象】对话框中选中【删除数据库备份和还原历史记录信息】以及【关闭现有连接】复选框，单击【确定】按钮，完成操作。删除数据库将从操作系统中把数据库所有文件删除。

图 3-10　【删除对象】对话框

删除数据库使用 DROP DATABASE 语句，其语法格式如下：

```
DROP DATABASE 数据库名称
```

【实例 3-11】删除数据库 Student。

```
DROP DATABASE Student
```

3.5 查看数据库信息

3.5.1 查看数据库的数据和日志空间信息

在对象资源管理器中，连接到 SQL Server 数据库引擎实例，展开该实例下的【数据库】节点。右击选中的数据库，在弹出的快捷菜单中选择【报表】|【标准报表】|【磁盘使用情况】命令，为数据库的磁盘使用情况生成报表，如图 3-11 所示。该报表提供了数据库中磁盘空间占用情况，包括总空间、数据文件和日志文件的空间使用量，还可以查看所有数据文件的磁盘空间使用情况。

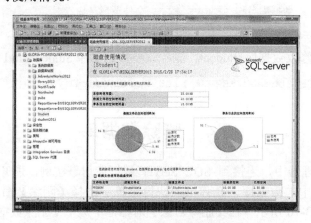

图 3-11 数据库磁盘使用情况

3.5.2 查看数据库的属性

在对象资源管理器中，连接到 SQL Server 数据库引擎实例，展开该实例下的【数据库】节点。右击选中的数据库，在弹出的快捷菜单中选择【属性】命令，打开【数据库属性】对话框，选择【选项】页，如图 3-12 所示。【选项】页中数据库的各项属性不仅可以查看，还可以修改。

图 3-12 【数据库属性】对话框中的【选项】页

3.6　分离和附加数据库

保存创建的 SQL Server 数据库有多种方法，分离和附加就是其中一种。即使知道了创建的 SQL Server 数据库的所有数据文件和日志文件的名称，也不能通过复制文件的方法来将数据库保存。因为，SQL Server 对所管理的数据库有着高度的一致性要求，在数据库被连接而有可能被使用的情况下，是不允许文件被复制的。只有数据库与 SQL Server 实例断开连接的情况下，数据库的文件才能被复制。

在需要复制或移动 SQL Server 数据库时，可以分离该数据库，将该数据库与 SQL Server 实例断开连接，使其不能再被使用。数据库的数据和日志文件可以被复制和移动至目标文件夹，再重新被附加到同一或其他 SQL Server 实例，使得继续被 SQL Server 管理，数据库又得以正常使用。

3.6.1　分离数据库

在对象资源管理器中，连接到 SQL Server 数据库引擎实例，展开该实例下的【数据库】节点。右击选中的数据库，在打弹出快捷菜单中选择【任务】|【分离】命令，打开【分离数据库】对话框，如图 3-13 所示。选中【删除连接】和【更新统计信息】选项，单击【确定】按钮，完成操作。分离数据库不会从操作系统中把数据库的文件删除。此时可以将数据库的文件复制或移动。

图 3-13　【分离数据库】对话框

3.6.2　附加数据库

将需要附加的数据库的所有文件复制或移动到目标文件夹。确保所有文件都存在，如果缺少文件，附加数据库将不能执行。

在对象资源管理器中，连接到 SQL Server 数据库引擎实例，展开该实例。右击【数据库】节点，在弹出的快捷菜单中选择【附加】命令，打开【附加数据库】对话框，如图 3-14 所示。单击【添加】按钮，找到该数据库的主数据文件并单击，对话框中显示要附加的数据库的主数据文件及该数据库的所有文件的信息。单击【确定】按钮，再次展开当前 SQL Server 实例下的【数据库】节点，可以看到所附加的数据库。

图 3-14 【附加数据库】对话框

3.7 小型案例实训

通过 3.1～3.6 节内容的学习，已经掌握了创建数据库基本方法，此时足以完成学生成绩数据库的创建。下面完成创建学生成绩数据库的工作任务。

【任务 3-1】根据项目 1 中的数据库设计，创建学生成绩数据库 student。创建文件夹 "C:\student"，这是存放学生成绩数据库 student 所有文件的文件夹。其中的数据文件 studentdata 的初始文件长度为 10MB，文件增长设置为"按 10%增长"，最大文件大小设置为100MB，日志文件 studentlog 的初始文件长度为 2MB，文件增长设置为"按 10MB 增长"，最大文件大小设置为"不限制文件增长"。

在对象资源管理器中，连接到 SQL Server 数据库引擎实例，展开该实例。右击【数据库】节点，在弹出的快捷菜单中选择【新建数据库】命令，打开【新建数据库】对话框。设置数据库名称为"student"，如图 3-15 所示。在对话框中设置数据文件 studentdata 的文件初始文件长度为 10MB，日志文件 studentlog 的文件初始文件长度为 2MB，文件路径为 "C:\student"(该文件夹需要事先创建)。

单击数据文件 studentdata 的自动增长/最大大小(文件长度)列后的按钮，打开【更改 studentdata 的自动增长设置】对话框。将 studentdata 的文件增长设置为按百分比，数值为 10%，最大文件大小设置为限制文件增长(MB)，数值为 100，如图 3-16 所示。设置完成后，单击【确定】按钮。日志文件 studentlog 设置同理。

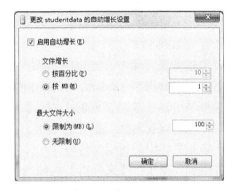

图 3-15　【新建数据库】对话框　　　**图 3-16　【更改 studentdata 的自动增长设置】对话框**

数据文件 studentdata 和日志文件 studentlog 设置完毕，单击【确定】按钮，完成学生成绩数据库的创建。数据库创建成功后，在对象资源管理器中，连接到 SQL Server 数据库引擎实例，展开该实例。单击【数据库】节点，可以看到增加的数据库 student，如图 3-17 所示。

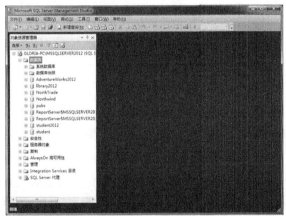

图 3-17　数据库 student 创建成功

创建学生成绩数据库 student 也可以使用 T-SQL 语句来实现，具体方法是在 SQL Server Management Studio 中单击工具栏中的【新建查询】按钮，打开查询窗口，然后输入 CREATE DATABASE 语句。具体语句如下：

```
USE master
GO
CREATE DATABASE student ON  PRIMARY
( NAME = studentdata, FILENAME = 'C:\student\studentdata.mdf' , SIZE =
10MB , MAXSIZE = 100MB , FILEGROWTH = 10% )
 LOG ON
( NAME = studentlog, FILENAME = 'C:\student\studentlog.ldf' , SIZE =
2MB , FILEGROWTH = 10MB )
GO
```

输入语句完毕，单击工具栏中的【执行】按钮，执行语句，即可完成学生成绩数据库 student 的创建。

【任务 3-2】为学生成绩数据库添加文件组和数据文件。文件组名称为"studentgroup"。数据文件 studentdata2 初始文件长度为 10MB，文件增长设置为"按 10%增长"，最大文件大小设置为100MB。

在对象资源管理器中，连接到 SQL Server 数据库引擎实例，展开该实例下的【数据库】节点。右击数据库 student，在弹出的快捷菜单中选择【属性】命令，打开【数据库属性】对话框。可以在该对话框的【文件】页中添加数据文件，同时在【文件组】栏中添加新文件组，也可以在对话框的【文件组】页中添加新文件组，然后再切换至【文件】页中添加属于该新文件组的数据文件。

文件组创建完毕，【文件组】页如图 3-18 所示。

图 3-18 【数据库属性】对话框中的【文件组】页

在【数据库属性】对话框的【文件】页中单击【添加】按钮，添加数据文件 studentdata2。数据文件 studentdata2 的设置方法与任务 3-1 中数据文件 studentdata 的设置方法相同，且文件类型设置为行数据，文件组设置为 studentgroup。设置完毕，如图 3-19 所示。

图 3-19 【数据库属性】对话框中的【文件】页

数据文件 studentdata2 和文件组 studentgroup 设置完毕，单击【确定】按钮，完成文件组和数据文件的添加。

任务 3-2 的 T-SQL 语句如下：

```
USE master
GO
ALTER DATABASE student ADD FILEGROUP studentgroup
GO
ALTER DATABASE student ADD FILE
(NAME = studentdata2, FILENAME = 'C:\student\studentdata2.ndf' ,
SIZE = 10MB , MAXSIZE = 100MB , FILEGROWTH = 10%)
TO FILEGROUP studentgroup
GO
```

小　结

SQL Server 2012 中的数据库包括两类：一类是系统数据库；一类是用户数据库。

SQL Server 2012 共有 5 个系统数据库，分别是 master、model、tempdb、msdb 和 resource 数据库。

一个 SQL Server 数据库至少包含两个操作系统文件：主要数据文件和日志文件。主要数据文件包含数据和对象。日志文件包含恢复数据库中的所有事务所需的信息。SQL Server 数据库建立后，其包含的文件包括主要数据文件、次要数据文件和日志文件。

文件组是数据库中数据文件的逻辑组合，可以通过文件组将数据文件分组，便于存放和管理数据。文件组有两种类型：一种是主文件组，其默认名称为 PRIMARY；另一种是用户定义文件组，名称由用户在创建时自行定义。

创建数据库的语句是 CREATE DATABASE 语句。

修改数据库的语句是 ALTER DATABASE 语句。

删除数据库的语句是 DROP DATABASE 语句。

利用 SQL Server Management Studio 的报表功能可以查看数据库的空间信息，使用数据库的【属性】菜单可以查看数据库的各项属性设置。

分离和附加使得数据库可以被复制或移动。

习　题

1. 填空题

(1) SQL Server 数据库分为_____和_____两类。

(2) SQL Server 系统数据库包括_____，最重要的是_____。

(3) 一个 SQL Server 数据库至少包含两个操作系统文件：_____和_____。

(4) SQL Server 数据库的文件包括_____3 类。其中，

_____的文件扩展名是 .mdf。_____的文件扩展名是 .ndf。_____的文件扩展名是 .ldf。

（5）可以通过_____将数据文件分组，便于存放和管理数据。

（6）文件组有两种类型：一种是主文件组，其默认名称为_____；另一种是用户定义文件组，名称由用户在创建时自定义。

（7）创建数据库使用的 T-SQL 语句是_____。修改数据库使用的 T-SQL 语句是_____。删除数据库使用的 T-SQL 语句是_____。

（8）使用_____操作，可以复制或移动 SQL Server 数据库。

2. 操作题

创建图书馆管理数据库 library，所有文件均保存在 C:\library 下。

操作内容如下：

（1）创建图书馆管理数据库 library。其中的数据文件 librarydata 的初始文件长度为 10MB，文件增长设置为"按 10%增长"，最大文件长度设置为 100MB，日志文件 librarylog 的初始文件长度为 2MB，文件增长设置为"按 10MB 增长"，最大文件长度设置为"不限制文件增长"。

（2）为图书馆管理数据库 library 添加文件组 librarygroup 和数据文件 librarydata2，文件初始文件长度为 10MB，文件增长设置为"按 10%增长"，最大文件长度设置为 100MB，该数据文件属于 librarygroup 文件组。

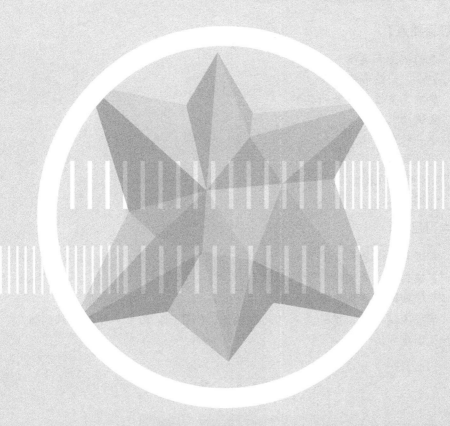

项目4

创 建 表

【项目要点】

- 表的概念和类型。
- 创建、修改和删除表。
- 数据完整性的概念和类型。
- 主键约束。
- 唯一约束。
- 列默认值。
- CHECK 约束。
- 外键约束。

【学习目标】

- 掌握表的概念和类型。
- 掌握创建、修改和删除表的方法。
- 掌握数据完整性的概念和类型。
- 掌握主键约束、唯一约束、列默认值、CHECK 约束和外键约束的概念、作用以及创建方法。

4.1　表

4.1.1　表的概念

SQL Server 数据库中的数据存储在表中，表是数据库中最重要的对象，因此 SQL Server 数据库是关系数据库。SQL Server 中的表的形式正如日常使用的表格一样，按行和列的格式组织的。表中的行称作记录或元组，列称作属性或字段。

4.1.2　表的类型

SQL Server 数据库中的表包括用户定义表、已分区表、临时表、系统表和宽表 5 种。

- 用户定义表：用户定义表是在数据库创建后，用户根据数据库设计自行创建的表，用来存放用户需要存放的数据。用户定义表中的数据是数据库的核心内容。用户定义表列数最多可以是 1024。

- 已分区表：已分区表往往在单个表记录数量较大时使用。可以将单个表根据特定列的值范围来水平分割成多个结构相同的表，并将这些表划分到不同的数据文件中，从而方便管理。在使用时，可以使用分区视图将分割后的已分区表重新合并，达到快速访问的效果。

- 临时表：临时表存储在 tempdb 中。临时表有本地表和全局表两种类型。它们在名称、可见性以及可用性上有区别。本地临时表的名称以"#"开始，仅对当前的用户连接可见，当前的用户连接断开时被删除。全局临时表的名称以"##"开始，创建后对所有用户可见，仅当所有引用该表的用户连接断开时才被删除。

- 系统表：系统表中存储 SQL Server 服务器配置及系统的数据。在 SQL Server 2012 中，用户不能直接查询或更新系统表，但可以通过系统视图或系统存储过程来查看系统表中的系统信息。
- 宽表：如果表中各记录大多数列值为 NULL，可以采用宽表来保存。宽表使用稀疏列，使得宽表的最大列数是 30,000，但非稀疏列和计算列的列数之和仍不得超过 1,024。

4.2　创　建　表

4.2.1　创建表

在对象资源管理器中，连接到 SQL Server 数据库引擎实例，展开该实例下的【数据库】节点，展开选中的数据库，右击【表】节点，在弹出的快捷菜单中选择【新建表】命令，打开表设计器。在表设计器中，设置表中所有列的名称、数据类型和允许 Null 选项，如图 4-1 所示。这里的 Null 是指值未知，不是 0 或空格。如果该列值可以为空，则选中允许 Null 选项，反之则不选。在表设计器中单击已建立的一列，则【列属性】页中显示该列的更多设置。

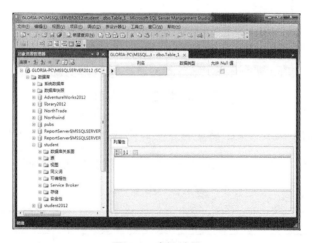

图 4-1　表设计器

表中各列设置完毕，单击工具栏中的【保存】按钮，打开【选择名称】对话框，如图 4-2 所示。

图 4-2　【选择名称】对话框

在【选择名称】对话框中输入表的名称，单击【确定】按钮，关闭对话框，完成表的创建。所展开数据库的表节点下将出现创建的表。

创建表的 T-SQL 语句是 CREATE TABLE 语句，其语法格式如下：

```
CREATE TABLE 表名
(列名 列数据类型 [NULL | NOT NULL] [,...n])
```

语句中，NULL 是指列值可以为空，NOT NULL 是指列值不可以为空，如果该项不写出则默认列值可以为空。m 为列的个数，列与列之间用逗号分隔，最后一列之后没有逗号。

表创建成功后，右击表名称，在弹出的快捷菜单中选择【编辑前 200 行】命令，打开表记录录入界面，在此界面中按行录入表中记录，如图 4-3 所示。

图 4-3　表记录录入界面

💡 **注意：** 一行记录录入结束，将鼠标点至其他行，该行记录才被存入数据库。

【实例 4-1】在学生成绩数据库中创建学生表，结构如表 4-1 所示。

表 4-1　学生表结构

列　名	数据类型	可否为空
学号	char(10)	否
姓名	nvarchar(20)	否
性别	nchar(2)	否
出生日期	datetime	否
班号	char(8)	

💡 **注意：** char、nvarchar 和 nchar 是字符串类数据类型，括号中的数字是字符的个数，在表设计器中可以修改。

```
USE student
GO
CREATE TABLE 学生表(
```

```
        学号 char(10) NOT NULL,
        姓名 nvarchar(20) NOT NULL,
        性别 nchar(2) NOT NULL,
        出生日期 datetime NOT NULL,
        班号 char(8) NULL)
GO
```

> **提示：** USE student 语句是将数据库 student 作为可用数据库使用，之后的所有操作如果未指定数据库名称，就认为是指可用数据库。SQL Server Management Studio 启动后，默认的可用数据库是 master。当前的可用数据库在工具栏中可见。

> **注意：** 【表】节点下显示的是 dbo.学生表，这里的 dbo 是架构名称。所谓架构，可以看作是一个数据库中的对象容器，是一组数据库实体的集合。同一个架构中不同实体的名称是唯一的。一个数据库可以有多个架构，在创建对象时，可以指定该对象存在的架构名称，也可以不指定，这时对象将存在于架构 dbo。通常 dbo 是数据库的默认架构。

4.2.2　创建带计算列的表

计算列是指列值通过设定的公式来自动生成。创建带计算列的表，在表设计器中单击需要设置的列，在该列的【列属性】页中找到计算列规范，单击拉开，在公式处输入计算公式即可，如图 4-4 所示。因为列值是由计算公式得到，所以数据类型必然由计算公式确定，在表设计器中不需要输入计算列的数据类型。

图 4-4　设置计算列

表中计算列在 CREATE TABLE 语句中，其语法格式如下：

```
列名 AS (列计算公式)
```

【实例 4-2】 在学生成绩数据库中创建学生表，表结构如表 4-2 所示。

表 4-2　学生表结构

列　名	数据类型	可否为空	备　注
学号	char(10)	否	
姓名	nvarchar(20)	否	
性别	nchar(2)	否	
出生日期	datetime	否	
班号	char(8)		
学号加班号		否	计算列，值为学号加班号

提示： char、nvarchar 和 nchar 是字符串类数据类型，括号中的数字是字符的个数，在表设计器中可以修改。

注意： 学号和班号都是字符串类型，因此学号加班号是将学号字符串和班号字符串连接起来。

```
USE student
GO
CREATE TABLE 学生表(
    学号 char(10) NOT NULL,
    姓名 nvarchar(20) NOT NULL,
    性别 nchar(2) NOT NULL,
    出生日期 datetime NOT NULL,
    班号 char(8) NULL,
    学号加班号 AS (学号+班号))
GO
```

学生表创建结束后，录入记录，可以看到计算列的值是自动计算生成的。

4.2.3　创建带标识列的表

如果表中需要建立类似有 1、2、3、4 这样的自动序号值的列，可以采用标识列。创建带标识列的表，在表设计器中单击需要设置的列，先将该列的数据类型设置为整型，数据类型应为 tinyint、smallint、int 和 bigint 之一，然后在该列的【列属性】页中找到标识规范，单击拉开，将【(是标识)】设置成 "是"，根据设计要求设置标识种子和标识步长的值，如图 4-5 所示。标识列值和计算列一样，也不需要输入。表中第一条记录的标识列值是标识种子值，当表中第二次添加记录时，标识列值自动在上次的计算结果上累加标识步长值，作为当前记录的标识列值。

表中计算列在 CREATE TABLE 语句中，其语法格式如下：

```
列名 数据类型 IDENTITY(标识种子值,标识步长值) NOT NULL
```

【实例 4-3】在学生成绩数据库中创建系表，结构如表 4-3 所示。

图 4-5　设置标识列

表 4-3　系表结构

列　　名	数据类型	可否为空	备　　注
系号	tinyint	否	标识列
系名	nvarchar(20)	否	
系主任号	char(10)		

```
USE student
GO
CREATE TABLE 系表(
    系号 tinyint IDENTITY(1,1) NOT NULL,
    系名 nvarchar(20) NOT NULL,
    系主任号 char(10) NULL)
GO
```

系表创建结束后，录入记录，可以看到系号列的值自动生成，且呈现自动累加。

4.3　修　改　表

修改表的操作仍然在表设计器中完成。在对象资源管理器中，连接到 SQL Server 数据库引擎实例，展开该实例下的【数据库】节点，展开选中的数据库，展开【表】节点，右击需要修改的表，在弹出的快捷菜单中选择【设计】命令，打开表设计器，显示该表结构。

4.3.1　重命名列

在表设计器中，单击需要修改的列的列名，输入新的列名，然后单击工具栏中的【保存】按钮，保存修改的内容。

4.3.2 添加列

在表设计器中，右击需要修改的列，在打开的快捷菜单中选择菜单项【插入列】，可以在该列之前插入一个新列，然后完成新列的配置。如果新列是在原有列之后，单击末尾的空白列，输入新列的配置。

向表中添加列的语句是 ALTER TABLE 语句，其语法格式如下：

```
ALTER TABLE 表名 ADD 列名 数据类型 [NULL|NOT NULL]
```

【实例 4-4】在学生成绩数据库中修改系表，结构如表 4-4 所示。

表 4-4　系表结构

列　名	数据类型	可否为空	备　注
系号	tinyint	否	标识列
系名	nvarchar(20)	否	
系主任号	char(10)		
系简介	nvarchar(50)		

```
USE student
GO
ALTER TABLE 系表 ADD 系简介 nvarchar(50) NULL
GO
```

4.3.3 修改列

在表设计器中，单击需要修改的列，然后修改该列的所有配置，包括下面的【列属性】页中的内容。修改结束，单击工具栏中的【保存】按钮，保存修改的内容。

4.3.4 更改列顺序

表设计器中列的顺序是可以更改的。在表设计器中，单击需要更改顺序的列的左侧的方块，待光标显示为方块时就可以上下拖动，直至合适的位置后松开鼠标。单击需要修改的列，然后修改该列的所有配置，包括下面的【列属性】页中的内容。修改结束，单击工具栏中的【保存】按钮，保存修改的内容。

4.3.5 删除列

在表设计器中，右击需要删除的列，在弹出的快捷菜单中选择【删除列】命令，该列即被删除。修改结束，单击工具栏中的【保存】按钮，保存修改的内容。

向表中添加列的语句是 ALTER TABLE 语句，其语法格式如下：

```
ALTER TABLE 表名 DROP COLUMN 列名
```

【实例 4-5】在学生成绩数据库中删除系表中的系简介列。

```
USE student
GO
ALTER TABLE 系表 DROP COLUMN 系简介
GO
```

4.4　删　除　表

在对象资源管理器中，连接到 SQL Server 数据库引擎实例，展开该实例下的【数据库】节点，展开选中的数据库，展开【表】节点，右击需要删除的表，在弹出的快捷菜单中选择【删除】命令，打开【删除对象】对话框，如图 4-6 所示。单击【确定】按钮，完成删除操作。删除该表后，【表】节点下将不再显示该表。

图 4-6　【删除对象】对话框

删除表的 T-SQL 语句是 DROP TABLE 语句，其语法格式如下：

```
DROP TABLE 表名
```

提示：　删除表后，表结构和表中记录将全部从数据库中被删除。

【实例 4-6】在学生成绩数据库中删除系表。

```
USE student
GO
DROP TABLE 系表
GO
```

4.5　数据完整性

SQL Server 数据库中的表是数据库中最重要的对象，表中存储的记录是数据库的应用核心。SQL Server 2012 数据库管理系统确保数据库的数据完整性，使得数据库中的数据真实可靠，能反映现实世界中的事物本身和事物之间的联系。

4.5.1 数据完整性的概念

数据完整性是指数据库中的数据必须是真实可信、准确无误的。对数据库的表中记录强制实施数据完整性可保证数据库的表中各字段数据完整而且合理。

4.5.2 数据完整性的类型

数据完整性分为 3 种类型，即实体完整性、域完整性和引用完整性。

- 实体完整性：实体完整性是指通过表中属性或属性组合能将表中各记录唯一区别开来，例如学生表中，学生之间可能姓名相同，班级编号的相同，但每个学生的学号必然不同。SQL Server 2012 数据库中，实体完整性的实施方法是使用主键约束或唯一约束。
- 域完整性：域完整性是指表中特定属性值的有效取值。虽然每个属性都有数据类型，实际上并非属性值满足该数据类型即为有效，应合乎情理。例如学生的出生日期不可能比今天的日期还要迟。SQL Server 2012 数据库中，域完整性的实施方法是使用 CHECK 约束或列默认值。
- 引用完整性：引用完整性也称参照完整性，是指数据库中的不同表中属性的值或者表自身不同属性的值之间的引用关系，其中一个表中的某个属性值不但要符合其数据类型，还必须引用另一个表中某个属性现有的值。在输入、更新或删除记录时，这种引用关系也不能被破坏。这正是引用完整性的作用。引用完整性确保在所有表中具有相同意义的字段值一致，不能引用不存在的值。引用完整性的实施方法是使用外键约束。

4.5.3 主键约束

一个表由若干字段构成，其中的一个或一组字段值可以用来唯一标识表中每一行，这样的一个或一组字段称为表的主键，用于实施实体完整性。在创建或修改表时，可以通过创建主键来定义主键约束。

如果主键包含一个字段，则所有记录的该字段值不能相同和为空值；如果主键包含多个字段，则所有记录的该字段值的组合不能相同，而单个字段值可以相同。一个表只能有一个主键，也就是说只能有一个主键约束。例如在系表的所有记录中，系号都不相同，而且不能为空，系号就是系表的主键。在成绩表的所有记录中，学号可能会相同，课程可能会相同，教师号也可能会相同，但学号、课程号和教师号的组合不能相同。这也就是说，某个学生上某位教师的某门课程只有一条成绩记录。

创建主键有两种方法，可以在创建表时在表设计器中创建主键，也可以创建表之后打开表设计器创建主键，操作界面是相同的。

创建主键，在表设计器中选中要定义为主键的列或列组合，右击，在弹出的快捷菜单中选择【设置主键】命令，完成创建主键操作。主键设置结束后，表设计器界面如图 4-7

所示。主键字段左侧有主键标识出现。如果再次选中定义为主键的列或列组合，右击，在弹出的快捷菜单中选择【删除主键】命令，便可完成删除主键操作。

图 4-7　创建主键

创建带主键的表的 T-SQL 语句是 CREATE TABLE 语句，在括号内所有列写完之后，添加内容如下：

```
CONSTRAINT 主键名 PRIMARY KEY CLUSTERED
(列名 [ASC | DESC][,...n])
```

其中，ASC 表示列为升序排列，DESC 表示列为降序排列，默认为升序排列。

现有表创建主键的 T-SQL 语句是 ALTER TABLE 语句，其语法格式如下：

```
ALTER TABLE 表名 ADD CONSTRAINT
主键名 PRIMARY KEY CLUSTERED
(列 [ASC | DESC][,...n])
```

提示： 创建主键时，SQL Server 2012 自动为表建立聚集索引。如果删除该聚集索引，则主键也被删除。

【实例 4-7】在学生成绩数据库中创建系表，结构如表 4-5 所示。

表 4-5　系表结构

列　名	数据类型	可否为空	备　注
系号	tinyint	否	主键
系名	nvarchar(20)	否	
系主任号	char(10)		

方法一：创建系表时创建主键。

```
USE student
GO
CREATE TABLE 系表(
    系号 tinyint NOT NULL,
```

```
    系名 nvarchar(20) NOT NULL,
    系主任号 char(10) NULL,
 CONSTRAINT PK_系表 PRIMARY KEY CLUSTERED (系号 ASC))
GO
```

方法二：创建系表后创建主键。

```
USE student
GO
CREATE TABLE 系表(
    系号 tinyint NOT NULL,
    系名 nvarchar(20) NOT NULL,
    系主任号 char(10) NULL)
GO
ALTER TABLE 系表 ADD CONSTRAINT PK_系表
PRIMARY KEY CLUSTERED (系号)
GO
```

测试一：在系表中插入记录(NULL,'电子工程系', '20095006')，成功了吗？

不成功，因为主键列值不能为空。

测试二：在系表中插入记录(1, '电子工程系', '20095006')，成功了吗？

成功。

测试三：在系表中插入记录(1, '机电工程系', '20105025')，成功了吗？

不成功，因为表中不同记录的主键列值不能相同。系号不为 1 则成功。

💡 注意： 在数据库中设置数据完整性后，一定要保存，设置才会起作用。建议将数据
完整性设置完毕保存后，再录入表记录，否则修改的设置不能生效。SQL
Server 2012 中的所有约束都有名称，系统会自动根据约束类型和与约束相关
的表来为约束命名，也可以修改此名称。

4.5.4 唯一约束

当表中除主键列之外，还有其他列需要保证取值不重复时，可以使用唯一约束。尽管
唯一约束和主键约束都强制唯一性，但对于非主键列应使用唯一约束而不是主键约束。在
创建或修改表时，可以通过创建唯一键来定义唯一约束。

一个表只能有一个主键约束，但可以对一个表定义多个唯一约束。唯一约束允许
NULL 值，但因为使用唯一的列值强制唯一性，因此该列值只能有一个 NULL 值。例如在
系表的所有记录中，系号都不相同，而且不能为空，系号就是系表的主键。如果还要求在
系表的所有记录中，系主任号也不相同，这时可以在系主任号列上创建唯一键。

创建唯一键有两种方法，可以在创建表时在表设计器中创建唯一键，也可以创建表之
后打开表设计器创建唯一键，操作界面是相同的。

创建唯一约束，在表设计器中右击，在弹出的快捷菜单中选择【索引/键】命令，打开
【索引/键】对话框。单击【添加】按钮，左侧列表框中会添加一项约束名。单击该约束，
在右侧设置该约束类型为唯一键，如图 4-8 所示。

图 4-8 【索引/键】对话框

单击列右侧的值域，打开【索引/列】对话框，如图 4-9 所示。设置用于唯一键的列名及其升降序，唯一键可以包含多列。设置完毕，单击【确定】按钮，关闭【索引/列】对话框。完成唯一键设置后，单击【关闭】按钮，关闭【索引/键】对话框。

图 4-9 【索引/列】对话框

创建带唯一键的表的 T-SQL 语句是 CREATE TABLE 语句，在括号内所有列写完之后，添加内容如下：

```
CONSTRAINT 唯一键名 UNIQUE [NONCLUSTERED | CLUSETERED]
(列名 [ASC|DESC] ][,...n])
```

其中，NONCLUSTERED 表示为唯一键创建非聚集索引，CLUSETERED 表示为唯一键创建聚集索引，默认创建的是非聚集索引。

现有表创建唯一键的 T-SQL 语句是 ALTER TABLE 语句，其语法格式如下：

```
ALTER TABLE 表名 ADD CONSTRAINT
唯一键名 UNIQUE[NONCLUSTERED | CLUSETERED]
(列 [ASC | DESC][,...n])
```

【实例 4-8】在学生成绩数据库中创建系表，结构如表 4-6 所示。

表 4-6 系表结构

列　名	数据类型	可否为空	备　注
系号	tinyint	否	主键
系名	nvarchar(20)	否	
系主任号	char(10)		唯一键

方法一：创建系表时创建唯一键。

```
USE student
GO
CREATE TABLE 系表(
    系号 tinyint NOT NULL,
    系名 nvarchar(20) NOT NULL,
    系主任号 char(10) NULL,
 CONSTRAINT PK_系表 PRIMARY KEY CLUSTERED (系号 ASC),
CONSTRAINT IX_系表 UNIQUE NONCLUSTERED (系主任号 ASC))
GO
```

方法二：创建系表后创建唯一键。

```
USE student
GO
CREATE TABLE 系表(
    系号 tinyint NOT NULL,
    系名 nvarchar(20) NOT NULL,
    系主任号 char(10) NULL,
CONSTRAINT PK_系表 PRIMARY KEY CLUSTERED (系号 ASC))
GO
ALTER TABLE 系表 ADD CONSTRAINT IX_系表
UNIQUE NONCLUSTERED (系主任号 ASC)
GO
```

测试一：在系表中插入记录(1, '电子工程系',NULL)，成功了吗？

成功，因为唯一键列值可以为空。

测试二：在系表中插入记录(2, '机电工程系',NULL)，成功了吗？

不成功，因为表中不同记录的唯一键列值不能同时为空。系主任号如果给定非空值，则成功。

4.5.5 列默认值

在实际业务中，希望系统能为某些没有确定值的列自动赋予一个值，而不是设为NULL。比如，录入学生信息时，如果没有录入学生性别，则将该记录的性别字段值默认设置为"男"，这样可以减少录入时间。这时，可以为学生性别设置默认值。列只有在不可为空的时候才能设置默认值。

创建列默认值有两种方法，可以在创建表时在表设计器中创建默认值，也可以创建表之后打开表设计器创建默认值,操作界面是相同的。

　　创建默认值,在表设计器中单击需要设置的列,然后在该列的【列属性】页中找到默认值或绑定,输入列默认值,如图 4-10 所示。

图 4-10　列默认值

设置列默认值的 T-SQL 语句是 ALTER TABLE 语句,其语法格式如下:

```
ALTER TABLE 表名 ADD CONSTRAINT 默认值名
DEFAULT (表达式) FOR 列名
```

【实例 4-9】在学生成绩数据库中创建班级表,结构如表 4-7 所示。

表 4-7　班级表结构

列　名	数据类型	可否为空	备　注
班号	char(8)	否	
班名	nvarchar(20)	否	
入学年份	smallint	否	
人数	tinyint	否	默认值为 0
系号	tinyint	否	

创建表时设置列默认值和创建表后设置列默认值的 T-SQL 语句一样。

```
USE student
GO
CREATE TABLE 班级表(
    班号 char(8) NOT NULL,
    班名 nvarchar(20) NOT NULL,
    入学年份 smallint NOT NULL,
    人数 tinyint NOT NULL,
    系号 tinyint NOT NULL)
GO
ALTER TABLE 班级表 ADD  CONSTRAINT DF_班级表_人数
```

```
DEFAULT (0) FOR 人数
GO
```

测试一：在班级表中插入记录('11212P','物联网',2012,1)，成功了吗？人数列值是多少？

成功。人数列值为 0，因为该列默认值为 0。

4.5.6　CHECK 约束

表中的列值不仅必须与该字段的数据类型相一致，还应具备合理的业务意义。比如，学生的性别只能是"男"或者"女"。这种对列值的进一步限制称为域的完整性，可以通过 CHECK 约束来完成。

CHECK 约束是一个包含表中列值的逻辑表达式，返回值为 TRUE 或 FALSE。这一点与后面提到的触发器有着本质的区别。只有使该逻辑表达式为 TRUE 的字段值才能被 SQL Server 认可。CHECK 约束只在添加和更新记录时起作用，删除记录时不起作用。

创建 CHECK 约束有两种方法，可以在创建表时在表设计器中创建 CHECK 约束，也可以创建表之后打开表设计器创建 CHECK 约束，操作界面是相同的。

创建 CHECK 约束，在表设计器中右击，在弹出的快捷菜单中选择【CHECK 约束】命令，打开【CHECK 约束】对话框。单击【添加】按钮，添加 CHECK 约束，如图 4-11 所示。

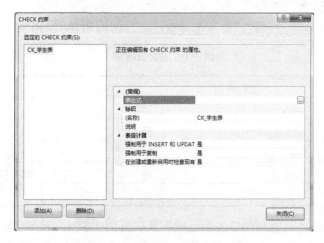

图 4-11　【CHECK 约束】对话框

单击表达式后面的输入栏，可看到一个按钮，单击该按钮，打开【CHECK 约束表达式】对话框，如图 4-12 所示。

在【CHECK 约束】对话框中输入 CHECK 约束表达式。输入完毕，单击【确定】按钮，关闭【CHECK 约束表达式】对话框，输入的 CHECK 约束表达式出现在表达式后面的输入栏内。

在【CHECK 约束】对话框中，强制用于 INSERT 和 UPDATE 选项是指对于新插入或修改的记录是否要使用 CHECK 约束，默认为"是"。如果认为新记录会违反 CHECK 约束，那么可以设置为"否"。强制用于复制选项是在表进行复制发布时使用的，默认为"是"。复制代理发布表时，建议设置为"否"，这样在发布时 CHECK 约束不影响对表的插入和修改操作。在创建或重新启用时是否检查现有数据选项默认为"是"，那么如果表在添加 CHECK 约束前表中已有记录，要确认已有记录和 CHECK 约束是否冲突，如果有冲突要考虑是否修改已有记录。如果已有记录违反 CHECK 约束但不打算修改，可以设置为"否"。

图 4-12 【CHECK 约束表达式】对话框

CHECK 约束设置完毕，单击【关闭】按钮，关闭【CHECK 约束】对话框。

设置 CHECK 约束的 T-SQL 语句是 ALTER TABLE 语句，其语法格式如下：

```
ALTER TABLE 表名 [WITH CHECK | NOCHECK]
ADD CONSTRAINT CHECK约束名 CHECK (CHECK表达式)
```

其中，CHECK 是指 CHECK 约束添加并启动，NOCHECK 是指 CHECK 约束添加但禁用，默认是 CHECK。

【实例 4-10】在学生成绩数据库中创建学生表，表结构如表 4-8 所示。

表 4-8 学生表结构

列 名	数据类型	可否为空	备 注
学号	char(10)	否	
姓名	nvarchar(20)	否	
性别	nchar(2)	否	CHECK 约束，性别='男' OR 性别='女'
出生日期	datetime	否	
班号	char(8)		

创建表时设置 CHECK 约束和创建表后设置 CHECK 约束的 T-SQL 语句一样。

```
USE student
GO
CREATE TABLE 学生表(
    学号 char(10) NOT NULL,
    姓名 nvarchar(20) NOT NULL,
    性别 nchar(2) NOT NULL,
    出生日期 datetime NOT NULL,
```

```
       班号 char(8) NULL)
GO
ALTER TABLE 学生表 WITH CHECK ADD CONSTRAINT CK_学生表
CHECK (性别='男' OR 性别='女'))
GO
```

测试一：在学生表中插入记录('11133P30','吴林华','无',1994-7-3,'11133P')，成功了吗？
不成功，性别值违反 CHECK 约束。

测试二：将性别值修改为"男"，成功了吗？

成功。

4.5.7 外键约束

在数据库中，不同表的列或者同一表的不同列之间存在着联系，这是因为它们都具有相同的业务意义。例如，系表中的系号和班级表中的系号均指系的编号，如果两表中两条记录的系号值相同，这意味着系表中对应记录和班级表中对应记录指的是同一个系。两个表中，系表中各记录的系号值应各不相同，而班级表中各记录的系号值可以相同，但必须引用系表中已经存在的系号值。在创建或修改表时，可以通过创建外键来定义外键约束。

外键与两个表相关，一个是主键表，是被引用表，主键表的主键列是被引用的列；另一个是外键表，是引用表，外键表的外键列引用主键表的主键列值。创建外键约束时，先创建主键表，再创建外键表，先设置主键表的主键，再创建外键表的外键。插入记录时，先插入主键表记录，再插入外键表记录。

创建外键有两种方法，可以在创建表时在表设计器中创建外键，也可以创建表之后打开表设计器创建外键，操作界面是相同的。

创建外键，在表设计器中右击，在弹出的快捷菜单中选择【关系】命令，打开【外键关系】对话框。单击【添加】按钮，添加外键关系，如图 4-13 所示。

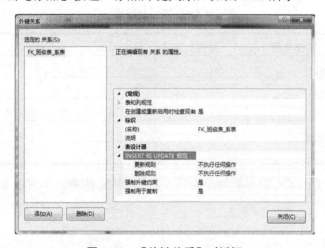

图 4-13 【外键关系】对话框

单击表和列规范后面的输入栏，可看到一个按钮，单击该按钮，打开【表和列】对话框，如图 4-14 所示。

图 4-14　【表和列】对话框

在【表和列】对话框中，设置顺序为主键表、主键和外键，外键表是不可修改的。输入完毕，单击【确定】按钮，关闭【表和列】对话框。

在【外键关系】对话框中，创建或重新启用时是否检查现有数据选项默认为"是"，那么如果表在添加外键前表中已有记录，要确认已有记录和外键是否冲突，如果有冲突要考虑是否修改已有记录。如果已有记录违反外键但不打算修改，可以设置为"否"。强制外键约束选项是指对于新插入或修改的记录是否要使用外键约束，默认为"是"。如果认为新记录会违反外键约束，那么可以设置为"否"。强制用于复制选项是在表进行复制发布时使用的，默认为"是"。复制代理发布表时，建议设置为"否"，这样在发布时外键约束不影响对表的插入和修改操作。

INSERT 和 UPDATE 规范中包括更新规则和删除规则，更新规则设置主键表记录中主键值修改将如何影响外键表对应记录，删除规则设置主键表记录删除将如何影响外键表对应记录。在外键表存在对应记录的情况下，不执行任何操作选项是指主键表更新或删除操作失败，级联选项是外键表记录的外键值更新为主键表记录中主键列的新值或是一并删除，设置 Null 选项是外键表记录的外键值将设置为空值(前提是外键列允许为空)，设置默认值选项是外键表记录的外键值将设置为默认值(前提是外键列有默认值)。

外键设置完毕，单击【关闭】按钮，关闭【外键关系】对话框。

设置外键的 T-SQL 语句是 ALTER TABLE 语句，其语法格式如下：

```
ALTER TABLE 外键表名 ADD CONSTRAINT 外键名
FOREIGN KEY(外键列名) REFERENCES 主键表名(主键列名)
ON UPDATE { NO ACTION | CASCADE | SET NULL | SET DEFAULT}
ON DELETE { NO ACTION | CASCADE | SET NULL | SET DEFAULT}
```

其中，ON UPDATE 子句是指主键表的主键列值更新后如何影响外键表的对应记录，ON DELETE 子句是指主键表的记录删除后如何影响外键表的对应记录。在外键表存在对应记录的情况下，NO ACTION 选项是指主键表更新或删除失败，CASCADE 选项是外键表记录的外键值更新为主键表记录中主键列的新值或是一并删除，SET NULL 选项是外键表记录的外键值将设置为NULL(前提是外键列允许为空)，SET DEFAULT 选项是外键表记录的外键值将设置为默认值(前提是外键列有默认值)。ON UPDATE 子句对应于【外键关系】对话框中的更新规则，ON DELETE 子句对应于【外键关系】对话框中的删除规则。
ON UPDATE 子句和 ON DELETE 子句的默认选项都是 NO ACTION。

【实例 4-11】在学生成绩数据库中创建系表，结构如表 4-9 所示。创建班级表，结构如表 4-10 所示。

表 4-9　系表结构

列　名	数据类型	可否为空	备　注
系号	tinyint	否	主键
系名	nvarchar(20)	否	
系主任号	char(10)		

表 4-10　班级表结构

列　名	数据类型	可否为空	备　注
班号	char(8)	否	
班名	nvarchar(20)	否	
入学年份	smallint	是	
人数	tinyint	是	
系号	tinyint	是	外键，引用系表的系号

```
USE student
GO
CREATE TABLE 系表(
    系号 tinyint NOT NULL,
    系名 nvarchar(20) NOT NULL,
    系主任号 char(10) NULL,
 CONSTRAINT PK_系表 PRIMARY KEY CLUSTERED (系号 ASC))
GO
CREATE TABLE 班级表(
    班号 char(8) NOT NULL,
    班名 nvarchar(20) NOT NULL,
    入学年份 smallint NULL,
    人数 tinyint NULL,
    系号 tinyint NULL)
GO
ALTER TABLE 班级表 ADD CONSTRAINT FK_班级表_系表
FOREIGN KEY (系号) REFERENCES 系表(系号)
GO
```

测试一：在系表中插入记录(1,'电子工程系',NULL)，成功了吗？
成功。
测试二：在系表中插入记录(2, '机电工程系',NULL)，成功了吗？
成功。
测试三：在班级表中插入记录('11212P', '物联网',2012,0,1)，成功了吗？

成功。

测试四：在班级表中插入记录('11214D','电子信息工程技术',2012,0,3)，成功了吗？

不成功。违反了外键约束，系表中不存在系号为 3 的记录。

测试五：在班级表中插入记录('21212P','数控技术',2012,0,2)，成功了吗？

成功。

测试六：在系表中更新系号值为 1 的记录，将系号值 1 改为 3，成功了吗？

不成功。违反了更新规则。

测试七：将更新规则改为级联，再次在系表中更新系号值为 1 的记录，将系号值 1 改为 3，成功了吗？

成功。班级表中系号为 1 的记录，系号值随着改为 3。

测试八：将删除规则改为级联，在系表中删除系号值为 3 的记录，成功了吗？

成功。系表和班级表中系号为 3 的记录均被删除。

4.6　查看表信息

4.6.1　查看表记录

打开表可以查看表中所有的记录。在对象资源管理器中，连接到 SQL Server 数据库引擎实例，展开该实例下的【数据库】节点，展开选中的数据库，展开【表】节点，右击需要打开的表，在弹出的快捷菜单中选择【编辑前 200 行】命令，打开视图，如图 4-15 所示。

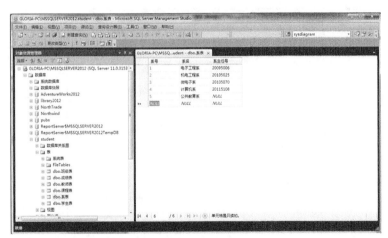

图 4-15　打开视图

4.6.2　查看表属性

在对象资源管理器中，连接到 SQL Server 数据库引擎实例，展开该实例下的【数据库】节点，展开选中的数据库，展开【表】节点，右击需要查看的表，在弹出的快捷菜单中选择【属性】命令，打开【表属性】对话框，如图 4-16 所示。【表属性】对话框中表的各项属性不仅可以查看，还可以修改。

图 4-16　【表属性】对话框

4.6.3　查看表的依赖关系

在对象资源管理器中，连接到 SQL Server 数据库引擎实例，展开该实例下的【数据库】节点，展开选中的数据库，展开【表】节点，右击需要查看的表，在弹出的快捷菜单中选择【查看依赖关系】命令，打开【对象依赖关系】对话框，如图 4-17 所示。【对象依赖关系】对话框中可以查看与该表有依赖关系的对象。

图 4-17　【对象依赖关系】对话框

💡 **注意：** 在删除数据库中的对象前，建议查看该对象的依赖关系。如果其他对象依赖于被删除对象，则该对象将无法删除。

4.7　小型案例实训

通过 4.1～4.6 节内容的学习，已经掌握了创建表的方法，数据完整性的概念和类型，创建和使用主键约束、唯一约束、列默认值、CHECK 约束、外键约束的方法。下面创建学生成绩数据库中的表，并设置数据完整性。

【任务 4-1】创建系表，结构如表 4-11 所示。

表 4-11　系表结构

列　名	数据类型	可否为空	备　注
系号	tinyint	否	标识列，主键
系名	nvarchar(20)	否	
系主任号	char(10)		

```
USE student
GO
CREATE TABLE 系表(
    系号 tinyint IDENTITY(1,1) NOT NULL,
    系名 nvarchar(20) NOT NULL,
    系主任号 char(10) NULL,
 CONSTRAINT PK_系表 PRIMARY KEY CLUSTERED (系号 ASC))
GO
```

【任务 4-2】创建班级表，结构如表 4-12 所示。

表 4-12　班级表结构

列　名	数据类型	可否为空	备　注
班号	char(8)	否	主键
班名	nvarchar(20)	否	
入学年份	smallint	否	
人数	tinyint	否	
系号	tinyint	否	
班主任号	char(10)		

```
USE student
GO
CREATE TABLE 班级表(
    班号 char(8) NOT NULL,
    班名 nvarchar(20) NOT NULL,
    入学年份 smallint NOT NULL,
    人数 tinyint NOT NULL,
    系号 tinyint NOT NULL,
    班主任号 char(10),
CONSTRAINT PK_班级表 PRIMARY KEY CLUSTERED (班级号 ASC))
GO
```

【任务 4-3】创建学生表，结构如表 4-13 所示。

表 4-13　学生表结构

列　名	数据类型	可否为空	备　注
学号	char(10)	否	主键
姓名	nvarchar(20)	否	
性别	nchar(2)	否	
出生日期	datetime	否	
班号	char(8)		

```
USE student
GO
CREATE TABLE 学生表(
    学号 char(10) NOT NULL,
    姓名 nvarchar(20) NOT NULL,
    性别 nchar(2) NOT NULL,
    出生日期 datetime NOT NULL,
    班号 char(8) NULL,
CONSTRAINT PK_学生表 PRIMARY KEY CLUSTERED (学号 ASC))
GO
```

【任务 4-4】创建教师表，结构如表 4-13 所示。

表 4-14　教师表结构

列　名	数据类型	可否为空	备　注
教师号	char(10)	否	主键
姓名	nvarchar(20)	否	
性别	nchar(2)	否	
出生日期	datetime	否	
职称	nchar(8)	否	
系号	tinyint	否	

```
USE student
GO
CREATE TABLE 教师表(
    教师号 char(10) NOT NULL,
    姓名 nvarchar(20) NOT NULL,
    性别 nchar(2) NOT NULL,
    出生日期 datetime NOT NULL,
    职称 nchar(8) NOT NULL,
    系号 tinyint NOT NULL,
CONSTRAINT PK_教师表 PRIMARY KEY CLUSTERED (教师号 ASC))
GO
```

【任务 4-5】创建课程表，结构如表 4-15 所示。

表 4-15　课程表结构

列　名	数据类型	可否为空	备　注
课程号	char(10)	否	主键
课程名	nvarchar(20)	否	
学分	tinyint	否	
学时	int	否	

```
USE student
GO
CREATE TABLE 课程表(
    课程号 char(10) NOT NULL,
    课程名 nvarchar(20) NOT NULL,
    学分 tinyint NOT NULL,
    学时 int NOT NULL,
 CONSTRAINT PK_课程表 PRIMARY KEY CLUSTERED (课程号 ASC))
GO
```

【任务 4-6】创建成绩表，结构如表 4-16 所示。

表 4-16　成绩表结构

列　名	数据类型	可否为空	备　注
学号	char(10)	否	主键
课程号	char(10)	否	主键
教师号	char(10)	否	主键
学期	char(11)	否	
成绩	tinyint		
状态	nvarchar(10)	否	

```
USE student
GO
CREATE TABLE 成绩表(
    学号 char(10) NOT NULL,
    课程号 char(10) NOT NULL,
    教师号 char(10) NOT NULL,
    学期 char(11) NOT NULL,
    成绩 tinyint NULL,
    状态 nvarchar(10) NOT NULL,
 CONSTRAINT PK_成绩表 PRIMARY KEY CLUSTERED
(学号 ASC,课程号 ASC,教师号 ASC))
GO
```

【任务 4-7】修改系表，结构如表 4-17 所示。

表 4-17　系表结构

列　名	数据类型	可否为空	备　注
系号	tinyint	否	标识列，主键
系名	nvarchar(20)	否	
系主任号	char(10)		外键，引用教师表的教师号

```
USE student
GO
ALTER TABLE 系表 WITH CHECK ADD  CONSTRAINT FK_系表_教师表 FOREIGN KEY(系主任
号) REFERENCES 教师表(教师号)
GO
```

【任务 4-8】修改班级表，结构如表 4-18 所示。

表 4-18　系表结构

列　名	数据类型	可否为空	备　注
班号	char(8)	否	主键
班名	nvarchar(20)	否	
入学年份	smallint	否	默认值为系统当前年份
人数	tinyint	否	默认值为 0
系号	tinyint	否	外键，引用系表的系号
班主任号	char(10)		外键，引用教师表的教师号

```
USE student
GO
ALTER TABLE 班级表 ADD  CONSTRAINT DF_班级表_入学年份
DEFAULT (datepart(year,getdate())) FOR 入学年份
GO
ALTER TABLE 班级表 ADD  CONSTRAINT DF_班级表_人数
DEFAULT (0) FOR 人数
GO
ALTER TABLE 班级表 WITH CHECK ADD CONSTRAINT FK_班级表_教师表
FOREIGN KEY(班主任号) REFERENCES 教师表(教师号)
GO
ALTER TABLE 班级表 WITH CHECK ADD  CONSTRAINT FK_班级表_系表
FOREIGN KEY(系号) REFERENCES 系表(系号)
GO
```

提示：　getdate()是 SQL SERVER 的系统函数，作用是取系统当前日期。datepart()也
是 SQL Server 的系统函数，作用是取日期中的相应部分，第一个参数是所取
部分，第二个部分是被处理的日期。

【任务 4-9】修改学生表，结构如表 4-19 所示。

表 4-19　学生表结构

列　名	数据类型	可否为空	备　注
学号	char(10)	否	主键
姓名	nvarchar(20)	否	
性别	nchar(2)	否	CHECK 约束，性别='男'OR 性别='女'，默认值为男
出生日期	datetime	否	
班号	char(8)		外键，引用班级表的班级号

```
USE student
GO
ALTER TABLE 学生表 ADD  CONSTRAINT DF_学生表_性别
DEFAULT ('男') FOR 性别
GO
ALTER TABLE 学生表  WITH CHECK ADD  CONSTRAINT FK_学生表_班级表
FOREIGN KEY(班号) REFERENCES 班级表(班号)
GO
ALTER TABLE 学生表  WITH CHECK ADD  CONSTRAINT CK_学生表
CHECK  (性别='男' OR 性别='女'))
GO
```

【任务 4-10】修改教师表，结构如表 4-20 所示。

表 4-20　教师表结构

列　名	数据类型	可否为空	备　注
教师号	char(10)	否	主键
姓名	nvarchar(20)	否	
性别	nchar(2)	否	CHECK 约束，性别='男' OR 性别='女'。默认值为男
出生日期	datetime	否	
职称	nchar(8)	否	CHECK 约束，职称='教授' OR 职称='副教授'OR 职称='讲师' OR 职称='助教'。默认值为助教
系号	tinyint	否	外键，引用系表的系号

```
USE student
GO
ALTER TABLE 教师表 ADD  CONSTRAINT DF_教师表_性别
DEFAULT ('男') FOR 性别
GO
ALTER TABLE 教师表 ADD  CONSTRAINT DF_教师表_职称
DEFAULT ('助教') FOR 职称
GO
ALTER TABLE 教师表 WITH CHECK ADD  CONSTRAINT FK_教师表_系表
FOREIGN KEY(系号) REFERENCES 系表(系号)
GO
ALTER TABLE 教师表 WITH CHECK ADD  CONSTRAINT CK_教师表
CHECK  ((性别='男' OR 性别='女'))
```

```
GO
ALTER TABLE 教师表 WITH CHECK ADD CONSTRAINT CK_教师表_1
CHECK (职称='教授' OR 职称='副教授' OR 职称='讲师' OR 职称='助教')
GO
```

【任务 4-11】创建成绩表，结构如表 4-21 所示。

表 4-21　成绩表结构

列　名	数据类型	可否为空	备注
学号	char(10)	否	主键。外键，引用学生表的学号
课程号	char(10)	否	主键。外键，引用课程表的课程号
教师号	char(10)	否	主键。外键，引用教师表的教师号
学期	char(11)	否	格式为 4 位年份/4 位年份-1 位学期，如：2014/2015-1。学期 like '[0-9][0-9][0-9][0-9]/[0-9][0-9][0-9][0-9]-[0-9]'
成绩	tinyint		
状态	nvarchar(10)	否	CHECK 约束，状态='初修' OR 状态='补考'OR 状态='重修'。默认值为初修

```
USE student
GO
ALTER TABLE 成绩表 ADD CONSTRAINT DF_成绩表_状态
DEFAULT ('初修') FOR 状态
GO
ALTER TABLE 成绩表 WITH CHECK ADD CONSTRAINT FK_成绩表_教师表
FOREIGN KEY(教师号) REFERENCES 教师表(教师号)
GO
ALTER TABLE 成绩表 WITH CHECK ADD CONSTRAINT FK_成绩表_课程表
FOREIGN KEY(课程号) REFERENCES 课程表(课程号)
GO
ALTER TABLE 成绩表 WITH CHECK ADD CONSTRAINT FK_成绩表_学生表
FOREIGN KEY(学号) REFERENCES 学生表(学号)
GO
ALTER TABLE 成绩表 WITH CHECK ADD CONSTRAINT CK_成绩表
CHECK (学期 like '[0-9][0-9][0-9][0-9]/[0-9][0-9][0-9][0-9]-[0-9]'))
GO
ALTER TABLE 成绩表 WITH CHECK ADD CONSTRAINT CK_成绩表_1
CHECK (状态='初修' OR 状态='补考' OR 状态='重修'))
GO
```

提示：学期输入的格式要求是 4 位年份/4 位年份-1 位学期，这样的输入格式也是用 CHECK 约束来完成。可以使用 like 运算符，表示模糊匹配。后面的字符串中多处采用了占位符，[0-9]表示 1 位数字，[a-z]表示 1 位小写字母。

小　结

SQL Server 数据库中的数据存储在表中。表中的行称作记录或元组，列称作属性或字段。

SQL Server 数据库中的表包括用户定义表、已分区表、临时表、系统表和宽表 5 种。

创建表的语句是 CREATE TABLE 语句。

计算列是指列值通过设定的公式来自动生成。

如果表中需要建立类似有 1、2、3、4 这样的自动序号值的列，可以采用标识列。

修改表的语句是 ALTER TABLE 语句。

删除表的语句是 DROP TABLE 语句。

数据完整性是指数据库中的数据必须是真实可信、准确无误的。对数据库的表中的记录强制实施数据完整性可保证数据库的表中各字段数据完整而且合理。数据完整性分为 3 种类型，即实体完整性、域完整性和引用完整性。

实体完整性是指通过表中属性或属性组合能将表中各记录唯一区别开来。实体完整性的实施方法是使用主键约束或唯一约束。

域完整性是指表中特定属性的值的有效取值。域完整性的实施方法是使用 CHECK 约束或列默认值。

引用完整性也称参照完整性，是指数据库中的不同表中属性的值或者表自身不同属性的值之间的引用关系，其中一个表中的某个属性值不但要符合其数据类型，还必须引用另一个表中某个属性现有的值。引用完整性的实施方法是使用外键约束。

一个表由若干字段构成，其中的一个或一组字段值可以用来唯一标识表中每一行，这样的一个或一组字段称为表的主键，用于实施实体完整性。一个表只能有一个主键，也就是说只能有一个主键约束。

当表中除主键列之外，还有其他列需要保证取值不重复时，可以使用唯一约束。一个表定义多个唯一约束。唯一约束允许该列值只能有一个 NULL 值。

默认值为某些没有确定值的列赋予一个值，而不是设为 NULL。

CHECK 约束是一个包含表中列值的逻辑表达式，返回值为 TRUE 或 FALSE。只有使该逻辑表达式为 TRUE 的字段值才能被 SQL Server 认可。CHECK 约束只在添加和更新记录时起作用，删除记录时不起作用。

外键与两个表相关，一个是主键表，是被引用表，主键表的主键列是被引用的列；另一个是外键表，是引用表，外键表的外键列引用主键表的主键列值。

习　题

1. 填空题

(1) SQL Server 数据库中的数据存储在表中。表中的行称作_____，列称作_____。

(2) SQL Server 数据库中的表包括_____5 种。

(3) 创建表使用的 T-SQL 语句是_____。修改表使用的 T-SQL 语句是_____。删除表使用的 T-SQL 语句是_____。

(4) 如果列值是通过设定的公式来自动生成，那么该列是_____。

(5) 如果表中需要建立类似有 1、2、3、4 这样的自动序号值的列，可以采用_____。该列的值是由_____和_____计算生成的。

(6) Null 的含义是_____。

(7) 数据完整性是指_____，分为_____、_____和_____。

(8) 实体完整性是指_____，域完整性是指_____，引用完整性是指_____。

(9) 实现实体完整性的是_____和_____。

(10) 实现域完整性的是_____和_____。

(11) 实现引用完整性的是_____。

2. 操作题

项目 3 中创建的图书馆管理数据库 library，该数据库中包含图书馆所需要管理的书籍和读者信息。数据库中包含的表包括读者类型表、读者信息表、图书类型表、图书基本信息表、图书信息表、图书借阅表和图书罚款表。

操作项目如下：

(1) 创建读者类型表，结构如表 4-22 所示。

表 4-22 读者类型表结构

列　名	数据类型	可否为空	备　注
类型	nvarchar(20)	否	主键
可借册数	Int	否	

(2) 创建读者信息表，结构如表 4-23 所示。

表 4-23 读者信息表结构

列　名	数据类型	可否为空	备　注
读者编号	char(15)	否	主键
姓名	char(20)	否	
类型	nvarchar(20)	否	外键，引用读者类型表的类型
证件号	char(15)	否	

列　名	数据类型	可否为空	备　注
性别	nvarchar(4)	否	CHECK 约束，性别='男' OR 性别='女'
联系方式	char(12)	否	
登记日期	datetime	否	默认值为系统当前日期
有效日期	datetime	否	CHECK 约束，有效日期>=登记日期
已借书数量	Int	否	默认值为 0
是否挂失	nchar(4)	否	默认值为否

(3) 创建图书类型表，结构如表 4-24 所示。

表 4-24　图书类型表结构

列　名	数据类型	可否为空	备　注
类型	nvarchar(20)	否	主键

(4) 创建图书基本信息表，结构如表 4-25 所示。

表 4-25　图书基本信息表结构

列　名	数据类型	可否为空	备　注
ISBN	char (20)	否	主键
书名	nvarchar(50)	否	
版次	nvarchar(20)	否	默认值为第 1 版
类型	nvarchar(20)	否	外键，引用图书类型表的类型
作者	nvarchar(50)	否	
出版社	nvarchar(50)	否	
价格	money	否	默认值为 0
可借数量	int	否	CHECK 约束，可借数量<=库存数量，默认值为 1
库存数量	int	否	默认值为 1

(5) 创建图书信息表，结构如表 4-26 所示。

表 4-26　图书信息表结构

列　名	数据类型	可否为空	备　注
图书编号	char(8)	否	主键。CHECK 约束，格式为 8 个数字，图书编号 like ' [0-9] [0-9] [0-9] [0-9] [0-9] [0-9] [0-9] [0-9] '
ISBN	char (20)	否	外键，引用图书基本信息表的 ISBN
状态	nvarchar(20)	否	CHECK 约束，状态='可借' OR 状态='借出' OR 状态='挂失' OR 状态='不可借'，默认值为可借
状态更新时间	datetime	否	默认值为系统当前日期

(6) 创建图书借阅表，结构如表 4-27 所示。

表 4-27　图书借阅表结构

列　名	数据类型	可否为空	备　注
借阅编号	uniqueidentifier	否	主键
图书编号	char (8)	否	外键，引用图书信息表的编号
读者编号	char (15)	否	外键，引用读者信息表的编号
借阅日期	datetime	否	默认值为系统当前日期
到期日期	datetime	否	CHECK 约束，到期日期大于等于借阅日期
处理日期	datetime		CHECK 约束，处理日期大于等于借阅日期
状态	nvarchar(20)	否	CHECK 约束，状态='借出' OR 状态='已还' OR 状态='挂失' OR 状体='不可借'，默认值为借出

(7) 创建图书罚款表，结构如表 4-28 所示。

表 4-28　图书罚款表结构

列　名	数据类型	可否为空	备　注
罚款编号	int	否	标识列，主键
借阅编号	uniqueidentifier	否	
罚款日期	datetime	否	默认值为系统当前日期
罚款金额	money	否	
罚款原因	nvarchar(20)	否	CHECK 约束，罚款原因='超期归还' OR 罚款原因='挂失' OR 罚款原因='损坏'，默认值为超期归还

项目5

创 建 索 引

【项目要点】

● 索引的概念和类型。
● 创建索引。
● 修改索引列。
● 启用、重新生成和重新组织索引。
● 删除索引。
● 设计和优化索引。

【学习目标】

● 掌握索引的概念及其分类。
● 掌握创建、修改、删除索引的方法。
● 掌握启用、重新生成、重新组织索引及索引填充因子的使用方法。
● 了解设计和优化索引的方法。

5.1 索　　引

5.1.1　索引的概念

在实际业务中，数据库的表中记录往往数量众多，随着时间的推移，数据量更加庞大，这也使得查询速度越来越慢。怎样才能提高查询速度，优化查询性能呢？这是使用数据库必须解决的问题，否则实际应用的效果将无法满足需求。

正如为厚厚的字典添加索引可以帮助尽快查找字词，SQL Server 数据库中也可以通过适当的索引帮助，减少查询开销，提高查询特定信息的速度。

索引是与表或视图关联的磁盘上结构，可以加速查询表或视图中的记录。索引包含由表或视图中的一列或多列生成的键，SQL Server 通过在索引中查找键值来快速查找与键值关联的记录。

在 SQL Server 中，索引是按 B 树结构进行组织的，如图 5-1 所示。索引 B 树中的顶端节点称为根节点。中间节点称为索引节点，是包含存有索引行的索引页，每个索引行包含一个键值和一个指针，该指针指向 B 树上的某一中间级页或叶级索引中的某个数据行。根节点和中间级节点每级索引中的页使用双向链表进行相互联结。底层节点称为叶节点。

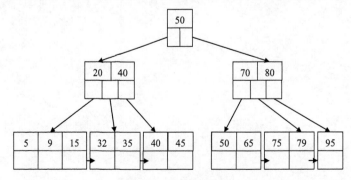

图 5-1　B 树结构图

5.1.2　索引的类型

SQL Server 数据库的索引分为聚集索引和非聚集索引两类。SQL Server 数据库中的表可以创建聚集索引和非聚集索引，也可以不带任何索引。根据表是否带有可用索引，SQL Server 采用表扫描或查找索引的方式来查询记录。

聚集索引在前面创建主键的操作中已经提及，SQL Server 在为表创建主键时，默认会在主键字段上创建聚集索引。含有聚集索引的表也称聚集表。聚集索引的结构如图 5-2 所示，叶节点就是包含基础表的数据页。数据链内的页和记录将按聚集索引键值进行排序，所有插入操作都在所插入记录中的键值与现有记录的排序顺序相匹配时执行，也就是说表中记录在物理介质上的存储顺序与聚集索引的键值排列顺序一致，因此一个表最多只能有一个聚集索引。

非聚集索引与聚集索引具有相同的 B 树结构，结构如图 5-3 所示。非聚集索引的键值顺序和表中记录在物理介质上的存储位置顺序是不一致的，其叶节点是索引页而不是数据页。非聚集索引中的每个索引行都包含非聚集键值和行定位符，此定位符指向聚集索引的键值或堆中包含该键值的数据行。在查询时，可以通过非聚集索引的键值先查询到包含该键值的记录的指针，然后再查询到该记录，因此通过非聚集索引查询的速度比通过聚集索引查询的速度慢，但一个表可以有零个到多个非聚集索引。

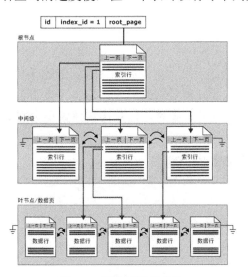

图 5-2　聚集索引结构图

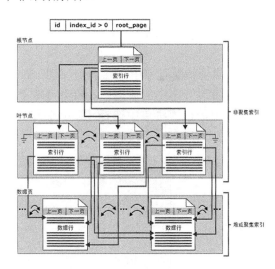

图 5-3　非聚集索引结构图

SQL Server 还有一种索引，是唯一索引。所谓唯一，是指不同记录的索引键值互不相同。聚集索引和非聚集索引的键值可以是唯一的，也可以不是唯一的，因此可以设置聚集索引和非聚集索引为唯一索引或非唯一索引。

5.1.3　堆

对于不含聚集索引的表，SQL Server 会在堆中维护数据页，结构如图 5-4 所示。

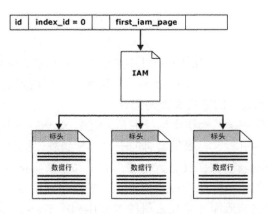

图 5-4　堆结构图

每个堆分成一个或多个堆结构，每个堆结构有一个或多个分配单元来存储和管理数据。SQL Server 使用索引分配映射表(IAM)页来维护堆。堆内的数据页和行没有任何特定的顺序，也不链接在一起。数据页之间唯一的逻辑连接是记录在 IAM 页内的信息。查询记录可以通过扫描 IAM 页对堆进行表扫描或串行读操作来进行。

5.2　创 建 索 引

5.2.1　创建聚集索引

在对象资源管理器中，连接到 SQL Server 数据库引擎实例，展开该实例下的【数据库】节点，展开选中的数据库，展开【表】节点，展开需要修改的表，右击【索引】节点，在弹出的快捷菜单中选择【新建索引】|【聚集索引】命令，打开【新建索引】对话框，如图 5-5 所示。

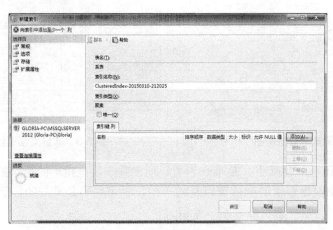

图 5-5　【新建索引】对话框

单击【添加】按钮，打开【选择列】对话框，如图 5-6 所示。设置聚集索引所在的列，单击【确定】按钮，关闭对话框。单击【确定】按钮，完成聚集索引的创建。所展开表的索引节点下将出现创建的聚集索引。

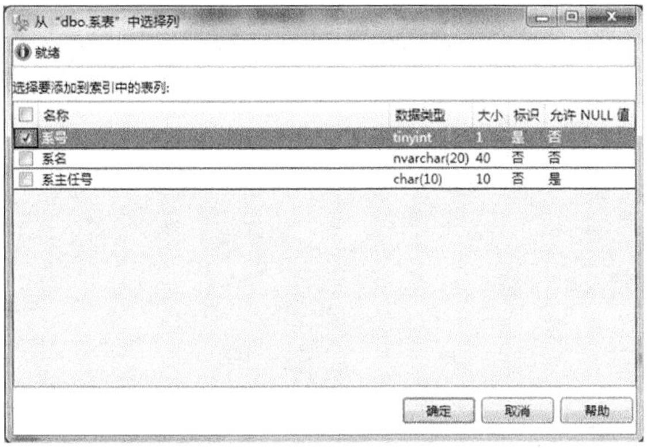

图 5-6　【选择列】对话框

💡 **注意：**　如果准备使用【新建索引】命令来为一个表创建索引，那么必须确认该表不处于修改结构状态，也就是说如果该表的结构显示在表设计器中，即使未被修改，【新建索引】命令也无法使用。

创建聚集索引的 T-SQL 语句是 CREATE INDEX 语句，其语法格式如下：

```
CREATE CLUSTERED INDEX 索引名 ON 表名
(列名 [ASC | DESC] [,...n])
```

【**实例 5-1**】在系表的系号列上创建升序的聚集索引。

```
USE student
GO
CREATE CLUSTERED INDEX CI系表 ON 系表
(系号 ASC)
GO
```

5.2.2　创建非聚集索引

在对象资源管理器中，连接到 SQL Server 数据库引擎实例，展开该实例下的【数据库】节点，展开选中的数据库，展开【表】节点，展开需要修改的表，右击【索引】节点，在弹出的快捷菜单中选择【新建索引】|【非聚集索引】命令，打开【新建索引】对话框，如图 5-7 所示。

单击【添加】按钮，打开【选择列】对话框，如图 5-8 所示。设置非聚集索引所在的列，单击【确定】按钮，关闭对话框。单击【确定】按钮，完成非聚集索引的创建。所展开表的索引节点下将出现创建的非聚集索引。

创建非聚集索引的 T-SQL 语句是 CREATE INDEX 语句，其语法格式如下：

```
CREATE NONCLUSTERED INDEX 索引名 ON 表名
(列名 [ASC | DESC] [,...n])
```

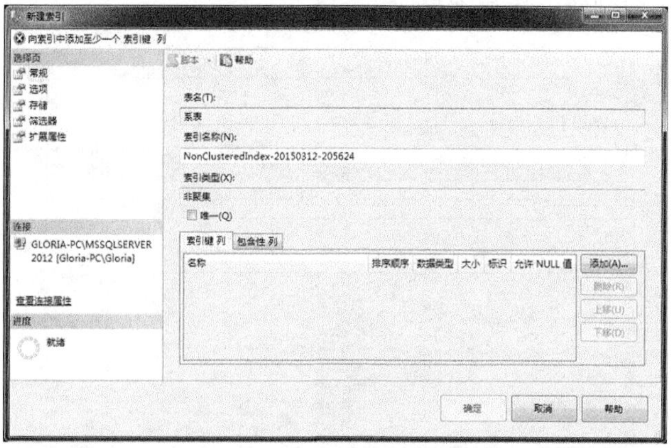

图 5-7　【新建索引】对话框

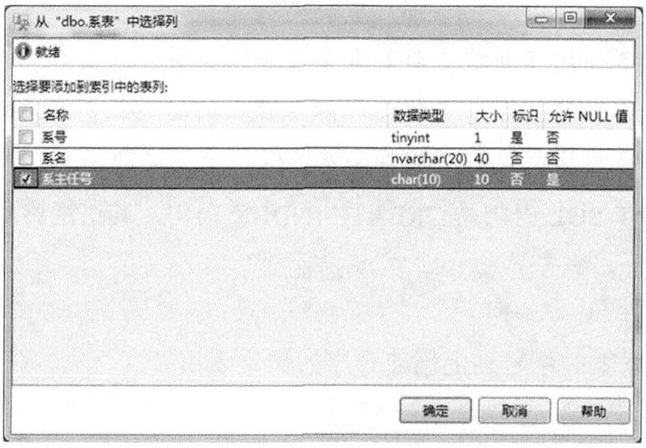

图 5-8　【选择列】对话框

【实例 5-2】在系表的系主任号列上创建降序的非聚集索引。

```
USE student
GO
CREATE NONCLUSTERED INDEX NCI 系表 ON 系表
(系主任号 DESC)
GO
```

5.2.3　创建唯一索引

　　唯一索引是指不同记录的索引键值互不相同。聚集索引和非聚集索引的键值可以是唯一的，也可以不是唯一的，因此可以在创建聚集索引或非聚集索引时，在【新建索引】对话框中设置唯一属性即可。默认情况下创建的聚集索引和非聚集索引均不是唯一索引。

　　创建唯一索引的 T-SQL 语句是 CREATE INDEX 语句，其语法格式如下：

```
CREATE UNIQUE CLUSTERED | NONCLUSTERED INDEX 索引名 ON 表名
(列名 [ASC | DESC] [,...n])
```

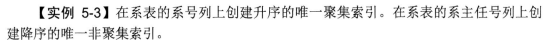

【实例 5-3】在系表的系号列上创建升序的唯一聚集索引。在系表的系主任号列上创建降序的唯一非聚集索引。

```
CREATE UNIQUE CLUSTERED INDEX CI 系表 ON 系表
(系号 ASC)
GO
CREATE UNIQUE NONCLUSTERED INDEX NCI 系表 ON 系表
(系主任号 DESC)
GO
```

5.2.4　创建带有包含列的索引

非聚集索引可以包含非键列，从而覆盖更多的列。用于包含的列是不能作为索引键列，数据库引擎在计算索引键列数或索引键大小时不考虑非键列。但是，当查询中的所有列都作为键列或非键列包含在索引中时，该索引可以显著提高查询性能，因为查询优化器可以在索引中找到所有列值而不访问表或聚集索引数据，从而减少磁盘 I/O 操作。

在对象资源管理器中，连接到 SQL Server 数据库引擎实例，展开该实例下的【数据库】节点，展开选中的数据库，展开【表】节点，展开需要修改的表，右击【索引】节点，在弹出的快捷菜单中选择【新建索引】|【非聚集索引】命令，打开【新建索引】对话框，先设置【索引键 列】页，然后设置【包含性 列】页，如图 5-9 所示。

图 5-9　【新建索引】对话框中的【包含性 列】页

创建带有包含列的非聚集索引的 T-SQL 语句是 CREATE INDEX 语句，其语法格式如下：

```
CREATE NONCLUSTERED INDEX 索引名 ON 表名
(列名 [ASC | DESC] [,...n])
INCLUDE (列名)
```

【实例 5-4】在系表的系号上创建非聚集索引，系名作为包含列。

```
USE student
GO
```

```
CREATE NONCLUSTERED INDEX NCI系表 ON 系表
(系号 ASC)
INCLUDE (系名)
GO
```

5.2.5 创建筛选索引

筛选索引是一种经过优化的非聚集索引。当仅需查询索引列的键值所在特定区间的记录时，可以使用筛选索引。筛选索引通过索引列的键值对记录进行筛选，使得查询速度加快，索引空间减小，索引维护工作量减少。

在对象资源管理器中，连接到 SQL Server 数据库引擎实例，展开该实例下的【数据库】节点，展开选中的数据库，展开【表】节点，展开需要修改的表，右击【索引】节点，在弹出的快捷菜单中选择【新建索引】|【非聚集索引】命令，打开【新建索引】对话框。先设置非聚集索引中的列，然后设置【筛选器】页中的筛选表达式，结果如图 5-10 所示。

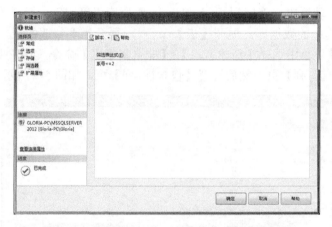

图 5-10 【新建索引】对话框中的【筛选器】页

创建筛选索引的 T-SQL 语句是 CREATE INDEX 语句，其语法格式如下：

```
CREATE NONCLUSTERED INDEX 索引名 ON 表名
(列名 [ASC | DESC] [,...n])
WHERE 筛选表达式
```

【实例 5-5】在系表的系号上创建非聚集索引，仅涉及系号小于 5 的记录。

```
USE student
GO
CREATE NONCLUSTERED INDEX NCI系表 ON 系表
(系号 ASC)
WHERE 系号<5
GO
```

5.3　修改索引

5.3.1　修改索引列

修改索引的操作在索引的【属性】对话框中完成。在对象资源管理器中，连接到 SQL Server 数据库引擎实例，展开该实例下的【数据库】节点，展开选中的数据库，展开【表】节点，展开【索引】节点，右击需要修改的索引，在弹出的快捷菜单中选择【属性】命令，打开【索引属性】对话框，显示该索引具体内容，如图 5-11 所示。单击【添加】按钮，打开【选择列】对话框，可以添加索引列。选中索引列，单击【删除】按钮，可以删除索引列。选中索引列，还可以单击【上移】或【下移】按钮，来调整索引列的顺序。

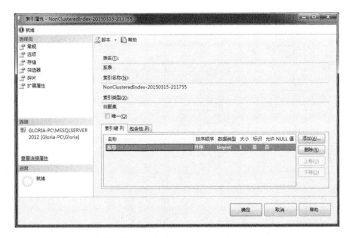

图 5-11　【索引属性】对话框

单击【确定】按钮，完成索引属性的修改。此时，系统会出现提示，如图 5-12 所示。

图 5-12　索引提示框

修改索引列的语句是 CREATE INDEX 语句，其语法格式如下：

```
CREATE CLUSTERED | NONCLUSTERED INDEX 索引名 ON 表名
(列名 [ASC | DESC] [,...n])
WITH (DROP_EXISTING=ON)
```

【实例 5-6】在系表的系号上创建的非聚集索引中添加系主任号。

```
USE student
GO
```

```
CREATE NONCLUSTERED INDEX NCI 系表 ON 系表
(系号 ASC,
系主任号 ASC)
WITH (DROP_EXISTING=ON)
GO
```

5.3.2　禁用索引

如果不希望用户使用索引，可以禁用索引。如果禁用聚集索引，那么用户将无法查询表中记录。索引定义保留在元数据中，非聚集索引的索引统计信息仍保留。

在对象资源管理器中，连接到 SQL Server 数据库引擎实例，展开该实例下的【数据库】节点，展开选中的数据库，展开【表】节点，展开【索引】节点，右击需要禁用的索引，在弹出的快捷菜单中选择【禁用】命令，打开【禁用索引】对话框，如图 5-13 所示。单击【确定】按钮，完成索引的禁用。

图 5-13　【禁用索引】对话框

禁用索引的语句是 ALTER INDEX 语句，其语法格式如下：

```
ALTER INDEX 索引名 ON 表名 DISABLE
```

【实例 5-7】禁用系表上的非聚集索引 NCI 系表。

```
USE student
GO
ALTER INDEX NCI 系表 ON 系表 DISABLE
GO
```

如果需要禁用一个表上的全部索引，那么可以右击该表的【索引】节点，在弹出的快捷菜单中选择【全部禁用】命令，打开【禁用索引】对话框。单击【确定】按钮，完成所有索引的禁用。

5.3.3　重新生成索引

已禁用的索引可以通过重新生成的方式来启用。重新生成索引是指删除并重新创建索引。重新生成索引将删除索引碎片，回收多余磁盘空间，在连续页中对索引行重新排序，并根据需要分配新页，从而减少获取所请求数据所需的页读取数，达到提高磁盘性能的目的。

在对象资源管理器中，连接到 SQL Server 数据库引擎实例，展开该实例下的【数据库】节点，展开选中的数据库，展开【表】节点，展开【索引】节点，右击需要重新生成的索引，在弹出的快捷菜单中选择【重新生成】命令，打开【重新生成索引】对话框，如图 5-14 所示。单击【确定】按钮，完成索引的重新生成。

图 5-14　【重新生成索引】对话框

重新生成索引的语句是 ALTER INDEX 语句，其语法格式如下：

```
ALTER INDEX 索引名 ON 表名 REBUILD
```

【实例 5-8】重新生成系表上的非聚集索引 NCI 系表。

```
USE student
GO
ALTER INDEX NCI 系表 ON 系表 REBUILD
GO
```

如果需要重新生成一个表上的全部索引，那么可以右击该表的【索引】节点，在弹出的快捷菜单中选择【全部重新生成】命令，打开【重新生成索引】对话框。单击【确定】按钮，完成所有索引的重新组织。

5.3.4　重新组织索引

重新组织索引是对叶级页重新物理排序，使其与叶节点的逻辑顺序相匹配，从而进行碎片整理，可以提高索引扫描的性能。SQL Server 数据库中不断地发生记录的增删改操作，索引也会随之进行修改，索引页的物理顺序和数据文件中的物理排序不一致，产生越来越多的索引碎片，导致索引性能下降，查询速度降低。重新组织索引在操作时不仅删除并重新创建索引，还会压缩索引页，使其与物理文件相匹配。

在对象资源管理器中，连接到 SQL Server 数据库引擎实例，展开该实例下的【数据库】节点，展开选中的数据库，展开【表】节点，展开【索引】节点，右击需要重新组织的索引，在弹出的快捷菜单中选择【重新组织】命令，打开【重新组织索引】对话框，如图 5-15 所示。单击【确定】按钮，完成索引的重新组织。

图 5-15　【重新组织索引】对话框

重新组织索引的语句是 ALTER INDEX 语句，其语法格式如下：

```
ALTER INDEX 索引名 ON 表名 REORGANIZE
```

【实例 5-9】重新生成系表上的非聚集索引 NCI 系表。

```
USE student
GO
ALTER INDEX NCI 系表 ON 系表 REORGANIZE
GO
```

如果需要重新组织一个表上的全部索引，可以右击该表的【索引】节点，在弹出的快捷菜单中选择【全部重新组织】命令，打开【重新组织索引】对话框。单击【确定】按钮，完成所有索引的重新组织。

5.3.5　索引填充因子

如果索引的叶级页上的存储空间已用完，那么必须分配另外的存储空间来存储新增加的索引项。如果在创建或重新生成索引时在索引的页上留有一定的空间，那么至少不会过早地需要分配另外的存储空间，从而优化了索引的性能。索引填充因子选项设置了索引页初始的数据空间占有率，默认值是 0，表示无保留空间，可设置的值范围为 1～100。

在对象资源管理器中，连接到 SQL Server 数据库引擎实例，展开该实例下的【数据库】节点，展开选中的数据库，展开【表】节点，展开【索引】节点，右击需要设置的索引，在弹出的快捷菜单中选择【属性】命令，打开【索引属性】对话框，选择【选项】页，如图 5-16 所示。修改填充因子的数值，单击【确定】按钮，完成索引填充因子的设置。

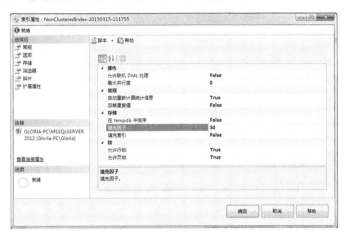

图 5-16　【索引属性】对话框中的【选项】页

设置索引填充因子的语句是 ALTER INDEX 语句，其语法格式如下：

```
ALTER INDEX 索引名 ON 表名 REBUILD
WITH (FILLFACTOR=索引填充因子值)
```

【实例 5-10】设置系表上的非聚集索引 NCI 系表的索引填充因子值为 50。

```
USE student
GO
ALTER INDEX NCI系表 ON 系表 REBUILD
WITH (FILLFACTOR = 50)
GO
```

5.4　删　除　索　引

删除无用的索引可以释放其在数据库中当前所占有的磁盘空间。在删除索引之前，必须先删除与索引有关的 PRIMARY KEY 约束。

在对象资源管理器中，连接到 SQL Server 数据库引擎实例，展开该实例下的【数据库】节点，展开选中的数据库，展开【表】节点，展开【索引】节点，右击需要删除的索引，在弹出的快捷菜单中选择【删除】命令，打开【删除对象】对话框，如图 5-17 所示。单击【确定】按钮，完成索引的删除。

删除索引的语句是 DROP INDEX 语句，其语法格式如下：

```
DROP INDEX 索引名 ON 表名
```

【实例 5-11】删除系表上的非聚集索引 NCI 系表。

```
USE student
GO
```

```
DROP INDEX NCI 系表 ON 系表
GO
```

图 5-17　【删除对象】对话框

5.5　设计和优化索引

5.5.1　索引设计任务

为了提高 SQL Server 数据库的查询效率，提高数据库系统的性能，需要为数据库设计满足需求的索引。合适的索引既能得到满意的查询速度，又不需要过多的数据库存储空间。通常情况下，SQL Server 中的查询优化器会根据查询语句自动选取适用的索引，因此可以设计多个索引供查询优化器选择。如果可用的索引达不到良好的查询效果，那么查询优化器将采用表扫描的方式查询表记录。

索引设计任务包括以下内容：

- 确认数据库的特征，是用于事务处理还是数据挖掘或其他。
- 确认常用的查询语句，是涉及单表还是多表。
- 确认常用的查询列，是需要聚集索引还是非聚集索引，是否唯一索引；如果是非聚集索引，那么是否是筛选索引还是包含列索引。
- 确定索引选项设置，以便提高索引的性能。
- 确定索引的最佳存储位置。如果非聚集索引和基础表存在不同的磁盘上，那么在查询时可以同时读取不同磁盘上的内容，这样可以提高磁盘的 I/O 速度，加快查询的速度。

5.5.2　设计聚集索引

在带有聚集索引的表中，记录的物理存储顺序是根据聚集索引的键值排列顺序来确定的。每个表只能有一个聚集索引，因为记录本身只能按一个顺序存储。

如果经常查询某列，且该列值的唯一程度高，并经常查询该列值在特定范围内记录，返回大量记录作为结果，或是以该列进行排序或分组，可以在该列上创建聚集索引。

聚集索引不适用于频繁改动的列，因为记录的改动往往会导致聚集索引的键值按顺序调整，继而带来记录的物理存储位置的改动，频繁更改会影响数据库的响应速度。

5.5.3   设计非聚集索引

在带有非聚集索引的表中，记录的物理存储顺序与非聚集索引的键值排列顺序没有关系。因此，每个表只能有一个聚集索引，但非聚集索引可以有多个。

如果需要更新表中大量记录，或是某列的查询结果不返回大量记录，可以在该列上创建非聚集索引。设计非聚集索引的目的往往是希望查询索引中的列就能得到查询结果，因此常用的查询列上如果没有聚集索引，建议创建非聚集索引。

5.5.4   设计唯一索引

唯一索引是指索引键值不重复，可以使表中记录具有唯一性。聚集索引和非聚集索引都可以是唯一索引。

如果属性值不重复，那么可以创建唯一索引。有时需要在组合列上创建唯一索引，从而保证列的组合值的唯一性。

5.5.5   设计带有包含列的索引

带有包含列的索引是非聚集索引，但包含列不能作为索引列，如重复值过多。带有包含列的索引使得不能作为索引列的列也能包含在索引内，从而索引覆盖了查询使用的列，只要查询索引就能获得所有的属性，大大减少了读磁盘的操作时间。

如果索引中需要使用不能作为索引的列，那么可以将该列作为包含列。

5.5.6   设计筛选索引

筛选索引是经过优化的非聚集索引，通过筛选表达式将索引的键值作为筛选条件，从而达到筛选表中记录的结果。满足查询要求的筛选索引可以提高查询性能、减少索引维护开销并可降低索引存储开销。

如果某列在查询中重复出现，且经常查询特定的值范围，在表已有聚集索引时，可以创建筛选索引。

5.6.7   优化索引

随着使用时间的增加，表中记录数量级的增大，查询的速度也会出现下降，大大影响了数据库的使用。适当的索引往往不能一下子找到，需要经过设计和不断的检验。在创建索引后，随着业务的不断应用，要对现有的索引进行评估和优化。SQL Server 提供了两个工具，一个是 SQL Server Profiler，一个是数据库引擎优化顾问。

SQL Server Profiler 可以帮助数据库管理员准确查看提交到服务器的查询语句，以跟踪的形式设置所需要监视语句运行时产生的事件，并将跟踪的结果以文件或表的形式保存下来，以供数据库引擎优化顾问分析使用。SQL Server Profiler 的界面如图 5-18 所示。

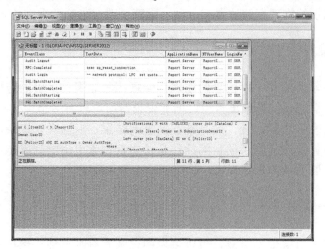

图 5-18　SQL Server Profiler

数据库引擎优化顾问通过分析 SQL Server Profiler 生成的跟踪结果，可以提供对数据库的表中索引的最佳组合建议。数据库管理员可根据此建议创建、修改和删除索引，从而提高查询速度，优化数据库性能。数据库引擎优化顾问的界面如图 5-19 所示。

图 5-19　数据库引擎优化顾问

5.6　小型案例实训

通过 5.1～5.5 节内容的学习，已经掌握了索引的概念和类型，掌握了创建、修改和删除索引，了解了设计和优化索引。下面创建学生成绩数据库中的索引。

【任务 5-1】在系表的系号上创建聚集索引 CL_系表。

```
USE student
GO
CREATE CLUSTERED INDEX CL_系表 ON 系表
(系号 ASC)
GO
```

【任务 5-2】在班级表的系号上创建非聚集索引 NCL_班级表。

```
USE student
GO
CREATE NONCLUSTERED INDEX NCL_班级表 ON 班级表
(系号 ASC)
GO
```

【任务 5-3】在学生表的学号上创建唯一非聚集索引 NCL_学生表。

```
USE student
GO
CREATE UNIQUE NONCLUSTERED INDEX NCL_学生表 ON 学生表
(学号 ASC)
GO
```

【任务 5-4】在成绩表的课程号上创建非聚集索引 NCL_成绩表，包含教师号。

```
USE student
GO
CREATE UNIQUE NONCLUSTERED INDEX NCL_成绩表 ON 成绩表
(学生号 ASC)
INCLUDE(教师号 ASC)
GO
```

【任务 5-5】在教师表的系号上创建非聚集索引 NCL_教师表，仅包含系号为 1 的记录。

```
USE student
GO
CREATE NONCLUSTERED INDEX NCL_教师表 ON 教师表
(教师号 ASC)
WHERE 系号=1
GO
```

【任务 5-6】在班级表上的非聚集索引 NCL_班级表中添加班主任号。

```
USE student
GO
CREATE NONCLUSTERED INDEX NCL_班级表 ON 班级表
(系号 ASC, 班主任号 ASC)
WITH (DROP_EXISTING=ON)
GO
```

【任务 5-7】禁用班级表上的非聚集索引 NCL_班级表。

```
USE student
GO
```

```
ALTER INDEX NCL_班级表 ON 班级表 DISABLE
GO
```

【任务 5-8】 重新生成班级表上的非聚集索引 NCL_班级表。

```
USE student
GO
ALTER INDEX NCL_班级表 ON 班级表 REBUILD
GO
```

【任务 5-9】 重新组织班级表上的非聚集索引 NCL_班级表。

```
USE student
GO
ALTER INDEX NCL_班级表 ON 班级表 REORGANIZE
GO
```

【任务 5-10】 将班级表上的非聚集索引 NCL_班级表的索引填充因子设置为 25。

```
USE student
GO
ALTER INDEX NCL_班级表 ON 班级表 REBUILD WITH(FILLFACTOR=25)
GO
```

小　　结

索引是与表或视图关联的磁盘上结构，可以加速查询表或视图中的记录。索引包含由表或视图中的一列或多列生成的键，SQL Server 通过在索引中查找键值来快速查找与键值关联的记录。

SQL Server 数据库的索引分为聚集索引和非聚集索引两类。SQL Server 数据库中的表可以创建聚集索引和非聚集索引，也可以不带任何索引。根据表是否带有可用索引，SQL Server 采用表扫描或查找索引的方式来查询记录。

含有聚集索引的表也称聚集表，表中记录在物理介质上的存储顺序与聚集索引的键值排列顺序一致，因此一个表最多只能有一个聚集索引。

非聚集索引的键值顺序和表中记录在物理介质上的存储位置顺序是不一致的，一个表可以有零个到多个非聚集索引。

聚集索引和非聚集索引的键值可以是唯一的，也可以不是唯一的，因此可以设置聚集索引和非聚集索引为唯一索引或非唯一索引。

对于不含聚集索引的表，SQL Server 会在堆中维护数据页。

创建索引的语句是 CREATE INDEX 语句。

修改索引列的语句是 CREATE INDEX 语句。

索引可以禁用，禁用的索引通过重新生成得到启用。

重新生成索引是指删除并重新创建索引。

重新组织索引是对叶级页重新物理排序，使其与叶节点的逻辑顺序相匹配，从而进行碎片整理，可以提高索引扫描的性能。

索引填充因子选项设置了索引页初始的数据空间占有率。

删除索引的语句是 DROP INDEX 语句。

习　　题

1. 填空题

(1) 索引是_____，可以_____。索引包含由表或视图中的一列或多列生成的_____。在 SQL Server 中，索引是按_____结构进行组织的。

(2) SQL Server 数据库的索引分为_____和_____两类。根据表是否带有可用索引，SQL Server 采用_____的方式来查询记录。

(3) 含有聚集索引的表也称_____，表中记录在物理介质上的存储顺序与聚集索引的_____排列顺序一致，因此一个表最多只能有_____个聚集索引。

(4) 非聚集索引的_____顺序和表中记录在物理介质上的存储位置顺序是不一致的，一个表可以有_____个非聚集索引。

(5) _____索引是指不同记录的索引键值互不相同。聚集索引和非聚集索引的键值可以是唯一的，也可以不是唯一的。

(6) 当查询中的所有列都作为键列或非键列_____在索引中时，该索引可以显著提高查询性能。

(7) 当仅需查询索引列的键值所在特定区间的记录时，可以使用_____索引。

(8) 创建索引使用的 T-SQL 语句是_____。删除索引使用的 T-SQL 语句是_____。

2. 操作题

项目 3 中创建的图书馆管理数据库 library，该数据库中包含图书馆所需要管理的书籍和读者信息。数据库中包含的表包括读者类型表、读者信息表、图书类型表、图书基本信息表、图书信息表、图书借阅表和图书罚款表。

操作项目如下：

(1) 在读者类型表的类型列上创建聚集索引 CL_读者类型表。

(2) 在读者信息表的姓名列上创建非聚集索引 NCL_读者信息表。

(3) 在读者信息表的证件号列上创建唯一非聚集索引 NCL_读者信息表 1。

(4) 在图书基本信息表的书名列上创建非聚集索引 NCL_图书基本信息表，包含版次列。

(5) 在图书信息表的 ISBN 列上创建非聚集索引 NCL_图书基本信息表，只涉及可借的图书。

项目 6

创 建 视 图

【项目要点】

- 视图的概念和类型。
- 创建、修改和删除视图。
- 使用视图。
- 查看视图。

【学习目标】

- 掌握视图的概念及其类型。
- 掌握创建标准视图、加密视图和带更新限制的视图的方法。
- 掌握修改和删除视图的方法。
- 掌握使用视图的方法。
- 掌握查看视图的定义。

6.1 视　　图

6.1.1 视图的概念

视图在使用时如同真实的表一样，也包含字段和记录。视图和表的不同在于，视图是一个虚拟表，除索引视图以外，视图在数据库中仅保存其定义，其中的记录在使用视图时动态生成。视图中的记录可以来自当前数据库的一个或多个表或视图，也可以来自远程数据库的一个或多个表或视图。视图中的记录不但可以查询，也可以进行更新。

视图的使用具有重要的意义，大大方便了安全管理和用户的使用。从数据库管理的角度来看，视图只抽取用户需要使用的字段，而不让用户知道整个数据库的表结构。这样既允许用户通过视图访问表中记录，又设置其访问记录和字段的范围。从用户的使用角度来看，不同用户可以专注于自身特定的数据和业务，而不需要搞清楚整个数据库的结构才能操作数据。数据库结构的变化被视图所屏蔽，用户完全感觉不到数据库结构的变化，有利于系统平稳运行。

6.1.2 视图的类型

SQL Server 2012 中的视图分为 4 类，即标准视图、分区视图、索引视图和系统视图。

- 标准视图。标准视图选取了来自一个或多个数据库中一个或多个表及视图中的数据，在数据库中仅保存其定义，在视图被使用时系统才会生成记录。
- 分区视图。分区视图将一个或多个数据库中的一组表中的记录抽取而且合并。分区视图的作用是将大量的记录按地域分开存储，使得数据安全和处理性能得到提高。
- 索引视图。索引视图在数据库中不仅保存其定义，生成的记录也被保存，还可以创建唯一聚　集索引。使用索引视图可以加快查询速度，从而提高查询性能。

● 系统视图。系统视图包含 SQL Server 实例或在该实例中定义的对象有关的信息。可以查询系统视图来获得 SQL Server 实例及其对象的信息。

6.2　创　建　视　图

6.2.1　创建标准视图

在对象资源管理器中，连接到 SQL Server 数据库引擎实例，展开该实例下的【数据库】节点，展开选中的数据库，右击【视图】节点，在弹出的快捷菜单中选择【新建视图】命令，打开【添加表】对话框，如图 6-1 所示。【添加表】对话框用于设置与视图有关的表、视图、函数等。

图 6-1　【添加表】对话框

选择所需的表、视图、函数等后，单击【添加】按钮，结束后单击【关闭】按钮，关闭对话框。此时，系统显示视图设计器，如图 6-2 所示。

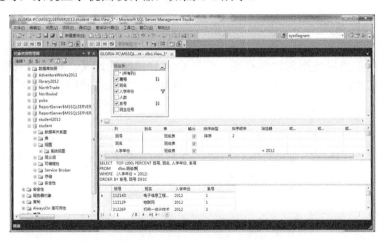

图 6-2　视图设计器

视图设计器从上至下分为四部分，第一部分显示视图包含的表、视图等，可以设置视图中使用的列；第二部分设置视图各列的顺序、列别名、输出与否、排序类型、排序顺序、筛选器等内容；第三部分显示与视图等价的查询语句；第四部分显示视图的记录。设置完毕，单击工具栏中的【保存】按钮，打开【选择名称】对话框，如图6-3所示。

图6-3　【选择名称】对话框

在【选择名称】对话框中输入视图的名称，单击【确定】按钮，关闭对话框，完成视图的创建。所展开数据库的视图节点下将出现创建的视图。

创建标准视图的 T-SQL 语句是 CREATE VIEW 语句，其语法格式如下：

```
CREATE TABLE 视图名
AS SELECT 语句
```

【实例 6-1】创建视图 View 班级，显示班级表中入学年份为 2012 的班号、班名和系号。

```
USE student
GO
CREATE VIEW View 班级
AS
SELECT  班号，班名，系号 FROM 班级表
WHERE 入学年份 = 2012
```

6.2.2　创建加密视图

为了确保用户可以使用创建的视图，但不会看到视图的定义，可以对视图进行加密。

创建加密视图的 T-SQL 语句是 CREATE VIEW 语句，其语法格式如下：

```
CREATE TABLE 视图名 WITH ENCRYPTION
AS SELECT 语句
```

【实例 6-2】创建视图 View 班级加密，显示班级表中入学年份为 2012 的班号、班级名、入学年份、人数和系号，加密视图定义。

```
USE student
GO
CREATE VIEW View 班级加密 WITH ENCRYPTION
AS
SELECT  班号，班名，入学年份,人数,系号 FROM 班级表
WHERE 入学年份 = 2012
```

6.2.3　创建带更新限制的视图

视图中的记录不仅可以查询，还可以插入、更新和删除。如果要求对视图中记录的修改必须满足视图定义的筛选条件，那么必须创建带更新限制的视图。在对带更新限制的视图中的记录进行修改时，如果该列是视图定义的筛选条件所限制的列，那么该列的值范围必须始终满足视图定义的筛选条件。

创建带更新限制的视图的 T-SQL 语句是 CREATE VIEW 语句，其语法格式如下：

```
CREATE TABLE 视图名
AS SELECT 语句
WITH CHECK OPTION
```

【实例 6-3】创建视图 View 班级限制，显示班级表中入学年份为 2012 的班号、班名、入学年份、人数和系号，视图中的记录始终满足入学年份为 2012 的条件。

```
USE student
GO
CREATE VIEW View 班级限制
AS
SELECT  班号，班名，入学年份，人数，系号 FROM 班级表
WHERE 入学年份 = 2012
WITH CHECK OPTION
```

6.3　修　改　视　图

修改视图的操作仍然在视图设计器中完成。在对象资源管理器中，连接到 SQL Server 数据库引擎实例，展开该实例下的【数据库】节点，展开选中的数据库，展开【视图】节点，右击需要修改的视图，在弹出的快捷菜单中选择【设计】命令，打开视图设计器，显示该视图结构。

💡 **注意：**　加密视图的【设计】菜单项是禁用的，因此加密视图只能删除重建。

修改视图的语句是 ALTER VIEW 语句，其语法格式如下：

```
ALTER TABLE 视图名 [WITH ENCRYPTION ]
AS SELECT 语句
 [ WITH CHECK OPTION ]
```

【实例 6-4】修改视图 View 班级，显示班级表中入学年份为 2012 的班号、班名、入学年份、人数和系号。

```
USE student
GO
ALTER VIEW View 班级
AS
SELECT  班号，班名，入学年份，人数，系号 FROM 班级表
WHERE 入学年份 = 2012
```

6.4 删 除 视 图

在对象资源管理器中，连接到 SQL Server 数据库引擎实例，展开该实例下的【数据库】节点，展开选中的数据库，展开【视图】节点，右击需要删除的视图，在弹出的快捷菜单中选择【删除】命令，打开【删除对象】对话框，如图 6-4 所示。单击【确定】按钮，完成删除操作。删除该视图后，【视图】节点下将不再显示该视图。

删除视图的 T-SQL 语句是 DROP VIEW 语句，其语法格式如下：

```
DROP VIEW 视图名
```

【实例6-5】 从学生成绩数据库中删除视图 View 班级。

```
USE student
GO
DROP VIEW View 班级
GO
```

视图是基于表或其他视图的。删除视图后，表和视图所基于的数据并不会受到影响，因此被删除视图所依赖的表或者视图也不会受到影响。但是，如果有其他视图基于被删除视图，那么删除操作将影响数据库的架构，破坏数据的关系，该视图无法删除。

因此，建议在删除视图前先查看其依赖关系，方法是右击需要删除的视图，在弹出的快捷菜单中选择【查看依赖关系】命令，打开【对象依赖关系】对话框，如图 6-5 所示。

图 6-4 【删除对象】对话框

图 6-5 【对象依赖关系】对话框

6.5 使 用 视 图

视图创建后，可以如同使用表一样使用视图。

打开视图可以查看视图中所有的记录。在对象资源管理器中，连接到 SQL Server 数据库引擎实例，展开该实例下的【数据库】节点，展开选中的数据库，展开【视图】节点，右击需要打开的视图，在弹出的快捷菜单中选择【编辑前 200 行】命令，打开视图产，如

图 6-6 所示。同样，可以使用 INSERT、UPDATE、DELETE 、SELECT 语句来对视图进行插入、更新、删除和查询。

图 6-6　打开视图

【实例 6-6】查询视图 View 班级和 View 班级限制两个视图中的所有记录。

```
USE student
GO
SELECT * FROM View 班级
GO
SELECT * FROM View 班级限制
GO
```

两个查询语句的运行结果一样。

语句运行结果如下：

班号	班名	入学年份	人数		班主任号
11212P	物联网	2012	1	1	20035004
11214D	电子信息工程技术	2012	2	1	20105024
11313D	电子声像	2013	1	1	20065005
11324D	电子信息工程技术	2013	3	1	20105024
21212P	数控技术	2012	2	2	20105038
21213P	电子组装技术	2012	2	2	20105046
21216H	模具制造	2012	1	2	NULL
21226P	机电一体化技术	2012	5	2	20115029
31223P	光伏发电技术	2012	1	3	20105079
31231P	产品质量控制	2012	2	3	20105080

【实例 6-7】通过视图 View 班级向班级表中插入一条记录，班号是"11211P"，班名是"物联网"，入学年份是 2012，人数是 0，系号是 1。

```
USE student
GO
INSERT INTO View 班级 (班号,班名,入学年份,人数,系号)
    VALUES('11211P', '物联网',2012,0,1)
GO
```

语句运行成功了吗？

成功。1 条记录插入，查询班级表和视图 View 班级及视图 View 班级限制，均可以看到插入的新记录。

【实例 6-8】通过视图 View 班级限制更新班级表中记录，将班号是 11211P 的记录的班号改为 11311P，入学年份改为 2013。

```
USE student
GO
UPDATE View 班级限制
SET 班号='11311P',入学年份=2013 WHERE 班号='11211P'
GO
```

语句运行成功了吗？显示信息是什么？

不成功。显示信息为："试图进行的插入或更新已失败，原因是目标视图或者目标视图所跨越的某一视图指定了 WITH CHECK OPTION，而该操作的一个或多个结果行又不符合 CHECK OPTION 约束。"这表示更新的内容与该视图的限制条件相违背，因此操作不成功。

【实例 6-9】通过视图 View 班级更新班级表中记录，将班号是 11211P 的记录的班号改为 11311P，入学年份改为 2013。

```
USE student
GO
UPDATE View 班级
SET 班号='11311P',入学年份=2013 WHERE 班号='11211P'
GO
```

语句运行成功了吗？

成功。1 条记录受影响，查询班级表，可以看到更新的记录，但视图 View 班级和 View 班级限制中已看不到该记录，因为入学年份改为 2013，所以视图 View 班级和 View 班级限制中无该记录。

【实例 6-10】通过视图 View 班级删除班号是 11212P 的班级表记录。

```
USE student
GO
DELETE FROM View 班级 WHERE 班号= '11212P'
GO
```

6.6 查看视图

可以使用系统存储过程 SP_HELPTEXT 来返回视图的定义，其语法格式如下：

```
EXEC SP_HELPTEXT '视图名'
```

【实例 6-11】返回视图 View 班级和 View 班级加密的定义。

```
USE student
GO
```

```
EXEC SP_HELPTEXT 'View 班级'
GO
EXEC SP_HELPTEXT 'View 班级加密'
GO
```

语句运行成功了吗？显示信息是什么？

运行结果如下：

```
CREATE VIEW dbo.View 班级
AS
SELECT  班号, 班名, 入学年份, 人数, 系号 FROM 班级表
WHERE 入学年份 = 2012
```

消息显示为：对象"View 班级加密"的文本已加密。

显然，加密的视图能确保用户无法通过视图的定义来猜测数据库的架构，具有更好的安全性。

6.7 小型案例实训

通过 6.1～6.6 节内容的学习，已经掌握了视图的概念及其类型，掌握了创建、修改、删除、使用和查看视图。下面创建学生成绩数据库中的视图。

【任务 6-1】创建视图 View 学生，显示学生表的学号、姓名、性别和出生日期。

```
USE student
GO
CREATE VIEW View 学生
AS
SELECT 学号, 姓名, 性别, 出生日期 FROM 学生表
GO
```

【任务 6-2】创建视图 View 学生加密，显示学生表的学号、姓名、性别和出生日期，加密视图定义。

```
USE student
GO
CREATE VIEW View 学生加密 WITH ENCRYPTION
AS
SELECT 学号, 姓名, 性别, 出生日期 FROM 学生表
GO
```

【任务 6-3】创建视图 View 学生限制，显示学生表中班号为 11214D 的学号、姓名、性别和出生日期，视图中的记录始终满足班号为 11214D 的条件。

```
USE student
GO
CREATE VIEW View 学生限制
AS
SELECT 学号, 姓名, 性别, 出生日期 FROM 学生表
WHERE 班号='11214D'
```

```
WITH CHECK OPTION
GO
```

【任务 6-4】查询视图 View 学生中的所有记录。

```
USE student
GO
SELECT * FROM View学生
GO
```

【任务 6-5】通过视图 View 学生向学生表中插入一条记录，学号是"11214D26"，姓名是"李欣"，性别是"女"，出生日期是"1994-5-5"。

```
USE student
GO
INSERT INTO View学生(学号,姓名,性别,出生日期)
    VALUES('11214D26','李欣','女','1994-5-5')
GO
```

【任务 6-6】通过视图 View 学生更新学生表中记录，将学号是 11214D26 的记录的姓名改为"李然"。

```
USE student
GO
UPDATE View学生
SET 姓名='李然' WHERE 学号='11214D26'
GO
```

【任务 6-7】通过视图 View 学生删除学号是 11214D26 的学生表记录。

```
USE student
GO
DELETE FROM View学生 WHERE 学号= '11214D26'
GO
```

小　结

视图是一个虚拟表。除索引视图以外，视图在数据库中仅保存其定义，其中的记录在使用视图时动态生成。视图中的记录可以来自当前数据库的一个或多个表或视图，也可以来自远程数据库的一个或多个表或视图。视图的使用具有重要的意义，大大方便了安全管理和用户的使用。

SQL Server 2012 中的视图分为 4 类，即标准视图、分区视图、索引视图和系统视图。

创建视图的语句是 CREATE VIEW 语句。

修改视图的语句是 ALTER VIEW 语句。

删除视图的语句是 DROP VIEW 语句。

视图中的记录不但可以查询，也可以进行更新。

可以使用系统存储过程 SP_HELPTEXT 来返回视图的定义。

习　　题

一、填空题

(1) 视图在使用时如同真实的表一样，也包含字段和记录。视图和表的不同在于，视图是一个＿＿＿＿＿＿＿＿＿＿＿＿＿＿＿＿＿＿＿表，除索引视图以外，视图在数据库中仅保存其＿＿＿＿＿＿＿＿＿＿＿＿＿＿＿＿＿，其中的＿＿＿＿＿＿＿＿＿＿＿＿＿＿＿＿在使用视图时动态生成。视图中的记录不但可以查询，也可以进行＿＿＿＿＿＿＿＿＿＿＿＿＿＿＿＿。

(2) 视图分为 4 类，即＿＿＿＿＿＿＿＿＿＿＿＿＿＿＿＿、＿＿＿＿＿＿＿＿＿＿＿＿＿＿＿＿、＿＿＿＿＿＿＿＿＿＿＿＿＿＿＿和＿＿＿＿＿＿＿＿＿＿＿＿＿＿＿＿＿。

(3) 创建视图使用的 T-SQL 语句是＿＿＿＿＿＿＿＿＿＿＿＿＿＿＿＿＿＿＿＿。修改视图使用的 T-SQL 语句是＿＿＿＿＿＿＿＿＿＿＿＿＿＿＿＿＿＿＿。删除视图使用的 T-SQL 语句是＿＿＿＿＿＿＿＿＿＿＿＿＿＿＿＿＿＿＿。

(4) 可以使用系统存储过程＿＿＿＿＿＿＿＿＿＿＿＿＿＿＿＿＿＿来返回视图的定义。

二、操作题

项目 3 中创建的图书馆管理数据库 library，该数据库中包含图书馆所需要管理的书籍和读者信息。数据库中包含的表包括读者类型表、读者信息表、图书类型表、图书基本信息表、图书信息表、图书借阅表和图书罚款表。

操作项目如下：

(1) 创建视图 View 图书基本信息，包括所有图书的 ISBN、书名、版次、类型、作者、出版社、价格、可借数量和库存数量。

(2) 创建视图 View 图书基本信息加密，包括所有图书的 ISBN、书名、版次、类型、作者、出版社、价格、可借数量和库存数量，加密视图定义。

(3) 创建视图 View 计算机图书基本信息，包括所有计算机类型的图书的 ISBN、书名、版次、类型、作者、出版社、价格、可借数量和库存数量，视图中的记录必须始终是计算机类图书。

(4) 查询视图 View 图书基本信息中的所有记录。

(5) 通过视图 View 图书基本信息向图书基本信息表中插入一条记录，ISBN 是 9787302355182，书名是"SQL Server 2012 王者归来"，版次是"第 1 版"，类型是"计算机"，作者是"秦婧"，出版社是"清华大学出版社"，价格是 99.80 元，可借数量是 2，库存数量是 2。

(6) 通过视图 View 图书基本信息更新图书基本信息表中记录，将 ISBN 是 9787302355182 的图书的书名改为"SQL Server 2012 教程"。

(7) 通过视图 View 图书基本信息删除 ISBN 是 9787302355182 的图书基本信息表记录。

项目 7

Transact-SQL 语言

【项目要点】

- Transact-SQL 语言。
- 标识符。
- 多部分名称。
- 数据类型。
- 常量和变量。
- 运算符。
- 表达式。
- 函数。
- 注释。
- Transact-SQL 程序要素。

【学习目标】

- 了解 SQL、SQL 标准和 Transact-SQL 语言的概念。
- 掌握 Transact-SQL 语言的组成要素，包括标识符、数据类型、常量、变量、运算符、表达式、函数和注释语句。
- 掌握 Transact-SQL 程序的要素。

7.1 Transact-SQL 语言

SQL(Structured Query Language，结构化查询语言)，是一种数据库查询和程序设计语言。它不具备用户界面、文件等编程功能，专用于存取数据以及查询、更新和管理关系数据库系统。SQL 是高级的非过程化编程语言，用户只要通过 SQL 语句提出操作要求而无须关心数据存放方法和系统如何完成操作。

美国国家标准局(ANSI)与国际标准化组织(ISO)已经制定了 SQL 标准。1992 年，ISO 和 IEC 发布了 SQL 国际标准，称为 SQL-92。ANSI 随之发布的相应标准是 ANSI SQL-92。之后，SQL 标准不断升级，推出了 SQL:1999、SQL:2003、SQL:2008，最新的标准是 SQL:2011。不同厂商的关系数据库只要遵循 SQL 标准，就可以使用 SQL 语言来操作。

Microsoft SQL Server 使用称为 Transact-SQL(即 T-SQL)的 SQL 变体，它遵循 ANSI 制定的 SQL-92 标准，并进一步扩展了 SQL 的功能。SQL Server 在 SQL Server Management Studio 中通过菜单操作完成的功能，相应地也可以在查询窗口中利用 T-SQL 语句来实现。

7.2 标 识 符

Microsoft SQL Server 中的所有对象都有标识符。服务器、数据库和数据库对象都必须通过标识符来指示。

SQL Server 中的标识符有两类，分别是常规标识符和分隔标识符。无论是常规标识符还是分隔标识符，字符数不得超过 128。

常规标识符要求符合标识符的格式规则。常规标识符的格式规则是：首字符必须是字母、下划线_、符号@或数字符号#之一，后续字符必须是字母、下划线_、符号@、数字符号、美元符号$或十进制数字(0～9)之一；不能是 T-SQL 保留字；不允许有空格或其他特殊字符。例如：mydatabase、_35a、@@five、@five5 均为合法的常规标识符。

分隔标识符可以不符合标识符的格式规则，在使用时必须包含在双引号或者方括号内。例如：my table 是非法的，[my table]和"my table"是合法的。

Microsoft SQL Server 保留了一些专用的关键字，这些关键字具有特定的含义。数据库中对象的名称不能与保留关键字相同。如果存在这样的名称，那么需要使用分隔标识符来引用对象。建议在实际应用中不要使用保留关键字作为数据库对象的名称。

7.3 数据库对象名称

完整的数据库对象名称包括 4 个组成部分，分别为服务器名称、数据库名称、架构名称和对象名称。数据库对象名称语法格式如下：

```
[服务器名称].[数据库名称].[架构名称].[对象名称]
```

这样的命名方法适用于远程调用数据和同时使用不同的数据库。当使用的数据库位于本机时，可以将服务器名称省略。当使用本机的当前数据库时，可以将服务器名称和数据库名称同时省略。当使用本机的当前数据库中的当前用户的架构时，可以只使用对象名称。

例如：学生成绩数据库中的学生表按照不同情形可以分别用以下几种方法来指示。其中，MyServerName 是学生成绩数据库所在服务器的名称。

```
MyServerName.student.dbo.学生表
student.dbo.学生表
dbo.学生表
学生表
```

7.4 数 据 类 型

7.4.1 系统数据类型

在 SQL Server 中，每个列、局部变量、表达式和参数都具有一个相关的数据类型。数据类型是指对象数据的类型。SQL Server 提供系统数据类型集，该类型集定义了可与 SQL Server 一起使用的所有数据类型。此外，还可以创建用户定义数据类型，丰富了 SQL Server 数据库中可使用的数据类型。

SQL Server 中所提供的系统数据类型主要分为精确数字、近似数字、日期和时间、字符串、Unicode 字符串、二进制字符串和其他数据类型，如表 7-1 所示。

表 7-1 SQL Server 主要数据类型

分 类	数据类型名称	字节数	定 长	定义格式	值范围
精确数字	tinyint	1	是	tinyint	0～255
	smallint	2	是	smallint	−32768～32767
	int	4	是	int	−2 147 483 648～2 147 483 647
	bigint	8	是	bigint	−9 223 372 036 854 775 808～9 223 372 036 854 775 807
	decimal	5～17	是	decimal[精度,小数位数]	$-10^{38}+1$～$10^{38}-1$
	numeric	5～17	是	numeric[精度,小数位数]	$-10^{38}+1$～$10^{38}-1$
	bit	1 或多个	是	bit	1，0，NULL
	smallmoney	4	是	smallmoney	−214 748.3648～214 748.3647
	money	8	是	money	−922 337 203 685 477.5808～922 337 203 685 477.5807
近似数字	float	取决于位数	否	float[尾数位数]	−1.79E+308～−2.23E−308、0 以及 2.23E−308～1.79E+308
	real	4	是	real	−3.40E+38～−1.18E−38、0 以及 1.18E−38～3.40E+38
日期和时间	date	3	是	date	0001-01-01～9999-12-31
	time	5	是	time	00:00:00.0000000～23:59:59.9999999
	datetime2	6～8	是	datetime2	日期范围 0001-01-01～9999-12-31，时间范围 00:00:00～23:59:59.9999999
	datetimeoffset	26～34	是	datetimeoffset[(小数位数)]	日期范围 0001-01-01～9999-12-31，时间范围 00:00:00～23:59:59.9999999，时区偏移量范围−14:00～+14:00
	datetime	8	是	datetime	日期范围 1753-1-1～9999-12-31，时间范围 00:00:00～23:59:59.997
	smalldatetime	4	是	smalldatetime	日期范围 1900-01-01～2079-06-06，时间范围 00:00:00～23:59:59

分　类	数据类型名称	字节数	定　长	定义格式	值范围
字符串	char	取决于字符串长度	是	char(字符串长度)	'123', 'abc', '一二三'
	varchar	取决于字符串长度	否	varchar(字符串长度 | MAX)	'123', 'abc', '一二三'
	text	取决于字符串长度	否	text	'123', 'abc', '一二三'
Unicode字符串	nchar	取决于字符串长度	是	nchar(字符串长度)	'123', 'abc', '一二三'
	nvarchar	取决于字符串长度	否	nvarchar(字符串长度 | MAX)	'123', 'abc', '一二三'
	ntext	取决于字符串长度	否		'123', 'abc', '一二三'
二进制字符串	binary	取决于长度	是	binary(长度)	1111
	varbinary	取决于长度	否	varbinary(长度)	1111
	image	取决于长度	否	image	
其他	cursor				
	hierarchyid				
	sql_variant				
	table				
	timestamp				
	uniqueidentifier				
	xml				
	空间类型				

在字符串类型中，char、varchar 和 text 存储的是非 Unicode 字符数据，而 nchar、nvarchar 和 ntext 存储的是 Unicode 字符数据。Unicode 是一种在计算机上使用的字符编码方案，覆盖了全球商业领域中广泛使用的大部分字符，采用两个字节对字符编码。所有的 Unicode 系统均采用同样的位模式来表示所有的字符，这保证了同样的位模式在所有的计

算机上总是转换成同一个字符，满足了跨语言、跨平台进行文本转换和处理的要求。

💡 注意： datetime、smalldatetime、text、ntext、timestamp 在后续的 SQL Server 中将会删除，因此为保持产品使用的延续性，建议用同类的其他数据类型来替代。

7.4.2 用户定义数据类型

用户定义数据类型基于 SQL Server 中的系统数据类型。当多个表必须在一个列中存储相同类型的数据，而又必须确保这些列具有相同的数据类型、长度和为空性时，可以使用用户定义数据类型。创建的用户定义数据类型将隶属于所存在的用户数据库中。

在对象资源管理器中，连接到 SQL Server 数据库引擎实例，展开该实例下的【数据库】节点，展开选中的数据库，展开【可编程性】节点，展开【类型】节点，右击【用户定义数据类型】节点，在弹出的快捷菜单中选择【新建用户定义数据类型】命令，打开【新建用户定义数据类型】对话框，如图 7-1 所示。设置用户定义数据类型的名称、数据类型、长度、允许 NULL 值等选项，单击【确定】按钮，关闭对话框，完成用户定义数据类型的创建。所展开数据库的用户定义数据类型节点下将出现创建的用户定义数据类型。

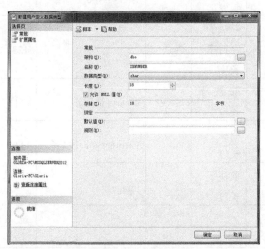

图 7-1 【新建用户定义数据类型】对话框

创建用户定义数据类型的 T-SQL 语句是 CREATE TYPE 语句，其语法格式如下：

```
CREATE TYPE 用户定义数据类型名 FROM 数据类型[长度] NULL | NOT NULL
```

【实例 7-1】创建用户定义数据类型 IDNUMBER，基于系统提供的 char 数据类型，长度为 18，内容是数字和字母，用于保存身份证号码。

```
CREATE TYPE IDNUMBER FROM char(18) NOT NULL
```

💡 注意： 在表设计器的数据类型列中，用户定义数据类型位于所有系统数据类型之后。

7.5　常量和变量

常量又称为字面量，用于表示确定的数据，值在程序运行中不变，其格式与值的数据类型相关。例如，'abc'、15、0x13ff、0、3.2、'12/15/2010'、'12:30:12'、$5.5。

变量用于保存数据，其值在程序运行中可以变化。

T-SQL 语言中局部变量以一个符号@开始，在程序中必须先声明再使用。DECLARE语句声明局部变量声明并赋初值 NULL。SET 语句和 SELECT 语句对局部变量进行赋值。PRINT 语句输出局部变量值。

DECLARE 语句的语法格式如下：

```
DECLARE 局部变量名 数据类型[,...n]
```

SET 语句的语法格式如下：

```
SET 局部变量名=表达式
```

SELECT 语句的语法格式如下：

```
SELECT 局部变量名=表达式
```

PRINT 语句的语法格式如下：

```
PRINT 表达式
```

【实例 7-2】　先创建整型局部变量@myint1 和@myint2，然后分别为其赋值 10 和20，最后输出@myint1 和@myint2 的值。

```
DECLARE @myint1 tinyint,@myint2 tinyint
SET @myint1=10
SELECT @myint2=20
PRINT @myint1
PRINT @myint2
```

语句运行结果如下：

```
10
20
```

T-SQL 语言中全局变量以两个符号@开始，由 SQL Server 系统提供，保存了 SQLServer 系统的当前状态信息，用户只能使用，不能创建。例如：@@error、@@rowcount。

7.6　运　算　符

T-SQL 语言可以使用运算符进行运算。SQL Server 中的运算符如表 7-2 所示。

表 7-2　T-SQL 的运算符表

分　类	运算符名称	作　用	示　例
算术运算符	+ － * / %	加法、减法、乘法、除法和取模	5+5 @a/@c
赋值运算符	=	为变量赋值	SET @a=5 SELECT @a=@a+1
按位运算符	& | ~ ^	位(0 和 1)运算	1&2 @a^@c
比较运算符	> < = <= >= != <> !< !>	比较两个表达式，结果是 TRUE 或者 FALSE	1=2 @a<@b @str!>'c'
复合运算符	+= －= *= /= %= &= ^= |=	将计算值重新赋值给被计算的变量	SET @a+=1
逻辑运算符	AND OR NOT LIKE ANY ALL SOME BETWEEN IN EXISTS	组合多个测试条件，结果是 TRUE 或者 FALSE	@a=15 AND @c<20 @str LIKE 'S%' @_de IN('ab', 'cd', 'ef')
作用域解析运算符	::	提供对复合数据类型的静态成员的访问	hierarchyid::GetRoot()
集合运算符	EXCEPT INTERSECT UNION	将两个或多个查询结果集合并为一个结果集	
字符串运算符	+ % [] [^] _	将两个字符串合并为一个字符串，其他用于字符串通配符	@a+'abc' [_a%]
一元运算符	+ －	对一个操作数执行操作，例如正数、负数或补数	+123 －45.6

7.7　表　达　式

表达式由常量、变量、函数、字段、运算符等组合而成。

表达式中如果有多个运算符，将根据 SQL Server 运算符优先级顺序由高到低来分别进行运算。运算符的优先级别如表 7-3 所示。两个运算符优先级相同时，按照书写顺序从左到右进行运算。如果表达式中运算顺序与上述规定不一致时，可以使用括号调整运算符的优先级，表达式在括号中的部分优先级最高，括号可以嵌套使用。

表 7-3　T-SQL 运算符的优先级表

级　别	运　算　符
1	~(位非)
2	*(乘)、/(除)、%(取模)
3	+(正)、-(负)、+(加)、(+连接)、-(减)、&(位与)、^(位异或)、|(位或)
4	=、>、<、>= 、<= 、<> 、!=, !> 、!<(比较运算符)
5	NOT
6	AND
7	ALL、ANY、BETWEEN、IN、LIKE、OR、SOME
8	=(赋值)

　　表达式中如果用运算符对两个不同数据类型的操作数进行计算，将根据数据类型优先级将优先级较低的数据类型转换为优先级较高的数据类型。该转换是隐式转换，由 SQL Server 完成，如果不能转换则返回错误。

　　T-SQL 数据类型的优先级别由高到低顺序如下：用户定义数据类型>sql_varinat>xml>datetimeoffset>datetime2>datetime>smalldatetime>date>time>float>real>decimal>money>smallmoney>bigint>int>smallint>tinyint>bit>ntext>text>image>timestamp>uniqueidentifier>nvarchar>nchar>varchar>char>varbinary>binary。

7.8　函　　数

　　SQL Server 函数完成特定的功能。SQL Server 函数包括系统函数和用户定义函数。系统函数是由 SQL Server 系统提供，可以直接使用。用户定义函数是由用户创建，创建后保存在数据库中，也可以使用。关于用户定义函数详见项目 13。这里重点讨论系统函数。

　　系统函数分为以下几类。

- 行集函数：返回结果集。
- 聚合函数：对一组值进行统计运算，返回一个标量值。
- 排名函数：返回分区中每一行的排名值。
- 标量函数：对标量值进行计算，返回值也是标量值。

其中，标量函数根据具体功能，又分为若干类别，分别如下。

- 配置函数：返回系统当前配置信息。
- 转换函数：对数据类型进行转换。
- 游标函数：返回游标状态信息。
- 日期和时间函数：获取和更改日期和时间的值。
- 逻辑函数：执行逻辑运算。
- 数学函数：完成行三角、几何和其他数字运算。
- 元数据函数：返回数据库及其对象的属性信息。
- 安全函数：返回用户和角色的信息。

- 字符串函数：获取和设置字符串数据。
- 系统函数：获取和设置系统级选项和对象。
- 系统统计函数：返回 SQL Server 性能信息。
- 文本和图像函数：操作文本和图像数据。

接下来介绍几个常用函数。

(1) SUBSTRING 函数：返回给定字符串的一部分。

SUBSTRING 函数的语法格式如下：

```
SUBSTRING (字符串表达式,截取起始位置,截取长度)
```

【实例 7-3】从第 2 个字符起，分别输出字符串"ABCDEFGHIJ"的 2 个字符和 10 个字符。

```
DECLARE @S CHAR(10)
SET @S='ABCDEFGHIJ'
PRINT SUBSTRING(@S,2,2)
PRINT SUBSTRING(@S,2,10)
```

语句运行结果如下：

```
BC
BCDEFGHIJ
```

(2) STR 函数：将数值转换成字符串。

STR 函数的语法格式如下：

```
STR (近似数字表达式[ ,字符串长度[ ,小数位数] ] )
```

【实例 7-4】 按默认要求将浮点数 12345.678 转换成字符串；将浮点数 12345.678 转换成字符串，总长度是 10；将浮点数 12345.678 转换成字符串，总长度是 10，小数点后两位。

```
DECLARE @S char(10),@I decimal
SET @I=12345.678
SET @S=STR(@I)
PRINT @S
SET @S=STR(@I,10)
PRINT @S
SET @S=STR(@I,10,2)
PRINT @S
```

语句运行结果如下：

```
    12346
    12346
 12346.00
```

(3) CEILING 函数：返回大于等于指定数值表达式的最小整数。

CEILING 函数的语法格式如下：

```
CEILING (数值表达式)
```

(4) FLOOR 函数：返回小于或等于指定数值表达式的最大整数。

FLOOR 函数的语法格式如下：

```
FLOOR (数值表达式)
```

(5) RAND 函数：返回从 0～1 的随机浮点数值。

RAND 函数的语法格式如下：

```
RAND ( [种子值] )
```

如果未指定种子值，则由系统随机分配种子值。如果指定了相同的种子值，返回的结果始终相同。

7.9　注　　释

注释是程序代码中仅作为说明而不执行的文本字符串。使用注释主要是便于对程序代码进行维护。

T-SQL 程序中有以下两种注释。

- 单行注释：一行的全部或部分内容是注释，在该行注释开始位置之前使用 "--"。
- 多行注释：注释范围跨行，在该注释块开始位置之前加 "/*"，在该注释块结束位置之后使用 "*/"。

【实例 7-5】注释演示。

```
USE student
GO
--切换当前数据库为 student
SELECT 学号 FROM 学生表
GO
--查找学生表中的学号
/*
SELECT 学号 FROM 成绩表
GO
--查找成绩表中的学号
*/
```

7.10　Transact-SQL 程序要素

输入的 T-SQL 语句可以保存在 SQL 脚本文件中，使用时在 SQL Server Management Studio 中打开文件执行即可。保存 SQL 脚本文件的操作方法是选择【文件】|【保存】命令，如图 7-2 所示。SQL 脚本文件的后缀名为.sql。

在 SQL 脚本中，存在一些常见的语言元素，如 GO、USE、PRINT、RAISERROR 和 EXECUTE。

图 7-2　【另存文件为】对话框

7.10.1　USE

USE 语句将数据库上下文更改为指定数据库或数据库快照，也就是将指定数据库设置为当前数据库。

USE 语句的语法格式如下：

```
USE 数据库名
```

【实例 7-6】将学生成绩数据库 student 指定为当前数据库。

```
USE student
GO
```

7.10.2　GO

批处理是指一组 T-SQL 语句的执行组合，一个批处理中有一个或多个 T-SQL 语句。在运行时，SQL Server 会对一个批处理的语句进行编译，得到一个执行计划。

在输入批处理时，SQL Server 将 GO 命令作为结束批处理的标志。GO 不是 T-SQL 语句，只是一个批处理结束的标志。在一个查询编辑窗口中有几个 GO 语句，就有几个批处理。如果没有 GO 命令，那么所有的 T-SQL 语句将被处理为一个批命令。

【实例 7-7】查询学生表中学号为 11133P30 的学生的姓名。

```
USE student
GO
DECLARE @xm char(10)
SELECT @xm=姓名 FROM 学生表 WHERE 学号= '11133P30'
SELECT @xm AS 姓名
GO
```

语句运行结果如下：

```
姓名
吴林华
```

💡 **注意：** T-SQL 程序中，局部变量的作用域从其声明处至下一个 GO 命令处为止。此后语句如果仍然使用该局部变量，就需要再次对其声明。因此，在使用局部变量时，一定要注意作用域。

7.10.3　PRINT

PRINT 语句用于显示特定的消息，通常用于对用户发出提示，内容包括任务进度或特定变量的结果。

【**实例 7-8**】查询学生表中学号为 11133P30 的学生的姓名。

```
USE student
GO
DECLARE @xm char(10)
PRINT '查询学号为 11133P30 的学生的姓名'
SELECT @xm=姓名 FROM 学生表 WHERE 学号= '11133P30'
PRINT '学号为 11133P30 的学生的姓名是'+@xm
GO
```

语句运行结果如下：

```
查询学号为 11133P30 的学生的姓名
学号为 11133P30 的学生的姓名是吴林华
```

7.10.4　RAISERROR()函数

RAISERROR()函数生成错误消息并启动会话的错误处理。与 PRINT 语句不同，PRINT 语句显示的是提示信息，而 RAISERROR()函数显示的是错误信息。

RAISERROR()函数的语法格式如下：

```
RAISERROR(错误信息字符串 | 错误信息号,错误级别,错误状态,[错误信息参数,...n])
```

【**实例 7-9**】显示错误信息"无法查询表记录"。

```
DECLARE @errormessage nvarchar(50);
SET @errormessage='无法查询表记录'
RAISERROR (@errormessage,10,1)
GO
```

语句运行结果如下：

```
无法查询表记录
```

7.10.5　BEGIN...END

BEGIN...END 语句作为语句块的首尾，将多个 T-SQL 语句组合为一个逻辑块。在程序中，如果有两个和两个以上 T-SQL 语句都需要执行时，就可以使用 BEGIN 和 END 语句。在 BEGIN...END 语句块中的语句将按照顺序依次执行。

BEGIN...END 语句的语法格式如下：

```
BEGIN
    T-SQL 语句或语句块
END
```

7.10.6　GOTO

GOTO 语句使 T-SQL 程序无条件跳转至标签处继续执行。

GOTO 语句的语法格式如下：

```
T-SQL 语句标签：T-SQL 语句
    ...
GOTO T-SQL 语句标签
```

提示： 尽量少使用 GOTO 语句，避免程序结构的混乱。

7.10.7　RETURN

RETURN 语句用于无条件终止当前运行程序。如果 RETURN 语句出现在被调用的语句块中，将无条件返回调用程序处。

RETURN 语句的语法格式如下：

```
RETURN [整数返回值]
```

RETURN 语句的整数返回值默认值为 0。

7.10.8　IF...ELSE

IF...ELSE 语句用于选择结构。

IF...ELSE 的语法格式如下：

```
IF 条件表达式
    T-SQL 语句或语句块
ELSE
    T-SQL 语句或语句块]
```

IF 语句中的条件表达式，值为 TRUE 或者 FALSE，给出测试的条件。ELSE 语句不一定出现。当 IF 语句值为 TRUE 时，执行 IF 语句后的语句或语句块；当 IF 语句中条件表达式的值为 FALSE 时，如果有 ELSE 语句则执行 ELSE 后的语句或语句块，如果没有 ELSE 语句则直接执行 IF...ELSE 语句之后的语句或语句块。如果是语句块，则必须在块首尾使用控制流关键字 BEGIN 和 END。

选择结构可以嵌套使用，如在 IF 语句中条件表达式的值为 TRUE 或 FALSE 所执行的语句块中再嵌套使用 IF...ELSE 结构。

7.10.9 WHILE

WHILE 语句用于循环结构。

WHILE 语句的语法格式如下：

```
WHILE 条件表达式
    T-SQL 语句或语句块
```

WHILE 语句用来设置循环的条件。程序运行到 WHILE 语句时，先执行 WHILE 语句进行判断，根据判断的结果选择执行循环体与否。当 WHILE 语句值为 TRUE 时，重复执行循环体中的 T-SQL 语句或语句块；当 WHILE 语句值为 FALSE 时，循环结束，程序运行至循环后续语句。

WHILE 语句的循环可以采用嵌套形式。使用嵌套循环要注意内外循环的交替。

7.10.10 CONTINUE

CONTINUE 语句通常用于 WHILE 循环中，当前循环中的后续语句不再执行，跳转下一轮 WHILE 循环。因此，在 CONTINUE 关键字之后的任何语句都将被忽略。

CONTINUE 语句的语法格式如下：

```
CONTINUE
```

7.10.11 BREAK

BREAK 语句退出当前的 WHILE 循环。如果当前的 WHILE 循环外部不是循环，那么将执行当前 WHILE 循环之后的语句。如果当前的 WHILE 循环外部还有 WHILE 循环，那么将执行外部循环中在内部 WHILE 循环之后的语句。

BREAK 语句的语法格式如下：

```
BREAK
```

【实例 7-10】输出 2 到 20 之间所有整数。

```
DECLARE @MYINT tinyint,@TESTINT tinyint
DECLARE @OSTR char(10),@PSTR char(10),@MYSTR char(10);
-- 设置循环变量和显示是素数还是合数的字符串
SET @MYINT=2
SET @OSTR='是素数'
SET @PSTR='是合数'
SET @MYSTR=@OSTR
WHILE(@MYINT<=20)
    BEGIN
        SET @TESTINT=2
        SET @MYSTR=@OSTR
/*  计算当前数字能否被整除
    @MYINT 是被除数,@TESTINT 是除数 */
```

```
        WHILE(@TESTINT<=SQRT(@MYINT))
            IF(@MYINT%@TESTINT=0)
                    BEGIN
                        SET @MYSTR=@PSTR    -- 这是偶数
                        BREAK
                    END
                ELSE
                    SET @TESTINT=@TESTINT+1
        PRINT(STR(@MYINT)+@MYSTR)
        SET @MYINT=@MYINT+1
    END
```

语句运行结果如下：

```
2 是素数
3 是素数
4 是合数
5 是素数
6 是合数
7 是素数
...
```

7.10.12 WAITFOR

　　WAITFOR 语句用于在达到指定时间或时间间隔之前，或者指定语句至少修改或返回一行之前，阻止执行批处理、存储过程或事务。

　　WAITFOR 语句的语法格式如下：

```
WAITFOR TIME 时间
```

或者

```
WAITFOR DELAY 时间间隔
```

　　【实例 7-11】分别在两点整和两个小时后查询学生表中学号为 11133P30 的学生的姓名。

```
USE student
GO
DECLARE @xm char(10)
WAITFOR TIME '02:00'
SELECT @xm=姓名 FROM 学生表 WHERE 学号= '11133P30'
SELECT @xm AS 姓名
GO
DECLARE @xm char(10)
WAITFOR DELAY '02:00'
SELECT @xm=姓名 FROM 学生表 WHERE 学号= '11133P30'
SELECT @xm AS 姓名
GO
```

7.10.13　TRY...CATCH

T-SQL 程序的运行错误可以使用 T-SQL 程序或调用 T-SQL 程序的应用程序来处理。每个 T-SQL 程序的运行错误都包含属性，如错误号、消息字符串、严重性、状态、过程名称和行号。要处理 T-SQL 程序的运行错误，首先要获取错误信息，然后再进行处理。

Transact-SQL 代码中的错误可使用 TRY...CATCH 构造处理，其结构类似于 Java 和 C++语言中的异常处理类。

TRY...CATCH 的语法格式如下：

```
BEGIN TRY
     T-SQL 语句或语句块
END TRY
BEGIN CATCH
     T-SQL 语句或语句块
END CATCH
```

在 CATCH 语句块中可以采用以下系统函数来判断错误，然后进行处理。

- ERROR_LINE()：返回出现错误的行号。
- ERROR_MESSAGE()：将返回给应用程序的错误消息文本。该文本具备可表达长度、对象名、时间等的参数。
- ERROR_NUMBER()：返回错误号。
- ERROR_PROCEDURE()：返回出现错误的存储过程或触发器的名称。
- ERROR_SEVERITY()：返回错误严重性。
- ERROR_STATE()：返回错误状态。

TRY...CATCH 构造包括一个 TRY 块和一个 CATCH 块。TRY...CATCH 结构必须位于一个批处理中。程序运行至 TRY...CATCH 构造，按顺序执行 TRY 块内的 T-SQL 语句。如果在 TRY 块内的 T-SQL 语句运行错误，则程序跳至 CATCH 块执行。CATCH 块中有针对各种错误的处理，错误处理后，程序将跳至 TRY...CATCH 构造后的语句执行。如果在 TRY 块内的 T-SQL 语句运行没有任何错误，则程序将直接跳至 TRY...CATCH 构造后的语句执行。

【实例 7-12】计算 5/0，如果错误则输出错误号、严重性、状态、过程名称、行号和错误消息。

```
BEGIN TRY
    -- 不可用作为除数
    SELECT 5/0;
END TRY
BEGIN CATCH
    PRINT('错误号：'+STR(ERROR_NUMBER())+' 严重性：'+STR(ERROR_SEVERITY())+'
状态：'+STR(ERROR_STATE()))
    IF(ERROR_PROCEDURE() IS NULL)
        PRINT(' 过程名称：'+'空过程名称')
    ELSE
        PRINT(' 过程名称：'+ERROR_PROCEDURE())
```

```
    PRINT('行号：'+STR(ERROR_LINE())+' 错误消息'+ERROR_MESSAGE())
END CATCH
```

语句运行结果如下：

```
(0 行受影响)
错误号：        8134 严重性：           16 状态：            1
 过程名称：空过程名称
行号：          3 错误消息遇到以零作除数错误
```

7.10.14 THROW

THROW 语句主动产生一个错误，并使程序运行跳转至对应的 TRY...CATCH 构造的 CATCH 块。

THROW 语句的语法格式如下：

```
THROW [错误号,错误信息,错误状态]
```

【实例 7-13】计算 5/0，如果错误则输出错误号、严重性、状态、过程名称、行号和错误消息。在 CATCH 块中再次产生错误。

```
BEGIN TRY
    -- 不可用作为除数
    SELECT 5/0;
END TRY
BEGIN CATCH
    PRINT('错误号：'+STR(ERROR_NUMBER())+' 严重性：'+STR(ERROR_SEVERITY())+'
状态：'+STR(ERROR_STATE()))
    IF(ERROR_PROCEDURE() IS NULL)
        PRINT(' 过程名称：'+'空过程名称')
    ELSE
        PRINT(' 过程名称：'+ERROR_PROCEDURE())
    PRINT('行号：'+STR(ERROR_LINE())+' 错误消息'+ERROR_MESSAGE());
    THROW;
END CATCH
```

语句运行结果如下：

```
(0 行受影响)
错误号：        8134 严重性：           16 状态：            1
 过程名称：空过程名称
行号：          3 错误消息遇到以零作除数错误
消息 8134，级别 16，状态 1，第 3 行
遇到以零作除数错误
```

7.11   小型案例实训

通过 7.1～7.10 节内容的学习，已经了解了 T-SQL 语言，掌握了 T-SQL 语法要素的使用，包括标识符、数据类型、常量、变量、运算符、表达式、函数和注释语句，掌握了

T-SQL 程序的编写，包括控制流元素、批处理和脚本，掌握了使用 T-SQL 语言处理错误信息。下面完成特定任务。

【任务 7-1】判断 2010 年是闰年还是平年。

```
DECLARE @MYINT smallint,@MYSTR NCHAR(10)
SET @MYINT=2010
    IF(@MYINT%4<>0 OR (@MYINT%100=0 AND @MYINT%400<>0))
    SET @MYSTR='年是平年'
ELSE
    SET @MYSTR='年是闰年'
PRINT(STR(@MYINT)+@MYSTR)
```

语句运行结果如下：

```
2010 年是平年
```

【任务 7-2】输出 1+2+3+4+…+99+100 的结果。

```
DECLARE @i tinyint, @result int
SET @i=1
SET @result=0
WHILE @i<=100
    BEGIN
        SET @result=@result+@i
        SET @i+=1
    END
PRINT('结果是'+STR(@result))
GO
```

语句运行结果如下：

```
结果是      5050
```

【任务 7-3】判断 2017 是否素数。

```
DECLARE @MYINT int,@TESTINT int
DECLARE @OSTR char(10),@PSTR char(10),@MYSTR char(10)
-- 设置循环变量和显示素数的字符串
SET @OSTR='是素数'
SET @PSTR='是合数'
SET @MYSTR=@OSTR
SET @TESTINT=2
SET @MYINT=2017
WHILE(@TESTINT<=SQRT(@MYINT))
    IF(@MYINT%@TESTINT=0)
        BEGIN
            SET @MYSTR=@PSTR    -- 这是合数
            BREAK
        END
    ELSE
        SET @TESTINT+=1
PRINT(STR(@MYINT)+@MYSTR)
GO
```

语句运行结果如下：

> 2017 是素数

【任务 7-4】输出字符串"ABCDEFGHIJ"中间的 6 个字符。

```
DECLARE @str CHAR(20),@str1 CHAR(10),@strlen tinyint
SET @str='ABCDEFGHIJ'
SET @strlen=LEN(@str)
SET @str1=SUBSTRING(@str,@strlen/2-6/2+1,6)
PRINT(@str1)
GO
```

语句运行结果如下：

```
CDEFGH
```

小　结

SQL(Structured Query Language，结构化查询语言)，是一种数据库查询和程序设计语言。Microsoft SQL Server 使用称为 Transact-SQL(即 T-SQL) 的 SQL 变体。

SQL Server 中的标识符有两类，分别是常规标识符和分隔标识符。

完整的数据库对象名称包括 4 个组成部分，即服务器名称、数据库名称、架构名称和对象名称。

SQL Server 提供系统数据类型集，还可以创建用户定义数据类型。SQL Server 中所提供的系统数据类型主要分为：精确数字、近似数字、日期和时间、字符串、Unicode 字符串、二进制字符串和其他数据类型。

T-SQL 语言中局部变量以一个符号@开始，在程序中必须先声明再使用。DECLARE 语句声明局部变量声明并赋初值 NULL。SET 语句和 SELECT 语句对局部变量进行赋值。PRINT 语句输出局部变量值。

T-SQL 语言可以使用运算符进行运算。表达式由常量、变量、函数、字段、运算符等组合而成。

SQL Server 函数完成特定的功能。SQL Server 函数包括系统函数和用户定义函数。

T-SQL 程序中有单行注释和多行注释两种。

输入的 T-SQL 语句可以保存在 SQL 脚本文件中，SQL 脚本文件的后缀名为.sql。

USE 语句将数据库上下文更改为指定数据库或数据库快照。

批处理是指一组 T-SQL 语句的执行组合，GO 不是 T-SQL 语句，只是一个批处理结束的标志。

RAISERROR 函数生成错误消息并启动会话的错误处理。

BEGIN 和 END 语句作为语句块的首尾，将多个 T-SQL 语句组合为一个逻辑块。

GOTO 语句使 T-SQL 程序无条件跳转至标签处继续执行。

RETURN 语句用于无条件终止当前运行程序。

IF...ELSE 语句用于选择结构。

WHILE 语句用于循环结构。CONTINUE 语句通常用于 WHILE 循环中，当前循环中的后续语句不再执行，跳转下一轮 WHILE 循环。BREAK 语句退出当前的 WHILE 循环。

WAITFOR 语句用于在达到指定时间或时间间隔之前，或者指定语句至少修改或返回一行之前，阻止执行批处理、存储过程或事务。

Transact-SQL 代码中的错误可使用 TRY...CATCH 构造处理。THROW 语句主动产生一个错误，并使程序运行跳转至对应的 TRY...CATCH 构造的 CATCH 块。

习　　题

1. 填空题

(1) SQL Server 中的标识符有两类，分别是_____和_____。

(2) 完整的数据库对象名称包括 4 个组成部分，即_____。

(3) SQL Server 中的数据类型分为_____和_____。

(4) T-SQL 语言中局部变量以一个符号_____开始，在程序中必须先声明再使用。_____语句完成局部变量声明并赋初值 NULL。_____语句和_____语句对局部变量进行赋值。_____语句输出用户定义的消息。

(5) SQL Server 函数包括_____和_____。

(6) 单行注释在该行注释开始位置之前使用_____。多行注释在该注释块开始位置之前加_____，在该注释块结束位置之后使用_____。

(7) _____语句将数据库上下文更改为指定数据库或数据库快照。

(8) _____是指一组 T-SQL 语句的执行组合，_____是一个批处理结束的标志。

(9) _____语句用于显示特定的消息，_____函数生成错误消息并启动会话的错误处理。

(10) _____语句作为语句块的首尾，将多个 T-SQL 语句组合为一个逻辑块。

(11) _____语句使 T-SQL 程序无条件跳转至标签处继续执行。

(12) _____语句用于无条件终止当前运行程序。

(13) _____语句用于选择结构。

(14) _____语句用于循环结构。

(15) _____语句通常用于 WHILE 循环中，当前循环中的后续语句不再执行，跳转下一轮 WHILE 循环。＿＿＿＿＿＿＿＿＿＿＿＿＿＿＿＿＿＿＿语句退出当前的 WHILE 循环。

(16) ＿＿＿＿＿＿＿＿＿＿＿＿＿＿＿＿＿＿＿＿＿＿＿＿语句用于在达到指定时间或时间间隔之前，或者指定语句至少修改或返回一行之前，阻止执行批处理、存储过程或事务。

(17) Transact-SQL 代码中的错误可使用＿＿＿＿＿＿＿＿＿＿＿＿＿＿＿＿＿＿＿＿＿＿构造处理。＿＿＿＿＿＿＿＿＿＿＿＿＿＿＿＿＿＿＿语句主动产生一个错误，并使程序运行跳转至对应的 TRY...CATCH 构造的 CATCH 块。

2. 操作题

项目 3 中创建的图书馆管理数据库 library，该数据库中包含图书馆所需要管理的书籍和读者信息。数据库中包含的表包括读者类型表、读者信息表、图书类型表、图书基本信息表、图书信息表、图书借阅表和图书罚款表。

操作项目如下：

(1) 输出 1×2×3×4×...×10 的结果。

(2) 查询图书表中所有图书名称的前 6 个字符。

(3) 输出 2000 年—2010 年中所有的闰年。

项目 8

查 询 记 录

【项目要点】

● SELECT 语句的组成。
● SELECT 子句。
● FROM 子句。
● WHERE 子句。
● GROUP BY 子句。
● HAVING 子句。
● ORDER BY 子句。
● INTO 子句。
● 子查询。
● 集运算符。

【学习目标】

● 掌握 SELECT 语句的组成。
● 掌握 SELECT 语句的使用。
● 掌握集运算符的使用。

8.1　SELECT 语句

将信息放入数据库的目的是为了查询信息。查询信息可以通过 SELECT 语句来实现。SELECT 语句由以下几部分组成。

● SELECT 子句：设置查询结果集列表。
● FROM 子句：设置用于查询的信息源，可以是表、视图、派生表或联接表。
● WHERE 子句：定义所查询记录的筛选条件。只有符合筛选条件的记录才能作为结果集中的记录，否则将不入选结果集。
● GROUP 子句：将结果集中的记录进行分组。
● HAVING 子句：将结果集记录分组统计后再进行筛选。只有符合筛选条件的分组统计结果才能作为结果集中的记录，否则将不入选结果集。
● ORDER BY 子句：将结果集中记录按排序列表进行排序。

8.2　SELECT 子句

8.2.1　查询列

SELECT 子句在 SELECT 语句中必须出现，用于定义 SELECT 语句的结果集列表，其语法格式如下：

```
SELECT 列名 [,...n]
```

结果集列表按排列顺序表示结果集中的所有列，列之间以逗号分隔。结果集中的列可以是来自表、视图、派生表或联接表的列，也可以是一个表达式。结果集列的名称与该列对应的数据源的列一致，或采用系统定义的方式来命名。结果集列的数据类型由与该列对应的数据源的列或表达式相同。结果集列的值由结果集中记录的对应列或表达式计算得到。

如果返回表、视图、派生表或联接表的所有列，可以在结果集列表中使用"*"。

【实例 8-1】查询学生表中所有学生的信息。

```
USE student
GO
SELECT 学号,姓名,性别,出生日期,班号 FROM 学生表
GO
```

或者

```
USE student
GO
SELECT * FROM 学生表
GO
```

语句运行结果如下：

学号	姓名	性别	出生日期	班号
11133P30	吴林华	男	1994-07-03	NULL
11212P48	张发鹏	男	1994-02-03	11212P
11214D24	杜启明	男	1995-03-12	11214D
11214D25	高叶军	男	1994-09-19	11214D
11214D32	唐华中	男	1994-09-11	11214D
11313D41	叶超	男	1995-12-03	11313D
…				

提示：　最好指定选择列表中的所有列，而不是指定一个星号，这样使得数据源的结构变化不会影响到查询结果。

8.2.2　列标题和列计算

如果不设置查询结果集的格式，结果集会以数据源的列名或系统定义的方式给出结果集的列名称。为了增强结果集的可读性，便于理解各列数据的意义，可以使用 AS 关键字来设置结果集的列名称。

AS 关键字的语法格式如下：

```
SELECT 列名 AS 新列名[,...n]
```

【实例 8-2】查询学生表中所有学生的学号、姓名和学号加姓名，列标题分别为"学生编号"、"学生姓名"和"学号加姓名"。

```
USE student
GO
SELECT 学号 AS 学生编号,姓名 AS 学生姓名,学号+姓名 AS 学号加姓名
FROM 学生表
```

```
GO
```

语句运行结果如下：

学生编号	学生姓名	学号加姓名	
11133P30	吴林华	11133P30	吴林华
11212P48	张发鹏	11212P48	张发鹏
11214D24	杜启明	11214D24	杜启明
11214D25	高叶军	11214D25	高叶军
11214D32	唐华中	11214D32	唐华中
11313D41	叶超	11313D41	叶超
...			

提示： 实例 8-2 中结果集的第三列是将第一列的字符串与第二列的字符串相连接而成。

8.2.3 避免重复记录

DISTINCT 关键字可从 SELECT 语句的结果中消除重复的行。如果没有使用 DISTINCT，SELECT 语句将返回所有符合查询条件的记录，并且不去除重复的行。

DISTINCT 关键字的语法格式如下：

```
DISTINCT 列名[,...n]
```

【**实例 8-3**】查询学生表中所有班号，要求无重复。

```
USE student
GO
SELECT DISTINCT 班号 FROM 学生表
GO
```

语句运行结果如下：

```
班号
NULL
11212P
11214D
11313D
11324D
21212P
...
```

8.2.4 限制返回行数

如果只需要在结果集中选取前面给定数量的记录而不是全部，可以使用 TOP 关键字指定结果集中返回的记录数。

TOP 关键字的语法格式如下：

```
TOP (数值) [ PERCENT ] [ WITH TIES ]
```

语句中，如果只有数值，那么结果集指定返回相应行数的记录；如果数值后有

PERCENT 出现,那么结果集指定返回相应百分比值的记录。如果排序结果集末尾的并列的记录需要包含在结果集内,那么还要使用 WITH TIES。

【实例 8-4】查询学生表中的前 6 位学生的学号和姓名,查询学生表中的前 6%的学生的学号和姓名。

```
USE student
GO
SELECT TOP(6) 学号,姓名 FROM 学生表
GO
SELECT TOP(6) PERCENT 学号,姓名 FROM 学生表
GO
```

语句运行结果如下:

```
学号          姓名
11133P30     吴林华
11212P48     张发鹏
11214D24     杜启明
11214D25     高叶军
11214D32     唐华中
11313D41     叶超
学号          姓名
11133P30     吴林华
11212P48     张发鹏
```

8.3　FROM 子句

FROM 子句指定查询使用的表、视图、派生表和联接表。在写 SELECT 语句时,建议根据查询任务要求,先写出 FROM 子句,明确查询的数据源。

8.3.1　查询单个表

查询语句涉及的查询范围是单个表或视图时,FROM 子句只要写出单个表或视图的名称就可以了。

查询单个表或视图的 FROM 子句的语法格式如下:

```
FROM 表名或视图名
```

【实例 8-5】查询学生表中的学号和姓名。

```
USE student
GO
SELECT 学号,姓名 FROM 学生表
GO
```

语句运行结果如下:

```
学号          姓名
11133P30     吴林华
```

```
11212P48      张发鹏
11214D24      杜启明
11214D25      高叶军
11214D32      唐华中
11313D41      叶超
…
```

【**实例 8-6**】创建视图 View 学生，包括所有学生的学号和姓名。从视图 View 中查询所有学生的学号。

```
USE student
GO
CREATE VIEW View学生
AS
SELECT 学号,姓名 FROM 学生表
GO
SELECT 学号 FROM View学生
GO
```

语句运行结果如下：

```
学号        姓名
学号
11133P30
11212P48
11214D24
11214D25
11214D32
…
```

8.3.2　多表联接

实际的查询往往要涉及两个甚至多个数据源。这时，就要使用联接来完成查询。通过联接，可以从两个或多个表中根据各个表之间的逻辑关系来查询记录。这里主要讲解两个表的联接。

多表联接的 SELECT 语句中，如果不同的表中存在相同的列名，那么在语句中必须在该列名前加上该列所属的表名，如学生表.学号，这样避免歧义。为了解决由此带来的代码长度过长的问题，FROM 子句中的表后可以使用 AS 关键字加别名。这样处理后，在该SELECT 语句中凡使用到该表名的位置均用该表别名来代替，不能再使用原有的表名。

根据联接的方式，可以将多表联接分成内联接、外联接和交叉联接 3 类。

(1) 内联接。在多表联接中，内联接使用频率最高。内联接是指返回两个表中完全符合联接条件的记录的联接查询，选取两个表中在联接字段中符合联接条件表达式的记录中的所需列拼成查询结果。

两表内联接 SELECT 语句的语法格式如下：

```
SELECT 列名[,...n] FROM 表名1 INNER JOIN 表名2 ON 联接表达式
```

其中，联接表达式的用法如下：

```
表名1.列名1 比较运算符 表名2.列名2
联接表达式中的比较运算符包括>、>=、<=、<、!>、!<和<>
```

提示： 常用的联接条件表达式是表名 1.列名 1=表名 2.列名 2。这样的表达式是指两个联接的表中用于联接的两列不管名称是否一样，业务含义是一样的，也就是说在两个表中，如果该两列的值一样，那么这个值在两列中所表示的属性的状态是一致的。

【实例 8-7】查询所有学生的学号、姓名、班号和班名。

```
USE student
GO
SELECT 学号,姓名,学生表.班号,班名
FROM 学生表 INNER JOIN 班级表 ON 学生表.班号=班级表.班号
GO
```

或者

```
USE student
GO
SELECT 学号,姓名,xxb.班号,班名
FROM 学生表 AS xxb INNER JOIN 班级表 AS bjb ON xxb.班号=bjb.班号
GO
```

语句运行结果如下：

学号	姓名	班号	班名
11212P48	张发鹏	11212P	物联网
11214D24	杜启明	11214D	电子信息工程技术
11214D25	高叶军	11214D	电子信息工程技术
11214D32	唐华中	11214D	电子信息工程技术
11313D41	叶超	11313D	电子声像
11323D10	李珊珊	11313D	电子声像
...			

(2) 外联接。如果希望其中某个表中的记录——甚至是两个表中的记录——即使不符合联接条件也要返回，这时就要使用外联接。外联接分为左外联接，右外联接和完全外联接 3 类。左外联接是指所联接的第一个表中的记录必须全部进入结果集，即使该记录在第二个表中没有满足联接条件表达式的对应记录。右外联接是指所联接的第二个表中的记录必须全部进入结果集，即使该记录在第一个表中没有满足联接条件表达式的对应记录。完全外联接是指所联接的两个表中的记录必须全部进入结果集，即使该记录在另一个表中没有满足联接条件表达式的对应记录。结果集中，无对应记录的列用 NULL 来填充。在使用左外联接和右外联接时，所联接的表的书写顺序不可颠倒。一个左外联接也可以使用一个同样的右外联接来代替，但必须将所联接的表的书写顺序进行颠倒。

两表外联接 SELECT 语句的语法格式如下：

```
SELECT 列名[,...n] FROM 表名 1
[LEFT | RIGHT | FULL] JOIN 表名 2 ON 联接条件表达式
```

其中，LEFT 用于左外联接，RIGHT 用于右外联接，FULL 用于完全外联接。外联接条件表达式的用法同内联接。

【实例 8-8】查询所有学生的学号、姓名、班号和班名，即使该学生无班号也应列出学生。

```
USE student
GO
SELECT 学号,姓名,学生表.班号,班名
FROM 学生表 LEFT OUTER JOIN 班级表 ON 学生表.班号=班级表.班号
GO
```

或者

```
USE student
GO
SELECT 学号,姓名,学生表.班号,班名
FROM 班级表 RIGHT OUTER JOIN 学生表 ON 班级表.班号=学生表.班号
GO
```

语句运行结果如下：

学号	姓名	班号	班名
11133P30	吴林华	NULL	NULL
11212P48	张发鹏	11212P	物联网
11214D24	杜启明	11214D	电子信息工程技术
11214D25	高叶军	11214D	电子信息工程技术
11214D32	唐华中	11214D	电子信息工程技术
11313D41	叶超	11313D	电子声像
...			

提示：可以看到 LEFT OUTER JOIN 和 RIGHT OUTER JOIN 前后所写的表的顺序不是任意的，需要将哪个表中的记录全部加入查询结果，那么 OUTER JOIN 的方向就应该指向这个表，如果是前一个表就用 LEFT OUTER JOIN，如果是后一个表就用 RIGHT OUTER JOIN。

【实例 8-9】查询所有学生的学号、姓名、班号和班名，即使该学生无班号也应列出学生，即使该班级无学生也应列出班级。

```
USE student
GO
SELECT 学号,姓名,学生表.班号,班名
FROM 学生表 FULL OUTER JOIN 班级表 ON 学生表.班号=班级表.班号
GO
```

语句运行结果如下：

学号	姓名	班号	班名
11133P30	吴林华	NULL	NULL
11212P48	张发鹏	11212P	物联网
11214D24	杜启明	11214D	电子信息工程技术
11214D25	高叶军	11214D	电子信息工程技术

| 11214D32 | 唐华中 | 11214D | 电子信息工程技术 |
| 11313D41 | 叶超 | 11313D | 电子声像 |

...

(3) 交叉联接。可以使用交叉联接来生成联接的源表的笛卡儿积，结果集的记录数是第一个表的记录数乘以第二个表的记录数。

两表交叉联接 SELECT 语句的语法格式如下：

```
SELECT 列名[,...n] FROM 表名1 CROSS JOIN 表名2
```

【实例 8-10】查询所有学生的姓名和班名的笛卡儿积。

```
USE student
GO
SELECT 姓名,班名 FROM 学生表 CROSS JOIN 班级表
GO
```

语句运行结果如下：

姓名	班名
吴林华	物联网
张发鹏	物联网
杜启明	物联网
高叶军	物联网
...	
吴林华	电子信息工程技术
张发鹏	电子信息工程技术
杜启明	电子信息工程技术
高叶军	电子信息工程技术
...	

提示：　交叉联接的 SELECT 语句是没有联接条件表达式的。

(4) 多表联接。使用 3 个或 3 个以上的表进行多表联接时，在联接部分先写联接的表名，再写联接条件表达式，依次将所有表写入语句。

【实例 8-11】查询所有学生的姓名、班名和系名。

```
USE student
GO
SELECT 姓名,班名,系名
FROM 学生表 AS xxb INNER JOIN 班级表 AS bjb ON xxb.班号=bjb.班号
INNER JOIN 系表 AS xb ON bjb.系号=xb.系号
GO
```

语句运行结果如下：

姓名	班名	系名
张发鹏	物联网	电子工程系
杜启明	电子信息工程技术	电子工程系
高叶军	电子信息工程技术	电子工程系
唐华中	电子信息工程技术	电子工程系
叶超	电子声像	电子工程系

李珊珊	电子声像	电子工程系
...		

8.3.3　派生表

派生表往往是一个查询语句的结果集,派生表的结果集可继续用于查询或其他操作。系统会先执行派生表的查询语句,然后将结果集继续用于查询或其他操作。

FROM 子句中派生表的语法格式如下:

```
FROM (SELECT 语句)
```

【实例 8-12】查询所有学生的姓名、班名和系名。

```
USE student
GO
SELECT 姓名,班名,系名
FROM 学生表 AS xxb INNER JOIN
(SELECT 班号,班名,系名 FROM 班级表 AS bjb
INNER JOIN 系表 AS xb ON bjb.系号=xb.系号) AS bx
ON xxb.班号=bx.班号
GO
```

语句运行结果如下:

姓名	班名	系名
张发鹏	物联网	电子工程系
杜启明	电子信息工程技术	电子工程系
高叶军	电子信息工程技术	电子工程系
唐华中	电子信息工程技术	电子工程系
叶超	电子声像	电子工程系
李珊珊	电子声像	电子工程系
...		

8.4　WHERE 子句

WHERE 子句用于给定数据源中的记录的筛选条件。只有符合筛选条件的记录才能为结果集提供数据,否则将不入选结果集。WHERE 子句中的筛选条件由一个或多个条件表达式组成。

Microsoft SQL Server 在条件表达式中使用的比较运算符如表 8-1 所示。

表 8-1　比较运算符表

运算符	含　义
=	等于
>	大于
<	小于

运算符	含　义
>=	大于或等于
<=	小于或等于
< >	不等于(ISO 兼容)
!>	不大于
!<	不小于
!=	不等于
LIKE	部分匹配

比较字符串数据时，字符的逻辑顺序由字符数据的排序规则来定义。系统将从两个字符串的第一个字符自左至右进行对比，直至对比出两个字符串的大小。

Microsoft SQL Server 在 WHERE 子句中使用的逻辑运算符如表 8-2 所示。当一个语句中使用了多个逻辑运算符时，计算顺序依次为 NOT、AND 和 OR。算术运算符和位运算符优先于逻辑运算符处理。如果运算的顺序与规定不一致，可以使用括号调整运算的顺序。

表 8-2　逻辑运算符表

运算符	含　义
AND	选取满足两个条件表达式中之一的记录
OR	选取同时满足两个条件表达式的记录
NOT	选取不满足条件表达式的记录

8.4.1　简单比较

经常需要查询某列的值为一确定值的记录，那么只要在 WHERE 子句中写出该列与特定值相等的条件表达式即可。

简单等式的 WHERE 子句的语法格式如下：

```
WHERE 列名=值或表达式
```

【实例 8-13】查询所有系号是 1 的班号和班名。

```
USE student
GO
SELECT 班号,班名 FROM 班级表 WHERE 系号=1
GO
```

语句运行结果如下：

```
班号        班名
11212P     物联网
11214D     电子信息工程技术
11313D     电子声像
11324D     电子信息工程技术
```

8.4.2 模糊查询

对于数据类型为字符串的列，经常会查询是否包含某个特定的字符串，也就是模糊查询。模糊查询可采用 LIKE 关键字，LIKE 关键字使用常规表达式指定所要匹配的模式。

模糊查询的 WHERE 子句的语法格式如下：

```
WHERE 列名 LIKE 模式
```

模式包含要搜索的字符串，首尾有单引号，其中可以使用 4 种通配符，如表 8-3 所示。

表 8-3　LIKE 通配符表

通配符	含　义
%	包含零个或多个字符的任意字符串
_	任何单个字符
[ ]	指定范围(例如 [a-f])或集合(例如 [abcdef])内的任何单个字符
[^]	不在指定范围(例如 [^a - f])或集合(例如 [^abcdef])内的任何单个字符

【实例 8-14】查询所有班名以"电子"开头的班号和班名。

```
USE student
GO
SELECT 班号,班名 FROM 班级表 WHERE 班名 LIKE  '电子%'
GO
```

语句运行结果如下：

```
班号      班名
11214D   电子信息工程技术
11313D   电子声像
11324D   电子信息工程技术
21213P   电子组装技术
```

【实例 8-15】查询所有班名以"电子"开头，而且后面有两个字符的班号和班名。

```
USE student
GO
SELECT 班号,班名 FROM 班级表 WHERE 班名 LIKE '电子__'
GO
```

语句运行结果如下：

```
班号      班名
11313D   电子声像
```

8.4.3 比较运算符

在需要对列的值与特定值或表达式进行比较时，需要使用条件表达。根据条件表达式中的比较运算符来逐行处理，筛选出符合条件的记录。

WHERE 子句中比较运算符的语法格式如下:

```
WHERE 列名 比较运算符 值或表达式
```

【实例 8-16】查询所有系号大于 1 的班号和班名。

```
USE student
GO
SELECT 班号,班名 FROM 班级表 WHERE 系号>1
GO
```

语句运行结果如下:

班号	班名
21212P	数控技术
21213P	电子组装技术
21216H	模具制造
21226P	机电一体化技术
31223P	光伏发电技术
31231P	产品质量控制

8.4.4　满足任一条件

往往查询的筛选条件不止一个,那么这些筛选条件有多种组合方式。
满足任一条件的 WHERE 子句的语法格式如下:

```
WHERE 条件表达式1 OR 条件表达式2[ OR...n]
```

【实例 8-17】查询所有系号大于 1 或者班名以"电子"开头的班号和班名。

```
USE student
GO
SELECT 班号,班名 FROM 班级表 WHERE 系号>1 OR 班名 LIKE '电子%'
GO
```

语句运行结果如下:

班号	班名
11214D	电子信息工程技术
11313D	电子声像
11324D	电子信息工程技术
21212P	数控技术
21213P	电子组装技术
21216H	模具制造
...	

8.4.5　满足所有条件

满足所有条件的 WHERE 子句的语法格式如下:

```
WHERE 条件表达式1 AND 条件表达式2[ AND...n]
```

【实例 8-18】查询所有系号大于 1 且班名以"电子"开头的班号和班名。

```
USE student
GO
SELECT 班号,班名 FROM 班级表 WHERE 系号>1 AND 班名 LIKE '电子%'
GO
```

语句运行结果如下：

班号	班名
21213P	电子组装技术

8.4.6 值列表

IN 关键字给定一个值的列表，值与值之间用逗号分隔，筛选条件为列值与该列表中任意值匹配的记录。NOT IN 可以指定列值不在该列表中。

满足值列表的 WHERE 子句的语法格式如下：

```
WHERE 列名 IN (值列表)
```

使用 IN 的查询语句也可以用 OR 连接一系列含等于运算符的条件表达式语句来表示。

【实例 8-19】查询所有班名是"电子信息工程技术"、"电子声像"或"电子组装技术"的班号和班名。

```
USE student
GO
SELECT 班号,班名 FROM 班级表
WHERE 班名 IN ('电子信息工程技术','电子声像','电子组装技术')
GO
```

或者

```
USE student
GO
SELECT 班号,班名 FROM 班级表
WHERE 班名='电子信息工程技术' OR 班名='电子声像' OR 班名='电子组装技术'
GO
```

语句运行结果如下：

班号	班名
11214D	电子信息工程技术
11313D	电子声像
11324D	电子信息工程技术
21213P	电子组装技术

8.4.7 值区间

BETWEEN AND 关键字指定连续的筛选范围。NOT BETWEEN AND 可以指定搜索范围在给定的连续范围之外。

满足值区间的 WHERE 子句的语法格式如下：

```
WHERE 列名 BETWEEN 区间左端值 AND 区间右端值
```

使用 BETWEEN AND 的查询语句也可以用含大于等于运算符和小于等于运算符的条件表达式来表示。

【实例 8-20】查询所有系号在 2 和 3 之间的班号和班名。

```
USE student
GO
SELECT 班号,班名 FROM 班级表 WHERE 系号 BETWEEN 2 AND 3
GO
```

或者

```
USE student
GO
SELECT 班号,班名 FROM 班级表 WHERE 系号>=2 AND 系号<=3
GO
```

语句运行结果如下：

```
班号      班名
21212P    数控技术
21213P    电子组装技术
21216H    模具制造
21226P    机电一体化技术
31223P    光伏发电技术
31231P    产品质量控制
```

8.4.8   值为空

当判断列值为空时，可以将数据与 NULL 进行比较。Microsoft SQL Server 的空值即 NULL，含义为未知或不可用，与零、零长度的字符串或空格字符的含义不同。如果列值为 NULL 是指该列当前无确切值。在 WHERE 子句中使用 IS NULL 或 IS NOT NULL 可以筛选列为空或不为空的记录。

判断值是否为空的 WHERE 子句的语法格式如下：

```
WHERE 列名 IS [NOT] NULL
```

【实例 8-21】查询班主任号为空的班号和班名。

```
USE student
GO
SELECT 班号,班名 FROM 班级表 WHERE 班主任号 IS NULL
GO
```

语句运行结果如下：

```
班号      班名
21216H    模具制造
```

8.5 GROUP BY 子句

在对数据库中的记录进行查询时，往往需要进行分组统计。聚合函数对一组值执行特定的计算，并返回单个值。在 SELECT 语句中使用聚合函数，可以对记录进行统计。Microsoft SQL Server 中常见的聚合函数如表 8-4 所示。

表 8-4 常见的聚合函数表

函　　数	含　　义
AVG	平均值
COUNT	计数
SUM	和
MAX	最大值
MIN	最小值

GROUP BY 子句将结果集中的记录根据一个或多个列或表达式的值组合成一个个组，每一组生成一条结果集记录。GROUP BY 子句中的字段列表给出分组的字段列表，排列顺序默认为升序。SELECT 子句中的字段列表中可以使用聚合函数对各分组进行统计。

💡 注意： 使用 GROUP BY 子句时，SELECT 子句中的列或表达式必须出现在 GROUP BY 子句中。

8.5.1 按列分组统计

按列分组统计的 GROUP BY 子句的语法格式如下：

```
GROUP BY 列名[,...n]
```

【实例 8-22】查询学生表中各班人数。

```
USE student
GO
SELECT 班号,COUNT(班号) FROM 学生表 GROUP BY 班号
GO
```

语句运行结果如下：

```
班号             (无列名)
NULL             0
11212P           1
11214D           3
11313D           2
11324D           3
21212P           1
...
```

【实例 8-23】 查询学生表中各系各班人数。

```
USE student
GO
SELECT 系号,学生表.班号,COUNT(学生表.班号)
FROM 学生表 INNER JOIN 班级表 ON 学生表.班号=班级表.班号
GROUP BY 班级表.系号,学生表.班号
GO
```

语句运行结果如下：

系号	班号	(无列名)
1	11212P	1
1	11214D	3
1	11313D	2
1	11324D	3
2	21212P	1
2	21213P	2
…		

8.5.2　按表达式结果分组统计

按表达式结果分组统计的 GROUP BY 子句的语法格式如下：

```
GROUP BY 表达式[,...n]
```

【实例 8-24】 查询学生表中各年份出生的人数。

```
USE student
GO
SELECT datepart(yyyy,出生日期) AS 年份 ,count(datepart(yyyy,出生日期))AS 人数
FROM 学生表
GROUP BY datepart(yyyy,出生日期)
GO
```

语句运行结果如下：

年份	人数
1994	6
1995	9
1996	7
1997	1

💡 **注意：** 这里的 DATEPART 是 SQL Server 中的系统函数，作用是取日期类数据中的特定部分，当第一个参数是 yyyy 时，DATAPART 函数取第二个参数中存放的日期类数据中的年份，返回值是整数。

8.6　HAVING 子句

HAVING 子句对分组统计的结果设置筛选条件，使用 HAVING 子句时必须同时使用

GROUP BY 子句。

HAVING 子句和 WHERE 子句的筛选作用不同，两者作用于不同的对象。WHERE 子句是对原始记录进行筛选。HAVING 子句是对分组统计的结果进行筛选，因此 HAVING 子句中可以出现聚合函数。

HAVING 子句的语法格式如下：

HAVING 分组统计的条件表达式

【实例 8-25】查询学生表中人数大于等于 3 的班号和人数。

```
USE student
GO
SELECT 班号,COUNT(班号)AS 人数 FROM 学生表
GROUP BY 班号 HAVING COUNT(班号)>=3
GO
```

语句运行结果如下：

班号	人数
11214D	3
11324D	3
21226P	5

8.7 ORDER BY 子句

使用 ORDER BY 子句可以将查询结果按一列或多列进行排序，排序的列应出现在 SELECT 子句中的列表中，或是 FROM 子句中的表中的列。当 ORDER BY 子句中有多列时，应按该列表的顺序对结果集进行排序。

8.7.1 按指定列排序

按照指定列排序的 ORDER BY 子句的语法格式如下：

ORDER BY 列名 [ASC | DESC] [,...n]

其中，ASC 指升序，DESC 指降序，默认为升序。

【实例 8-26】查询学生表中的学号和班号，按班号升序排列。

```
USE student
GO
USE student
GO
SELECT 学号,班号 FROM 学生表 ORDER BY 班号 ASC
GO
```

语句运行结果如下：

学号	班号
11133P30	NULL

```
21131P42    NULL
11212P48    11212P
11214D24    11214D
11214D25    11214D
11214D32    11214D
......
```

【实例 8-27】查询学生表中的学号和班号，按班号升序和学号降序排列。

```
USE student
GO
USE student
GO
SELECT 学号,班号 FROM 学生表 ORDER BY 班号 ASC, 学号 DESC
GO
```

语句运行结果如下：

```
学号          班号
21131P42    NULL
11133P30    NULL
11212P48    11212P
11214D32    11214D
11214D25    11214D
11214D24    11214D
...
```

8.7.2 按表达式结果排序

按表达式结果排序的 ORDER BY 子句的语法格式如下：

```
ORDER BY 表达式 [ ASC | DESC ] [,...n]
```

【实例 8-28】查询学生表中 21226P 班同学的学号和出生年份，按出生年份升序排列。

```
USE student
GO
USE student
GO
SELECT 学号,DATEPART(yyyy,出生日期) FROM 学生表 WHERE 班号='21226P'
ORDER BY DATEPART(yyyy,出生日期)
GO
```

语句运行结果如下：

```
学号          (无列名)
21226P01    1995
21226P18    1995
21226P26    1996
21226P16    1996
21226P17    1996
...
```

8.7.3　按特定条件列排序

按照特定条件列排序是指在排序时，根据列值取不同的升降序。

按特定条件列排序的 ORDER BY 子句的语法格式如下：

```
ORDER BY 表达式 [ ASC | DESC ] [,...n]
```

其中，ASC 指升序，DESC 指降序，默认为升序。

【实例 8-29】查询班级表中的系号和班号，系号为 1 时按班号降序排序，系号为 2 时按班号升序排序。

```
USE student
GO
SELECT 系号,班号 FROM 班级表
ORDER BY CASE  WHEN 系号=1 THEN 班号 END DESC,
CASE  WHEN 系号=2 THEN 班号  END
GO
```

语句运行结果如下：

```
系号      班号
1        11324D
1        11313D
1        11214D
1        11212P
3        31223P
3        31231P
2        21212P
2        21213P
2        21216H
2        21226P
...
```

💡 注意：　这里的 ORDER BY 子句中使用了 CASE 表达式，它的作用是根据表达式的
　　　　　值来分别处理。

8.8　INTO 子句

使用 SELECT 语句和 INTO 子句可以根据查询结果创建一个新表。使用 SELECT 和 INTO 生成的新表的结构是由 SELECT 后面所跟的列表确定的。INTO 子句的位置在 SELECT 子句和 FROM 子句之间。

INTO 子句的语法格式如下：

```
INTO 新表名
```

【实例 8-30】查询班级表中的系号和班号，将结果集保存为系号班号表，并查询该表中记录。

```
USE student
GO
SELECT 系号,班号 INTO 系号班号表 FROM 班级表
GO
SELECT * FROM 系号班号表
GO
```

语句运行结果如下：

```
系号       班号
1         11212P
1         11214D
1         11313D
1         11324D
2         21212P
2         21213P
...
```

8.9　子　查　询

SELECT 语句的各子句中可以嵌入 SELECT 语句，大大增强了查询语句的复杂程度，适用于各种复杂条件的查询，这就是子查询。除了 SELECT 语句，在 INSERT、UPDATE 和 DELETE 语句中都可以嵌入 SELECT 语句。子查询的嵌入层次最多达到 32 层。联接查询也可以用子查询语句来替代，但子查询语句并不是都可以用联接查询替代。子查询相对于联接查询来说，书写复杂程度更强，适用范围更广。

8.9.1　子查询用作单个值

返回单个值的子查询可以用于 SELECT 语句中所有使用单个值的地方，使用的前提是此处数据的类型与使用的子查询的返回值的数据类型相同。子查询用作单个值时，往往在比较运算符之后。

子查询用作单个值的语法格式如下：

```
WHERE 列名 比较运算符 子查询
```

【实例 8-31】查询班名是"电子信息工程技术"且 2013 年入学的学生的学号、姓名和班号。

```
USE student
GO
SELECT 学号,姓名,班号 FROM 学生表 WHERE 班号=
(SELECT 班号 FROM 班级表
WHERE 班名='电子信息工程技术' AND 入学年份=2013)
GO
```

语句运行结果如下：

学号	姓名	班号
11324D01	陈丹	11324D
11324D04	陈珍	11324D
11324D05	董佳佳	11324D

💡 **注意：** 实例 8-31 也可以采用联接来书写。

8.9.2 ALL、ANY 和 SOME

子查询在 WHERE 子句中使用 ALL 、ANY 和 SOME，将列值与包含零个值或多个值的子查询结果集进行比较。

子查询中 ALL、ANY 和 SOME 的语法格式如下：

```
WHERE 列名 比较运算符 ALL|ANY|SOME (子查询)
```

>ALL(子查询)的用法表示大于子查询结果集中所有的值，往往用于求最大值；<ALL(子查询)的用法表示小于子查询结果集中所有的值，往往用于求最小值。>ANY(子查询)的用法表示大于子查询结果集中任意值，往往用于求大于最小值；<ANY(子查询)的用法表示小于子查询结果集中所有的值，往往用于求小于最大值。=SOME(子查询)和=ANY(子查询)的用法一样，表示等于子查询结果集中的任意值。

【实例 8-32】 查询学生表中年龄比 21226P 班所有学生都小的学生的学号、姓名和班号。

```
USE student
GO
SELECT 学号,姓名,班号 FROM 学生表 WHERE 出生日期>ALL
(SELECT 出生日期 FROM 学生表 WHERE 班号='21226P')
AND 班号<>'21226P'
GO
```

语句运行结果如下：

学号	姓名	班号
21212P09	陈健	21212P
31231P11	张丽娜	31231P

【实例 8-33】 查询学生表中年龄比 21226P 班所有学生都大的学生的学号、姓名和班号。

```
USE student
GO
SELECT 学号,姓名,班号 FROM 学生表 WHERE 出生日期<ALL
(SELECT 出生日期 FROM 学生表 WHERE 班号='21226P')
AND 班号<>'21226P'
GO
```

语句运行结果如下：

```
学号          姓名        班号
11212P48     张发鹏      11212P
11214D24     杜启明      11214D
11214D25     高叶军      11214D
11214D32     唐华中      11214D
11323D10     李珊珊      11313D
11324D04     陈珍        11324D
...
```

【实例 8-34】查询学生表中年龄比 21226P 班任意学生大的学生的学号、姓名和班号。

```
USE student
GO
SELECT 学号,姓名,班号 FROM 学生表 WHERE 出生日期>ANY
(SELECT 出生日期 FROM 学生表 WHERE 班号='21226P')
AND 班号<>'21226P'
GO
```

语句运行结果如下：

```
学号          姓名        班号
11313D41     叶超        11313D
11324D01     陈丹        11324D
21212P09     陈健        21212P
31231P11     张丽娜      31231P
31231P46     邹强        31231P
```

【实例 8-35】查询学生表中年龄比 21226P 班任意学生小的学生的学号、姓名和班号。

```
USE student
GO
SELECT 学号,姓名,班号 FROM 学生表 WHERE 出生日期>ANY
(SELECT 出生日期 FROM 学生表 WHERE 班号='21226P')
AND 班号<>'21226P'
GO
```

语句运行结果如下：

```
学号          姓名        班号
11212P48     张发鹏      11212P
11214D24     杜启明      11214D
11214D25     高叶军      11214D
11214D32     唐华中      11214D
11313D41     叶超        11313D
11323D10     李珊珊      11313D
...
```

【实例 8-36】查询学生表中与 21226P 班任意学生同年出生的学生的学号、姓名和班号。

```
USE student
GO
SELECT 学号,姓名,班号 FROM 学生表 WHERE DATEPART(yyyy,出生日期)=ANY
(SELECT DATEPART(yyyy,出生日期) FROM 学生表 WHERE 班号='21226P')
AND 班号<>'21226P'
GO
```

或者

```
USE student
GO
SELECT 学号,姓名,班号 FROM 学生表 WHERE DATEPART(yyyy,出生日期)=SOME
(SELECT DATEPART(yyyy,出生日期) FROM 学生表 WHERE 班号='21226P')
AND 班号<>'21226P'
GO
```

语句运行结果如下：

```
学号          姓名          班号
11214D24     杜启明        11214D
11313D41     叶超          11313D
11323D10     李珊珊        11313D
11324D01     陈丹          11324D
11324D04     陈珍          11324D
11324D05     董佳佳        11324D
...
```

8.9.3　IN

子查询在 WHERE 子句中使用 IN(或 NOT IN)，将列值与子查询中结果集的值集合逐个比较，作为筛选条件。

子查询中 IN 的语法格式如下：

```
WHERE 列名 IN  (子查询)
```

【实例 8-37】 查询班名是"电子信息工程技术、"电子声像"和"电子组装技术"的学生的学号、姓名和班号。

```
USE student
GO
SELECT 学号,姓名,班号 FROM 学生表 WHERE 班号 IN
(SELECT 班号 FROM 班级表
WHERE 班名 IN ('电子信息工程技术','电子声像','电子组装技术'))
GO
```

语句运行结果如下：

```
学号          姓名        班号
11214D24     杜启明      11214D
11214D25     高叶军      11214D
11214D32     唐华中      11214D
```

11313D41	叶超	11313D
11323D10	李珊珊	11313D
11324D01	陈丹	11324D
...		

【实例 8-38】查询系号是 1 的班级的学生的学号、姓名和班号。

```
USE student
GO
SELECT 学号,姓名,xsb.班号 FROM 学生表 AS xsb WHERE xsb.班号 IN
(SELECT bjb.班号 FROM 班级表 AS bjb WHERE xsb.班号=bjb.班号 AND bjb.系号=1)
GO
```

语句运行结果如下：

学号	姓名	班号
11212P48	张发鹏	11212P
11214D24	杜启明	11214D
11214D25	高叶军	11214D
11214D32	唐华中	11214D
11313D41	叶超	11313D
11323D10	李珊珊	11313D
...		

　　子查询和外部查询语句之间的联系有两种：一种是子查询不依靠外部查询而执行，这类查询语句的执行顺序是先执行子查询，再将子查询的结果代入外部查询而执行。另一种是子查询必须依靠外部查询而执行，因为其语句中有外部查询的表中字段，这类子查询就称作相关子查询。相关子查询的执行顺序是先执行外部查询，每次选择外部查询的一行记录，然后将该记录的字段值代入子查询执行，子查询的结果最后返回外部查询而得到最终结果。实例 8-37 采用的是普通的子查询，而实例 8-38 采用的是相关子查询。

8.9.4　EXISTS

　　在 WHERE 子句中使用 EXISTS(或 NOT EXISTS) 关键字和子查询，就是用子查询的结果集中是否有记录来判断是否满足条件。子查询实际上不产生任何数据，它只返回TRUE 或 FALSE 值。

　　子查询中 EXISTS 的语法格式如下：

```
WHERE EXISTS  (子查询)
```

【实例 8-39】查询系号是 1 的班级的学生的学号、姓名和班号。

```
USE student
GO
SELECT 学号,姓名,A.班号 FROM 学生表 AS A
WHERE EXISTS
(SELECT B.班号 FROM 班级表 AS B
WHERE A.班号=B.班号 AND B.系号=1)
GO
```

语句运行结果如下:

```
学号          姓名      班号
11212P48    张发鹏    11212P
11214D24    杜启明    11214D
11214D25    高叶军    11214D
11214D32    唐华中    11214D
11313D41    叶超      11313D
11323D10    李珊珊    11313D
...
```

💡 注意: 实例 8-39 也属于相关子查询。

8.10 集 运 算 符

集运算符的作用是将多个查询的结果集合并成为一个结果集。

8.10.1 UNION

UNION 运算符将两个或多个 SELECT 语句的结果集合并成一个结果集。能够合并的 SELECT 语句的结果集都必须具有相同的结构,即列数必须相同,各列的数据类型必须兼容。合并后的结果集将使用产生第一个结果集的 SELECT 语句的字段列表,并删除重复的记录。

UNION 的语法格式如下:

```
SELECT 语句 1
UNION
SELECT 语句 2
```

【实例 8-40】查询系号是 1 和 2 的班级的班号、班名和系号,系号是 1 的记录在前,系号是 2 的记录在后。

```
USE student
GO
SELECT 班号,班名,系号 FROM 班级表 WHERE 系号=1
UNION
SELECT 班号,班名,系号 FROM 班级表 WHERE 系号=2
GO
```

或者

```
USE student
GO
SELECT 班号,班名,系号 FROM 班级表 WHERE 系号 IN(1,2) ORDER BY 系号
GO
```

语句运行结果如下：

```
班号        班名            系号
11212P   物联网            1
11214D   电子信息工程技术    1
11313D   电子声像          1
11324D   电子信息工程技术    1
21212P   数控技术          2
21213P   电子组装技术        2
...
```

8.10.2　EXCEPT

EXCEPT 运算符在第一个 SELECT 语句的结果集中去除第二个 SELECT 语句的结果集中存在的记录，生成结果集。能够合并的 SELECT 语句的结果集都必须具有相同的结构，即列数必须相同，各列的数据类型必须兼容。

EXCEPT 的语法格式如下：

```
SELECT 语句 1
EXCEPT
SELECT 语句 2
```

【实例 8-41】查询系号不是 1 的班级的班号、班名和系号。

```
USE student
GO
SELECT 班号,班名,系号 FROM 班级表
EXCEPT
SELECT 班号,班名,系号 FROM 班级表 WHERE 系号=1
GO
```

或者

```
USE student
GO
SELECT 班号,班名,系号 FROM 班级表 WHERE 系号<>1
GO
```

语句运行结果如下：

```
班号        班名            系号
21212P   数控技术          2
21213P   电子组装技术        2
21216H   模具制造          2
21226P   机电一体化技术      2
31223P   光伏发电技术        3
31231P   产品质量控制        3
```

8.10.3 INTERSECT

INTERSECT 运算符查找两个 SELECT 语句的结果集中同时存在的记录，生成结果集。能够合并的 SELECT 语句的结果集都必须具有相同的结构，即列数必须相同，各列的数据类型必须兼容。

INTERSECT 的语法格式如下：

```
SELECT 语句1
INTERSECT
SELECT 语句2
```

【实例 8-42】查询有任课记录且担任班主任的教师号。

```
USE student
GO
SELECT 教师号 FROM 成绩表
INTERSECT
SELECT 班主任号 FROM 班级表
GO
```

语句运行结果如下：

```
教师号
20035004
20065005
20105038
20105046
```

8.11 小型案例实训

通过 8.1～8.10 节内容的学习，已经掌握了 SELECT 语句的方法。下面对学生成绩数据库中的记录进行查询。

【任务 8-1】查询所有课程的记录，按课程名排序。

```
USE student
GO
SELECT * FROM 课程表 ORDER BY 课程名
GO
```

或者

```
USE student
GO
SELECT 课程号,课程名,学分,学时 FROM 课程表 ORDER BY 课程名
GO
```

语句运行结果如下：

课程号	课程名	学分	学时
090263	操作系统	4	60
M01F01C10	单片机技术	6	90
M01F011	电路基础	4	60
M02F011	电子工程制图	3	45
030220	工业工程基础	3	45
M02F012	计算机辅助设计	6	90
…			

【任务 8-2】查询所有课程的课程号、课程名和平均分，平均分列的标题为"平均分"。

```
USE student
GO
SELECT 课程表.课程号,课程表.课程名,AVG(成绩) AS 平均分
FROM 课程表 INNER JOIN 成绩表 ON 课程表.课程号=成绩表.课程号
GROUP BY 课程表.课程号,课程表.课程名
GO
```

语句运行结果如下：

课程号	课程名	平均分
090263	操作系统	81
M01F011	电路基础	78
M01F01C10	单片机技术	72
M02F012	计算机辅助设计	48

【任务 8-3】查询成绩表中出现的课程号。

```
USE student
GO
SELECT DISTINCT 课程号 FROM 成绩表
GO
```

语句运行结果如下：

课程号
090263
M01F011
M01F01C10
M02F012

【任务 8-4】查询课程表中出现的以"电"开头的课程信息，并生成新表，表名称为"电课程表"。

```
USE student
GO
SELECT * INTO 电课程表 FROM 课程表 WHERE 课程名 LIKE '电%'
GO
SELECT * FROM 电课程表
GO
```

语句运行结果如下：

课程号	课程名	学分	学时
M01F011	电路基础	4	60
M02F011	电子工程制图	3	45

【任务 8-5】查询成绩表中出现的课程的课程名。

```
USE student
GO
SELECT 课程名 FROM 课程表 AS kcb WHERE EXISTS
 (SELECT cjb.课程号 FROM 成绩表 AS cjb WHERE kcb.课程号=cjb.课程号)
GO
```

或者

```
USE student
GO
SELECT 课程名 FROM 课程表
WHERE 课程号 IN(
SELECT 课程号 FROM 成绩表)
GO
```

或者

```
USE student
GO
SELECT DISTINCT 课程名 FROM 课程表 INNER JOIN 成绩表
ON 课程表.课程号=成绩表.课程号
GO
```

语句运行结果如下：

课程名
操作系统
电路基础
单片机技术
计算机辅助设计

【任务 8-6】查询成绩表中各学生的学号和平均分。

```
USE student
GO
SELECT 学号,AVG(成绩) AS 平均分 FROM 成绩表 GROUP BY 学号
GO
```

语句运行结果如下：

学号	平均分
11214D24	72
11214D25	56
11214D32	69
11313D41	87
11323D10	77
11324D01	84
...	

【**任务 8-7**】查询成绩表中各教师所任教的课程的平均分。

```
USE student
GO
SELECT 课程号,教师号,AVG(成绩) AS 平均分 FROM 成绩表
GROUP BY 课程号,教师号
GO
```

语句运行结果如下：

课程号	教师号	平均分
M01F011	20035004	79
M01F01C10	20035004	80
M01F011	20065005	73
M01F011	20095006	84
M01F01C10	20095006	58
M02F012	20105025	48
…		

【**任务 8-8**】查询成绩表中各门课程的平均分，不及格的分数不在统计之列，结果按平均分升序排列。

```
USE student
GO
SELECT 课程号,AVG(成绩) AS 平均分 FROM 成绩表 WHERE 成绩>=60
GROUP BY 课程号 ORDER BY AVG(成绩)
GO
```

语句运行结果如下：

课程号	平均分
M02F012	60
M01F011	78
M01F01C10	79
090263	81

【**任务 8-9**】查询成绩表中各课程的选修人数，仅统计大于 5 人的课程号和人数。

```
USE student
GO
SELECT 课程号,COUNT(学号) AS 选修人数 FROM 成绩表
GROUP BY 课程号 HAVING COUNT(学号)>5
GO
```

语句运行结果如下：

课程号	选修人数
090263	10
M01F011	15
M01F01C10	8

【**任务 8-10**】查询成绩表中出现的教师号以及班级表中出现的班主任号，用一个结果集显示。

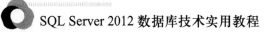
```
SELECT DISTINCT 教师号 FROM 成绩表
UNION
SELECT DISTINCT 班主任号 FROM 班级表
GO
```

语句运行结果如下：

```
教师号
NULL
20035004
20065005
20095006
20105024
20105025
…
```

<h1 style="text-align:center">小　　结</h1>

查询信息可以通过 SELECT 语句来实现。

SELECT 语句由以下几部分组成。

- SELECT 子句：设置查询结果集列表。
- FROM 子句：设置用于查询的信息源，可以是表、视图、派生表或联接表。
- WHERE 子句：定义所查询记录的筛选条件。只有符合筛选条件的记录才能作为结果集中的记录，否则将不入选结果集。
- GROUP 子句：将结果集中的记录进行分组。
- HAVING 子句：将结果集记录分组统计后再进行筛选。只有符合筛选条件的分组统计结果才能作为结果集中的记录，否则将不入选结果集。
- ORDER BY 子句：将结果集中记录按排序列表进行排序。

使用 SELECT 语句和 INTO 子句可以根据查询结果创建一个新表。

除了 SELECT 语句，在 INSERT、UPDATE 和 DELETE 语句中都可以嵌入 SELECT 语句。子查询可以返回单个值，也可以返回结果集。

集运算符的作用是将多个查询的结果集合并成为一个结果集。

<h1 style="text-align:center">习　　题</h1>

1. 填空题

(1) 查询语句中的 6 个基本组成部分是＿＿＿＿＿＿＿＿＿＿＿＿＿＿＿＿＿＿子句、＿＿＿＿＿＿＿＿＿＿＿＿＿＿子句、＿＿＿＿＿＿＿＿＿＿＿＿＿＿子句、＿＿＿＿＿＿＿＿＿＿＿＿＿＿子句、＿＿＿＿＿＿＿＿＿＿＿＿＿＿子句和＿＿＿＿＿＿＿＿＿＿＿＿＿＿子句。

(2) ＿＿＿＿＿＿＿＿＿＿＿＿＿＿关键字可从 SELECT 语句的结果中消除

重复的行。

(3) 可以使用_____关键字指定结果集中返回的记录数。

(4) 多表联接的种类分成_____、_____和_____ 3 类。

(5) 模糊查询可采用_____关键字。

(6) _____关键字给定一个值的列表。

(7) _____关键字指定筛选的连续范围。

(8) 当判断列值为空时，可以将数据与 NULL 进行比较。Microsoft SQL Server 的空值即 NULL，含义为_____。

(9) 使用 SELECT 语句和_____子句可以根据查询结果创建一个新表。

(10) _____运算符将两个或多个 SELECT 语句的结果集合并成一个结果集。_____运算符在第一个 SELECT 语句的结果集中去除第二个 SELECT 语句的结果集中存在的记录，生成结果集。_____运算符查找两个 SELECT 语句的结果集中同时存在的记录，生成结果集。

2. 操作题

项目 3 中创建的图书馆管理数据库 library，该数据库中包含图书馆所需要管理的书籍和读者信息。数据库中包含的表包括读者类型表、读者信息表、图书类型表、图书基本信息表、图书信息表、图书借阅表和图书罚款表。

(1) 查询图书馆所有图书的基本信息记录，按书名排序。

(2) 查询所有图书的图书编号、书名和借阅次数。

(3) 查询图书借阅表中出现的图书编号。

(4) 查询书名中带有"一"的图书基本信息，并生成新表，表名称为一字表。

(5) 查询图书借阅表中出现的图书的图书名。

(6) 查询图书基本信息表中各类图书的种类和平均价格。

(7) 查询图书基本信息表中各类图书的种类和平均价格，超过 30 元的图书不在统计之列，结果按种类升序排列。

(8) 查询图书基本信息表中各类图书的种数，仅统计超过 1 本的类型和种数。

(9) 查询图书信息出现的图书编号以及图书借阅表中出现的图书编号，用一个结果集显示。

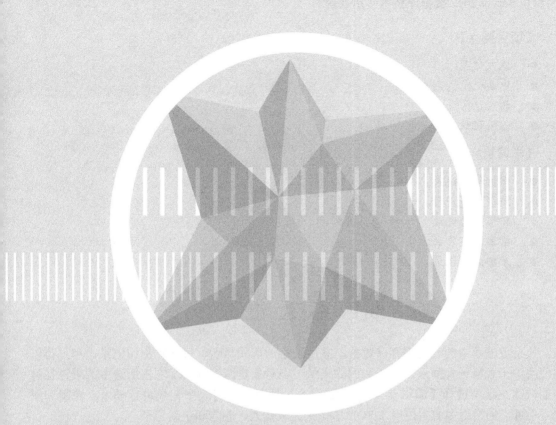

项目 9

插入、更新和删除记录

【项目要点】

● 插入记录。
● 更新记录。
● 删除记录。
● 比较记录。

【学习目标】

● 掌握插入记录。
● 掌握更新记录。
● 掌握删除记录。
● 掌握清空表的方法。
● 掌握比较记录。

9.1 插 入 记 录

关系数据库中的表用来存储数据，并用表格的形式显示，每一行称作记录。用户可以像使用电子表格一样插入、更新和删除记录。在对象资源管理器中右击所选中的表，在弹出的快捷菜单中选择【编辑前 200 行】命令，即可开始对表中记录进行插入、更新和删除。不过，通常更多的是使用 T-SQL 语句来完成插入、删除和更新记录。

注意： 如果插入、更新和删除的记录与数据库中的约束相矛盾，那么插入、更新和删除的操作不能执行。

9.1.1 插入单个记录

使用 INSERT 语句可以在表中或视图中插入单个或多个记录，而且可以加以特定条件。插入单个记录的 INSERT 语句语法格式如下：

```
INSERT INTO 表名 VALUES(值列表)
```

【实例 9-1】向学生表中插入一条记录，学号是"31231P01"，姓名是"王良娣"，性别是"女"，出生日期是"1996 年 1 月 30 日"，班级号是"31231P"。

```
USE student
GO
INSERT INTO 学生表 VALUES('31231P01','王良娣','女','1996-1-30','31231P')
GO
```

9.1.2 插入多个记录

插入多个记录的 INSERT 语句语法格式如下：

```
INSERT INTO 表名 VALUES(值列表)[,...n]
```

【实例 9-2】向学生表中插入两条记录，学号分别是"31231P02"和"31231P03"，姓名分别是"张秋雷"和"王育"，性别都是"男"，出生日期分别是"1996 年 5 月 12 日"和"1996 年 12 月 3 日"　班级号都是"31231P"。

```
USE student
GO
INSERT INTO 学生表
VALUES('31231P02','张秋雷','男','1996-5-12','31231P'),
('31231P03','王育','男','1996-12-3','31231P')
GO
```

9.1.3　插入列顺序任意的记录

使用 INSERT 语句向表中插入记录时，如果按表中各列的顺序给出新记录的所有字段值，那么在表名后不必指定字段列表；如果没有按表中各列的顺序给出新记录的字段值，或是只给出新记录的部分字段值时，在表名后必须指定字段列表。值列表中的值顺序应与字段列表中的字段一一对应。

插入列顺序任意的记录使用 INSERT 语句语法格式如下：

```
INSERT INTO 表名(字段列表) VALUES(值列表)
```

【实例 9-3】向学生表中插入一条记录，学号是"31231P04"，姓名是"王巍峨"，性别是"男"，出生日期是"1995 年 12 月 30 日"。

```
USE student
GO
INSERT INTO 学生表(学号,姓名,性别,出生日期)
VALUES('31231P04','王巍峨','男','1995-12-30')
GO
```

提示：　插入记录时，为空的列可以不赋值，也就是说初值为 NULL，不可以为空的列必须赋值，否则会报错。

9.1.4　插入列具有默认值的记录

如果列具有默认值，那么在插入记录时，可以不为该列赋值，SQL Server 将为该列赋默认值。

【实例 9-4】　向学生表中插入一条记录，学号是"31231P05"，姓名是"顾才"，出生日期是"1995 年 2 月 20 日"。

```
USE student
GO
INSERT INTO 学生表(学号,姓名,出生日期)
VALUES('31231P05', '顾才','1995-2-20')
GO
```

提示：　学生表的列性别有默认值为"男"，因此如果记录中的列性别值为"男"，插入记录时可以不写出。

9.1.5　插入含标识列的记录

如果列为标识列，那么在插入记录时该列不能赋值。系统会自动为标识列赋值。

【实例9-5】向系表中插入一条记录，系名是"艺术系"。

```
USE student
GO
INSERT INTO 系表(系名) VALUES('艺术系')
GO
```

提示：　系表的列系号是标识列，虽然不为空，但不需要在插入记录时赋值。

9.1.6　插入来自其他表的记录

插入来自其他表的记录有两种情况：一种是目标表已创建，查询结果插入目标表。另一种是目标表未创建，需创建后再将查询结果插入目标表。

向已创建的表中插入来自其他表的记录使用的 INSERT 语句的语法格式如下：

```
INSERT INTO 表名(字段列表) 子查询
```

INSERT 语句中，目的表后的字段列表必须和 SELECT 子查询中的字段列表数目相同，数据类型按顺序一一对应。

【实例 9-6】现有学生备份表，含学号和姓名两列。要求将学生表中所有记录的学号和姓名复制到学生备份表中。

```
USE student
GO
INSERT INTO 学生备份表 SELECT 学号,姓名 FROM 学生表
GO
```

向未创建的表中插入来自其他表的记录，可以先创建表，然后插入查询结果，也可以使用 SELECT...INTO 语句来创建一个新表，同时将查询结果插入该表。使用 SELECT...INTO 语句创建的目标表的结构是由 SELECT 后面所跟的字段列表所确定的。

SELECT...INTO 语句的语法格式如下：

```
SELECT 字段列表 INTO 目标表名 FROM 源表
```

【实例9-7】要求将学生表中所有记录的学号和姓名复制到尚未创建的学生备份表中。

```
USE student
GO
SELECT 学号,姓名 INTO 学生备份表 FROM 学生表
GO
```

9.1.7　限制来自其他表的记录数量

插入限制数量的记录可以使用 TOP 关键字。

向已创建的表中插入限制数量的来自其他表的记录的 INSERT 语句的语法格式如下：

```
INSERT  TOP(数量) INTO 表名(字段列表) 子查询
```

【实例 9-8】现有学生备份表，含学号和姓名两列。要求将学生表中前 10 条记录的学号和姓名复制到学生备份表中。

```
USE student
GO
INSERT TOP(10) INTO 学生备份表 SELECT 学号,姓名 FROM 学生表
GO
```

9.1.8　向视图插入记录

向视图中插入记录也就是向基本表中插入记录。只有视图中的列来自同一个基本表，且包含了该基本表中所有不是标识列和计算列的非空列时，才能成功插入记录。

【实例 9-9】创建视图 View 系表，含系名。向视图 View 系表插入记录，系名为"通信工程系"。

```
USE student
GO
CREATE VIEW View系表
AS
    SELECT 系名 FROM 系表
GO
INSERT INTO View系表 VALUES('通信工程系')
GO
```

9.2　更 新 记 录

9.2.1　更新单个列

UPDATE 语句可以更新表或视图中单行、多行或所有行的记录。

更新单个列的 UPDATE 语句的语法格式如下：

```
UPDATE 表名 SET 列名=值
```

【实例 9-10】将班级表中所有记录的人数改为 50。

```
USE student
GO
UPDATE 班级表 SET 人数=50
GO
```

9.2.2　更新多个列

更新多个列的 UPDATE 语句的语法格式如下：

```
UPDATE 表名 SET 列名=值[,...n]
```

【实例 9-11】将班级表中所有记录的人数改为 40，系号改为 1。

```
USE student
GO
UPDATE 班级表 SET 人数=50,系号=1
GO
```

9.2.3　更新部分记录

更新部分记录的 UPDATE 语句的语法格式如下：

```
UPDATE 表名 SET 列名=值 WHERE 条件表达式
```

【实例 9-12】将班级表中班号以数字 2 开始的班级的系号改为 2。

```
USE student
GO
UPDATE 班级表 SET 系号=2 WHERE 班号 LIKE '2%'
GO
```

9.2.4　更新限制数量的记录

更新限制数量的记录的 UPDATE 语句的语法格式如下：

```
UPDATE TOP(数量) 表名 SET 列名=值
```

【实例 9-13】将班级表中班号以数字 3 开始的前两个班级的系号改为 3。

```
USE student
GO
UPDATE TOP(2) 班级表 SET 系号=3 WHERE 班号 LIKE '3%'
GO
```

9.2.5　更新列为计算结果

更新列为计算结果的 UPDATE 语句的语法格式如下：

```
UPDATE  表名 SET 列名=表达式
```

【实例 9-14】将班级表中的人数减少一半。

```
USE student
GO
UPDATE 班级表 SET 人数=人数/2
GO
```

9.2.6　更新列为默认值

更新列为默认值的 UPDATE 语句的语法格式如下：

```
UPDATE 表名 SET 列名=DEFAULT
```

【实例 9-15】将班级表中的人数设置为默认值。

```
USE student
GO
UPDATE 班级表 SET 人数=DEFAULT
GO
```

9.2.7　更新视图

更新视图也就是更新基本表中的记录。更新视图的 UPDATE 语句用法和更新表的 UPDATE 语句用法一样。

【实例 9-16】将视图 View 系表中系名为通信工程系的记录改为信息服务系。

```
USE student
GO
UPDATE View 系表 SET 系名='信息服务系' WHERE 系名='通信工程系'
GO
```

9.2.8　根据其他表的记录来更新记录

有时需要根据其他表中的记录来控制本表中记录的更新，这时就要在 UPDATE 语句中使用多表联接。多表联接的 UPDATE 语句的语法格式如下：

```
UPDATE 表名1  SET 列名=值 FROM 表名1
INNER JOIN 表名2  ON 联接表达式
```

【实例 9-17】将电子工程系各班级的人数改为 50 人。

```
USE student
GO
UPDATE 班级表 SET 人数=50 FROM 班级表 INNER JOIN 系表
ON 班级表.系号=系表.系号 WHERE 系名='电子工程系'
GO
```

也可以写成子查询的形式。

```
USE student
GO
UPDATE 班级表 SET 人数=50
WHERE 系号=(SELECT 系号 FROM 系表 WHERE 系名='电子工程系')
GO
```

9.3 删除记录

9.3.1 删除所有记录

DELETE 语句可删除表或视图中的一行或多行记录。

删除表中所有记录的 DELETE 语句的语法格式如下：

```
DELETE FROM 表名
```

【实例 9-18】删除系表中所有记录。

```
USE student
GO
DELETE FROM 系表
GO
```

删除表中的所有记录除了用 DELETE 语句，还可以用 TRUNCATE TABLE 语句来完成。TRUNCATE TABLE 语句与不含 WHERE 子句的 DELETE 语句类似。但是，TRUNCATE TABLE 语句速度更快，并且使用更少的系统资源和事务日志资源。

与 DELETE 语句相比，TRUNCATE TABLE 语句具有以下优点。

- 所用的事务日志空间较少。DELETE 语句每次删除一行，会在事务日志中为所删除的每行记录一个项。TRUNCATE TABLE 语句释放用于存储表数据的数据页，在事务日志中只记录页释放。
- 锁的粒度不同。DELETE 语句使用行锁锁定表中各行，而 TRUNCATE TABLE 语句始终锁定表和页。
- 表中空页存在。执行 DELETE 语句后，表仍会包含空页。但 TRUNCATE TABLE 语句不会使表中存在空页。

【实例 9-19】删除系表中所有记录。

```
USE student
GO
TRUNCATE TABLE 系表
GO
```

9.3.2 删除部分记录

删除表中部分记录的 DELETE 语句的语法格式如下：

```
DELETE FROM 表名 WHERE 条件表达式
```

【实例 9-20】删除系表中系名为"信息服务系"的记录。

```
USE student
GO
DELETE FROM 系表 WHERE 系名='信息服务系'
GO
```

9.3.3　删除限制数量的记录

删除表中限制数量的记录的 DELETE 语句的语法格式如下：

```
DELETE TOP(数量) FROM 表名
```

【**实例 9-21**】删除系表中前两条记录。

```
USE student
GO
DELETE TOP(2) FROM 系表
GO
```

9.3.4　根据其他表的记录来删除记录

有时需要根据其他表中的记录来控制本表中记录的删除，这时就要在 DELETE 语句中使用多表联接。多表联接的 DELETE 语句的语法格式如下：

```
DELETE FROM 表名1 FROM 表名1 INNER JOIN 表名2  ON 联接表达式
```

【**实例 9-22**】删除微电子系的班级的记录。

```
USE student
GO
DELETE FROM 班级表 FROM 班级表 INNER JOIN 系表
ON 班级表.系号=系表.系号 WHERE 系名='微电子系'
GO
```

也可以写成子查询的形式。

```
USE student
GO
DELETE FROM 班级表 WHERE 系号=
(SELECT 系号 FROM 系表 WHERE 系名='微电子系')
GO
```

9.4　比　较　记　录

MERGE 语句通常用于比较两个表的记录，并根据结果进行同步，同步的方式可以是将源表与目标表比较，根据差异在目标表中插入、更新或删除记录。

MERGE 语句的语法格式如下：

```
MERGE 目标表 AS target USING 源表 AS source(字段列表) ON 联接条件表达式
WHEN MATCHED THEN
    插入、更新、删除语句
WHEN NOT MATCHED THEN
    插入、更新、删除语句;
```

💡 **注意：** MERGE 语句的结尾必须有分号。

【**实例 9-23**】将班级表中系号为 1 的班级记录复制到尚未创建的部分班级表中。再将部分班级表的记录与班级表的记录比较，如果班号存在，那么设置系号为 4；如果班号不存在，那么将班级表中该记录插入部分班级表中。

```
USE student
GO
SELECT 班号,班名,系号 INTO [部分班级表] FROM 班级表 WHERE 系号=1
GO
MERGE [部分班级表] AS target
USING (SELECT 班号,班名,系号 FROM 班级表)
AS source (班号,班名,系号) ON (target.班号 = source.班号)
WHEN MATCHED THEN
    UPDATE SET 系号=4
WHEN NOT MATCHED THEN
    INSERT (班号,班名,系号) VALUES (source.班号, source.班名,source.系号);
GO
```

【**实例 9-24**】将部分班级表的记录与班级表的记录比较，如果班号存在，那么删除部分班级表中对应记录；如果班号不存在，那么将班级表中该记录插入部分班级表中。

```
MERGE [部分班级表] AS target
USING (SELECT 班号,班名,系号 FROM 班级表) AS source (班号,班名,系号)
ON (target.班号 = source.班号)
WHEN MATCHED THEN
    DELETE
WHEN NOT MATCHED THEN
    INSERT (班号,班名,系号) VALUES (source.班号, source.班名,source.系号);
```

9.5 小型案例实训

通过 9.1~9.4 节内容的学习，已经掌握了如何插入、更新、删除和比较记录。下面对学生成绩数据库进行记录的插入、更新、删除和比较。

【**任务 9-1**】向课程表中插入一条记录，课程号是"M22F212"，课程名是"数据库设计"，学分是 4，学时是 60。

```
USE student
GO
INSERT INTO 课程表 VALUES('M22F212','数据库设计',4,60)
GO
```

或者

```
USE student
GO
INSERT INTO 课程表(课程号,课程名,学分,学时)
VALUES('M22F212','数据库设计',4,60)
GO
```

【**任务 9-2**】为班号是 11214D 和 11324D 的全体学生在成绩表中插入课程号是

"M22F212"的成绩记录，教师号是 20115108，学期是"2014/2015-2"，成绩是 80。

```
USE student
GO
INSERT INTO 成绩表(学号,课程号,教师号,成绩,学期)
SELECT 学号,'M22F212','20115108',80,'2014/2015-2' FROM 学生表
WHERE 班号='11214D' OR 班号='11324D'
GO
```

【任务 9-3】查询课程号是"M22F212"的成绩记录，生成新表，名称是"数据库设计成绩表"，含学号、成绩列。

```
USE student
GO
SELECT 学号,成绩 INTO 数据库设计成绩表  FROM 成绩表
WHERE 课程号='M22F212'
GO
```

【任务 9-4】更新数据库设计成绩表，将成绩改为 60。

```
USE student
GO
UPDATE 数据库设计成绩表 SET 成绩=60
GO
```

【任务 9-5】更新数据库设计成绩表，将成绩增加 10%。

```
USE student
GO
UPDATE 数据库设计成绩表 SET 成绩=成绩*1.1
GO
```

【任务 9-6】更新数据库设计成绩表，将 11214D 班的学生的成绩改为 80。

```
USE student
GO
UPDATE 数据库设计成绩表
SET 成绩=80
FROM 数据库设计成绩表 INNER JOIN 学生表
ON 数据库设计成绩表.学号=学生表.学号
WHERE 班号='11214D'
GO
```

或者

```
USE student
GO
UPDATE 数据库设计成绩表
SET 成绩=80
WHERE 学号 IN
(SELECT 学号 FROM 学生表
WHERE 班号='11214D')
GO
```

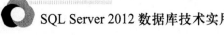

【任务 9-7】比较数据库设计成绩表和学生表中的学号，如果学号相同，将数据库设计成绩表中的成绩改为 70，如果不同，那么在数据库设计成绩表中添加该学生的成绩为 80。

```
USE student
GO
MERGE 数据库设计成绩表 AS target
USING (SELECT 学号,成绩 FROM 成绩表 WHERE 课程号='M22F212')
AS source (学号,成绩)
ON (target.学号 = source.学号)
WHEN MATCHED THEN
    UPDATE SET 成绩=70
WHEN NOT MATCHED THEN
    INSERT (学号,成绩) VALUES (source.学号,80);
GO
```

【任务 9-8】删除数据库设计成绩表中 11214D 班的学生的成绩。

```
USE student
GO
DELETE FROM 数据库设计成绩表 FROM 数据库设计成绩表 INNER JOIN 学生表
ON 数据库设计成绩表.学号=学生表.学号 WHERE 班号='11214D'
```

或者

```
USE student
GO
DELETE FROM 数据库设计成绩表 WHERE 学号 IN
(SELECT 学号 FROM 学生表 WHERE 班号='11214D')
GO
```

【任务 9-9】删除成绩表中课程号是"M22F212"的成绩记录。

```
USE student
GO
DELETE FROM 成绩表 WHERE 课程号='M22F212'
GO
```

【任务 9-10】删除数据库设计成绩表所有成绩。

```
USE student
GO
DELETE FROM 数据库设计成绩表
```

或者

```
USE student
GO
TRUNCATE TABLE 数据库设计成绩表
GO
```

小　结

使用 INSERT 语句可以在表中或视图中插入单个或多个记录，而且可以加以特定条件。

UPDATE 语句可以更新表或视图中单行、多行或所有行的记录。

DELETE 语句可删除表或视图中的一行或多行记录。删除表中的所有记录除了用 DELETE 语句，还可以用 TRUNCATE TABLE 语句来完成。

MERGE 语句通常用于比较两个表的记录，并根据结果进行同步，同步的方式可以是将源表与目标表比较，根据差异在目标表中插入、更新或删除记录。

习　题

1. 填空题

(1) 使用＿＿＿＿＿＿＿＿＿＿＿＿＿＿＿＿＿＿＿＿＿语句可以在表中或视图中插入单个或多个记录。

(2) ＿＿＿＿＿＿＿＿＿＿＿＿＿＿＿＿＿＿＿＿＿语句可以更新表或视图中单行、多行或所有行的记录。

(3) ＿＿＿＿＿＿＿＿＿＿＿＿＿＿＿＿＿＿＿＿＿语句可删除表或视图中的一行或多行记录。

(4) 清空表中记录，可以使用语句＿＿＿＿＿＿＿＿＿＿＿＿＿＿＿＿＿＿，也可以使用语句＿＿＿＿＿＿＿＿＿＿＿＿＿＿＿＿＿＿＿＿＿＿＿，其中＿＿＿＿＿＿＿＿＿＿＿＿＿＿＿＿＿＿＿＿＿＿语句速度更快，并且使用更少的系统资源和事务日志资源。

(5) ＿＿＿＿＿＿＿＿＿＿＿＿＿＿＿＿＿＿＿＿＿语句通常用于比较两个表的记录，并根据结果进行同步。

2. 操作题

项目 3 中创建的图书馆管理数据库 library，该数据库中包含图书馆所需要管理的书籍和读者信息。数据库中包含的表包括读者类型表、读者信息表、图书类型表、图书基本信息表、图书信息表、图书借阅表和图书罚款表。

(1) 向图书基本信息表中插入一条记录，ISBN 是 "978-7-302-35518-2"，书名是 "SQL Server 2012 王者归来"，版次是 "第 1 版"，类型是 "计算机"，作者是 "秦婧"，出版社是 "清华大学出版社"，价格是 99.80 元，可借数量是 1，库存数量是 1。

(2) 向图书信息表中插入一条记录，图书编号是 00578047，ISBN 是 "978-7-302-35518-2"。

(3) 查询类型是计算机的图书基本信息记录，生成新表，名称是 "计算机类图书基本信息表"，含 ISBN、书名、作者和价格列。

(4) 更新计算机类图书基本信息表，将价格提高 10%。

(5) 更新计算机类图书基本信息表，将清华大学出版社的图书价格提高 10%。

(6) 比较计算机类图书基本信息表和图书基本信息表中的 ISBN，如果相同，将计算机类图书基本信息表中的图书价格降低 10%；如果不同，那么在计算机类图书基本信息表中添加该图书的记录。

(7) 删除计算机类图书基本信息表中价格不超过30元的图书。

(8) 删除计算机类图书基本信息表中不是清华大学出版社出版的图书。

(9) 删除计算机类图书基本信息表中的所有记录。

项目 10

使用事务和锁

【项目要点】

- 事务的概念、属性和类型。
- 启动、保存和结束事务。
- 并发的负面影响。
- 并发控制的类型。
- 数据库引擎中的隔离级别。
- 锁定、锁粒度、锁模式、锁兼容性和死锁。

【学习目标】

- 掌握事务的概念、属性和类型。
- 掌握创建事务的方法。
- 掌握并发的负面影响。
- 掌握并发控制的类型。
- 了解设置数据库隔离级别的方法。
- 了解锁定、锁粒度、锁模式、锁兼容性和死锁的概念。
- 了解使用 LOCK_TIMEOUT 设置的方法。

10.1 事　　务

10.1.1　事务的概念

事务是 SQL Server 单个逻辑工作单元，事务中包含了多个操作。事务的作用是保证数据的逻辑一致性，从而保证数据满足业务规则要求。例如，可以在学生登记注册时，在学生表中加入该学生记录，在成绩表中加入该学生所有科目的成绩记录，但成绩值为 0，这就是一个事务；在学生毕业时，从学生表中删除该学生记录，从成绩表中删除该学生所有科目的成绩记录，同样这也是一个事务。两个事务中各包含两个 T-SQL 语句，只有全部执行成功，才能完成学生的登记注册或毕业操作，否则两个语句均撤销执行，两个数据更改语句必须捆绑执行。

10.1.2　事务的属性

事务有 4 个属性，包括原子性、一致性、隔离性和持久性，简称 ACID。

- 原子性(Atomicity)：事务必须是原子工作单元。事务由一个或者多个 T-SQL 语句，要么全都执行，要么全都不执行。
- 一致性(Consistency)：事务在开始前和结束后，都必须保证数据的逻辑一致性。
- 隔离性(Isolation)：SQL Server 在同一时刻会有多个事务需要处理，这些事务称为并发事务。SQL Server 已串行方式来处理并发事务，也就是说对同一数据，一个事务操作结束后，另一个事务才能对其进行操作。
- 持久性(Durability)：事务导致的系统变化是永久性的。事务所引起的对数据库记录的修改在事务结束后会保存在数据库中。

10.1.3　事务的类型

事务分成显式事务、自动提交事务、隐式事务、批处理级事务和分布式事务 5 类。

- 显式事务：在显式事务代码中，有明确的事务启动和结束的 T-SQL 语句。
- 自动提交事务：是 SQL Server 的默认事务管理模式。每个 T-SQL 语句作为一个事务，单独提交，不需要事务启动和结束语句。
- 隐式事务。使用 T-SQL 语句 SET IMPLICIT_TRANSACTIONS ON 将隐性事务模式设置为打开，之后的每一个语句将自动启动一个新事务，该事务完成后依序启动下一个 T-SQL 语句的事务。
- 批处理级事务：只能应用于多个活动结果集 (MARS)，在 MARS 会话中启动的 T-SQL 显式或隐式事务变为批处理级事务。当批处理完成时没有提交或回滚的批处理级事务自动由 SQL Server 进行回滚。
- 分布式事务：跨越两个或多个称为资源管理器的服务器。称为事务管理器的服务器组件必须在资源管理器之间协调事务管理。

10.1.4　启动事务

用于启动事务的语句是 BEGIN TRANSACTION 语句。BEGIN TRANSACTION 语句是显式事务的起始点。

BEGIN TRANSACTION 语句的语法格式如下：

```
BEGIN TRANSACTION | TRAN [事务名]
```

10.1.5　保存事务

用于保存事务的语句是 SAVE TRANSACTION 语句。用户可以在事务内设置保存点或标记。保存点用于设置事务内部可以回滚到的一个位置，这样不至于取消事务中的所有操作。

SAVE TRANSACTION 语句的语法格式如下：

```
SAVE TRANSACTION | TRAN [保存点名]
```

10.1.6　结束事务

用于结束事务的语句是 COMMIT TRANSACTION 和 ROLLBACK TRANSACTION。

COMMIT TRANSACTION 语句是显式事务的结束点，通常位置在事务结尾，作用是在事务所有语句正确执行的情况下，执行该语句将提交该事务中的所有数据修改，使其永久保存在数据库中，并释放事务占有的资源。

COMMIT TRANSACTION 语句的语法格式如下：

```
COMMIT TRANSACTION | TRAN [事务名]
```

ROLLBACK TRANSACTION 语句也是显式事务的结束点，通常位置在有执行错误的事务语句后，作用是从该语句开始撤销该事务前面所有已执行的 T-SQL 语句，已修改的所有数据都返回到事务开始时的状态(即回滚)，并释放事务占用的资源。

ROLLBACK TRANSACTION 语句的语法格式如下：

```
ROLLBACK TRANSACTION | TRAN [事务名 | 保存点名]
```

【实例 10-1】显式启动事务 TRANS1，从学生成绩数据库中删除学号为 21226P17 的学生的所有记录。如果仅可以删除成绩记录但不能删除学生基本信息，那么放弃删除学生的基本信息。

```
USE student
GO
BEGIN TRANSACTION TRANS1
DELETE FROM 成绩表 WHERE 学号='21226P17'
IF @@ERROR<>0
    BEGIN
        PRINT('删除成绩记录失败')
        ROLLBACK TRANSACTION TRANS1
    END
SAVE TRANSACTION TRANSAVE1
DELETE FROM 学生表 WHERE 学号='21226P17'
IF @@ERROR<>0
    BEGIN
        PRINT('删除学生记录失败')
        ROLLBACK TRANSACTION TRANSAVE1
    END
COMMIT TRANSACTION TRANS1
GO
```

提示：　@@ERROR 是 SQL Server 的系统函数，返回最新执行过的 Transact-SQL 语句的错误号。如果为 0，表示语句执行正常，反之可以根据数值来查找错误的具体内容。

【实例 10-2】以自动提交事务模式，从学生成绩数据库中删除学号为 21226P17 的学生的所有记录。

```
USE student
GO
DELETE FROM 成绩表 WHERE 学号='21226P17'
GO
DELETE FROM 学生表 WHERE 学号='21226P17'
GO
```

【实例 10-3】以隐式事务模式，从学生管理数据库中删除学生编号为 21226P17 的学生的所有记录。

```
USE student
GO
```

```
SET IMPLICIT_TRANSACTIONS ON;
GO
DELETE FROM 成绩表 WHERE 学号='21226P17'
COMMIT TRANSACTION
GO
DELETE FROM 学生表 WHERE 学号='21226P17'
ROLLBACK TRANSACTION
GO
```

10.2　并　发　控　制

10.2.1　并发的负面影响

同时访问一种资源的用户被视为并发访问资源。SQL Server 是采用 C/S 工作模式的数据库管理系统，所谓 C/S 工作模式就是单服务器、多客户端的工作模式，多个客户端同时访问数据库中的同一资源时就会产生并发事务。并发事务的处理需要某些机制，以防止多个用户试图修改其他用户正在使用的资源时产生负面影响，具体内容如下。

- 丢失更新：当两个或多个事务选择同一行，然后基于最初选定的值更新该行时，会发生丢失更新问题。每个事务都不知道其他事务的存在。最后的更新将覆盖由其他事务所做的更新，这将导致数据丢失。
- 未提交的依赖关系(脏读)：当第二个事务选择其他事务正在更新的行时，会发生未提交的依赖关系问题。第二个事务正在读取的数据还没有提交并且可能由更新此行的事务所更改。
- 不一致的分析(不可重复读)：当第二个事务多次访问同一行而且每次读取不同的数据时，会发生不一致的分析问题。不一致的分析与未提交的依赖关系类似，但这里第二个事务读取的数据是由已进行了更改的事务提交的。不一致的分析涉及多次(两次或更多)读取同一行，而且每次信息都被其他事务更改，因此称之为"不可重复读"。
- 虚拟读取：执行两个相同的查询但第二个查询返回的行集合是不同的，此时就会发生虚拟读取。
- 由于行更新导致的读取缺失和重复读：往往由于不同事务之间隔离级别不同，在事务执行过程中出现索引的修改或数据页的修改，致使出现行的读取缺失和行的重复出现。

10.2.2　并发控制的类型

并发事务的控制必须确保每个事务的修改不会对其他事务的修改产生负面影响，这称为并发控制。并发控制理论根据建立并发控制的方法而分为悲观并发控制和乐观并发控制两类。

- 悲观并发控制：在悲观并发控制中，如果用户执行的操作导致应用了某个锁，只有这个锁的所有者释放该锁，其他用户才能执行与该锁冲突的操作。悲观并发控制主要用于数据争用激烈的环境中，以及发生并发冲突时用锁保护数据的成本低于回滚事务的成本的环境中。

- 乐观并发控制：在乐观并发控制中，用户读取数据时不锁定数据。当一个用户更新数据时，系统将进行检查，查看该用户读取数据后其他用户是否又更改了该数据。如果其他用户更新了数据，将产生一个错误。一般情况下，收到错误信息的用户将回滚事务并重新开始。乐观并发控制主要用于数据争用不大且偶尔回滚事务的成本低于读取数据时锁定数据的成本的环境。

10.2.3 数据库引擎中的隔离级别

事务指定一个隔离级别，该隔离级别定义一个事务必须与其他事务所进行的资源或数据更改相隔离的程度。隔离级别从允许的并发副作用(例如，脏读或虚拟读取)的角度进行描述。事务隔离级别控制的内容包括读取数据时是否占用锁以及所请求的锁类型，占用读取锁的时间，引用其他事务修改的行的读取操作是否在该行上的排他锁被释放之前阻塞其他事务、是否检索在启动语句或事务时存在的行的已提交版本、是否读取未提交的数据修改。

较低的隔离级别可以增强许多用户同时访问数据的能力，但也增加了用户可能遇到的并发副作用(例如脏读或丢失更新)的数量。相反，较高的隔离级别减少了用户可能遇到的并发副作用的类型，但需要更多的系统资源，并增加了一个事务阻塞其他事务的可能性。应平衡应用程序的数据完整性要求与每个隔离级别的开销，在此基础上选择相应的隔离级别。最高隔离级别(可序列化)保证事务在每次重复读取操作时都能准确检索到相同的数据，但需要通过执行某种级别的锁定来完成此操作，而锁定可能会影响多用户系统中的其他用户。最低隔离级别(未提交读)可以检索其他事务已经修改、但未提交的数据。在未提交读中，所有并发副作用都可能发生，但因为没有读取锁定或版本控制，所以开销最少。

SQL Server 数据库引擎支持两类隔离级别：一类是 ISO 定义的隔离级别；一类是行版本控制的隔离级别。

ISO 定义的隔离级别由低到高分别为未提交读、已提交读、可重复读和可序列化。

- 未提交读：隔离事务的最低级别，只能保证不读取物理上损坏的数据。在此级别上，允许脏读，因此一个事务可能看见其他事务所做的尚未提交的更改。
- 已提交读：允许事务读取另一个事务以前读取(未修改)的数据，而不必等待第一个事务完成。数据库引擎保留写锁(在所选数据上获取)直到事务结束，但在执行 SELECT 操作时释放读锁。这是数据库引擎默认级别。
- 可重复读：数据库引擎保留在所选数据上获取的读锁和写锁，直到事务结束。但是，因为不管理范围锁，可能发生虚拟读取。
- 可序列化：隔离事务的最高级别，事务之间完全隔离。数据库引擎保留在所选数据上获取的读锁和写锁，在事务结束时释放它们。SELECT 操作使用分范围的 WHERE 子句时获取范围锁，主要为了避免虚拟读取。

当启用了基于行版本控制的隔离级别时，数据库引擎将维护修改的每一行的版本。应用程序可以指定事务使用行版本查看事务或查询开始时存在的数据，而不是使用锁保护所

有读取。通过使用行版本控制，读取操作阻止其他事务的可能性将大大降低。行版本控制
的事务隔离级别分别是已提交读隔离的实现和事务隔离级别(快照)。

- 已提交读快照：当 READ_COMMITTED_SNAPSHOT 数据库选项设置为 ON 时，
  已提交读隔离使用行版本控制提供语句级读取一致性。读取操作只需要 SCH-S
  表级别的锁，不需要页锁或行锁，数据库引擎使用行版本控制为每个语句提供
  一个在事务上一致的数据快照，不使用锁来防止其他事务更新数据。如果
  READ_COMMITTED_SNAPSHOT 数据库选项设置为 OFF(这是默认设置)，当前
  事务在执行读操作时，已提交读隔离使用共享锁来防止其他事务修改行。共享锁
  还会阻止语句在其他事务完成之前读取由这些事务修改的行。两个实现都满足已
  提交读隔离的 ISO 定义。
- 快照：快照隔离级别使用行版本控制来提供事务级别的读取一致性。读取操作不
  获取页锁或行锁，只获取 SCH-S 表锁。读取其他事务修改的行时，读取操作将检
  索启动事务时存在的行的版本。当 ALLOW_SNAPSHOT_ISOLATION 数据库选
  项设置为 ON 时，只能对数据库使用快照隔离。默认情况下，用户数据库的此选
  项设置为 OFF。

10.2.4　自定义事务隔离级别

Microsoft SQL Server 数据库引擎的默认隔离级别为 READ COMMITTED。设置隔离
级别可以使用 SET TRANSACTION ISOLATION LEVEL 语句，其语法格式如下：

```
SET TRANSACTION ISOLATION LEVEL { READ UNCOMMITTED
| READ COMMITTED | REPEATABLE READ | SNAPSHOT | SERIALIZABLE }
```

其中，READ UNCOMMITTED 指定语句可以读取已由其他事务修改但尚未提交的
行。READ COMMITTED 指定语句不能读取已由其他事务修改但尚未提交的数据。
REPEATABLE READ 指定语句不能读取已由其他事务修改但尚未提交的行，并且指定其
他任何事务都不能在当前事务完成之前修改由当前事务读取的数据。SNAPSHOT 指定事务
中任何语句读取的数据都将是在事务开始时便存在的数据的事务上一致的版本，事务只能
识别在其开始之前提交的数据修改，在当前事务中执行的语句将看不到在当前事务开始以
后由其他事务所做的数据修改。SERIALIZABLE 指定语句不能读取已由其他事务修改但尚
未提交的数据，其他事务都不能在当前事务完成之前修改由当前事务读取的数据。在当前
事务完成之前，其他事务不能使用当前事务中任何语句读取的键值插入新行。

指定隔离级别后，SQL Server 会话中的所有查询语句和数据操作语言(DML)语句的锁
定行为都将在该隔离级别进行操作。隔离级别将在会话终止或将其设置为其他级别后失效。

【实例 10-4】设置隔离级别为 SERIALIZABLE，然后查询学生表中的所有记录。

```
USE student
GO
SET TRANSACTION ISOLATION LEVEL SERIALIZABLE
GO
BEGIN TRANSACTION;
GO
```

```
SELECT * FROM 学生表
GO
COMMIT TRANSACTION;
GO
```

10.3 锁   定

锁定是 SQL Server 数据库引擎用来同步多个用户同时对同一个数据块的访问的一种机制。在事务获取数据块当前状态的依赖关系(比如通过读取或修改数据)之前，它必须保护自己不受其他事务对同一数据进行修改的影响。事务通过请求锁定数据块来达到此目的。

当事务修改某个数据块时，它将持有保护所做修改的锁直到事务结束。事务持有(所获取的用来保护读取操作的)锁的时间长度，取决于事务隔离级别设置。一个事务持有的所有锁都在事务完成(无论是提交还是回滚)时释放。

应用程序一般不直接请求锁。锁由数据库引擎的锁管理器在内部管理。当数据库引擎实例处理 Transact-SQL 语句时，数据库引擎查询处理器会决定将要访问哪些资源。查询处理器根据访问类型和事务隔离级别设置来确定保护每一资源所需的锁的类型。然后，查询处理器将向锁管理器请求适当的锁。如果与其他事务所持有的锁不会发生冲突，锁管理器将授予该锁。

10.3.1 锁粒度和层次结构

SQL Server 数据库引擎锁定的粒度是指锁定资源的类型，是可变化的，允许一个事务锁定不同类型的资源。粒度较大则操作简便，维护的锁数量少但限制的范围大，妨碍其他事务对数据库其他资源的访问，不利于并发事务的进行；粒度较小可以提高并行度但需要维护的锁数量多，导致开销较高。为了尽量减少锁定的开销，数据库引擎自动将资源锁定在适合任务的级别。

数据库引擎通常必须获取多粒度级别上的锁才能完整地保护资源。这组多粒度级别上的锁称为锁层次结构。表 10-1 列出了数据库引擎可以锁定的资源。

表 10-1 SQL Server 锁定资源表

资　源	说　明
RID	用于锁定堆中的单个行的行标识符
KEY	索引中用于保护可序列化事务中的键范围的行锁
PAGE	数据库中的 8 KB 页，例如数据页或索引页
EXTENT	一组连续的 8 页，例如数据页或索引页
HoBT	堆或 B 树。用于保护没有聚集索引的表中的 B 树(索引)或堆数据页的锁
TABLE	包括所有数据和索引的整个表
FILE	数据库文件
APPLICATION	应用程序专用的资源

续表

资　源	说　明
METADATA	元数据锁
ALLOCATION_UNIT	分配单元
DATABASE	整个数据库

10.3.2 锁模式

锁模式定义了事务对数据所拥有的依赖关系级别。如果某个事务已获得特定数据的锁，则其他事务不能获得与该锁模式发生冲突的锁。如果事务请求的锁模式与已授予同一数据的锁发生冲突，则数据库引擎实例将暂停事务请求直到第一个锁释放。SQL Server 数据库引擎使用不同的锁模式锁定资源，这些锁模式确定了并发事务访问资源的方式。表 10-2 显示了数据库引擎使用的资源锁模式。

表 10-2　SQL Server 锁模式表

锁模式	说　明
共享(S)	用于不更改或不更新数据的读取操作，如 SELECT 语句
更新(U)	用于可更新的资源中。防止当多个会话在读取、锁定以及随后可能进行的资源更新时发生常见形式的死锁
排他(X)	用于数据修改操作，例如 INSERT、UPDATE 或 DELETE。确保不会同时对同一资源进行多重更新
意向	用于建立锁的层次结构。意向锁包含意向共享(IS)、意向排他(IX)和意向排他共享(SIX)3 种类型
架构	在执行依赖于表架构的操作时使用。架构锁包含架构修改(Sch-M)和架构稳定性(Sch-S)两种类型
大容量更新(BU)	在向表进行大容量数据复制且指定了 TABLOCK 提示时使用
键范围	当使用可序列化事务隔离级别时保护查询读取的行的范围。确保再次运行查询时其他事务无法插入符合可序列化事务的查询的行

- 共享锁(S 锁)：往往在读取资源时使用，允许其他并发事务在封闭式并发控制下读取资源，但不能修改数据。
- 更新锁(U 锁)：往往在修改资源时暂时使用，可以防止常见的死锁。一次只有一个事务可以获得资源的更新锁。如果事务修改资源，则更新锁转换为排他锁。
- 排他锁(X 锁)：可以防止并发事务对资源进行访问。使用排他锁(X 锁)时，任何其他事务都无法修改数据；仅在使用 NOLOCK 提示或未提交读隔离级别时才会进行读取操作。数据修改语句(如 INSERT、UPDATE 和 DELETE)合并了修改和读取操作。语句在执行所需的修改操作之前首先执行读取操作以获取数据。因此，数据修改语句通常请求共享锁和排他锁。
- 意向锁：数据库引擎使用意向锁来保护共享锁(S 锁)或排他锁(X 锁)放置在锁层次

结构的底层资源上。意向锁之所以命名为意向锁，是因为在较低级别锁前可获取它们，因此会通知意向将锁放置在较低级别上。意向锁可以防止其他事务以会使较低级别的锁无效的方式修改较高级别资源，还可以提高数据库引擎在较高的粒度级别检测锁冲突的效率。意向锁包括意向共享(IS)、意向排他(IX)以及意向排他共享(SIX)。

- 架构锁：数据库引擎在表数据定义语言(DDL)操作(例如添加列或删除表)的过程中使用架构修改(Sch-M)锁。保持该锁期间，Sch-M 锁将阻止对表进行并发访问。某些数据操作语言(DML)操作(例如表截断)使用 Sch-M 锁阻止并发操作访问受影响的表。
- 大容量更新锁(BU 锁)：允许多个线程将数据并发的大容量加载到同一表，同时防止其他不进行大容量加载数据的进程访问该表。
- 键范围锁：在使用可序列化事务隔离级别时，对于 Transact-SQL 语句读取的记录集，键范围锁可以隐式保护该记录集中包含的行范围。键范围锁可防止虚拟读取。通过保护行之间键的范围，它还防止对事务访问的记录集进行虚拟插入或删除。

10.3.3 锁兼容性

锁兼容性控制多个事务能否同时获取同一资源上的锁。如果资源已被另一事务锁定，则仅当请求锁的模式与现有锁的模式相兼容时，才会授予新的锁请求。如果请求锁的模式与现有锁的模式不兼容，则请求新锁的事务将等待释放现有锁或等待锁超时间隔过期。表 10-3 显示了最常见的锁模式的兼容性。

表 10-3　锁模式兼容性表

请求的模式	现有的授予模式					
	is	S	U	IX	SIX	X
意向共享(IS)	是	是	是	是	是	否
共享(S)	是	是	是	否	否	否
更新(U)	是	是	否	否	否	否
意向排他(IX)	是	否	否	是	否	否
意向排他共享(SIX)	是	否	否	否	否	否
排他(X)	否	否	否	否	否	否

10.3.4 死锁

如果 SQL Server 数据库引擎实例由于其他事务已拥有资源的冲突锁而无法将锁授予某个事务，则该事务被阻塞，等待现有锁被释放。默认情况下，没有强制的超时期限，也没有方法可以在事务启动前确认某个资源是否在锁定之前已被锁定。在两个或多个任务中，如果各任务拥有并锁定其他任务试图锁定的资源，并且在本事务完成之前不释放已经锁定的资源，那么这些任务将永久阻塞，从而出现死锁。不只是关系数据库管理系统，任何多线程系统上都会发生死锁，并且对于数据库对象的锁之外的资源也会发生死锁。

除非某个外部进程断开死锁，否则死锁中的两个事务都将无限期等待下去。SQL Server 数据库引擎死锁监视器定期检查陷入死锁的任务。如果监视器检测到循环依赖关系，将选择其中一个任务作为牺牲品，然后终止其事务并提示错误。这样，其他任务就可以完成其事务。对于事务以错误终止的应用程序，它还可以重试该事务，但通常要等到与它一起陷入死锁的其他事务完成后执行。

死锁不能避免，但可以采取措施降低发生死锁的概率，如按同一顺序访问对象，避免资源的互相争夺；避免事务中的用户交互，减少事务的等待时间；保持事务简短并处于一个批处理中，提高事务执行的速度；使用较低的隔离级别，使得其他事务在允许的条件下使用资源；使用基于行版本控制的隔离级别；使用绑定连接，使得同一程序打开的连接之间可以相互合作。

LOCK_TIMEOUT 设置允许应用程序设置语句等待阻塞资源的最长时间。如果某个语句等待的时间超过 LOCK_TIMEOUT 的设置时间，则被阻塞的语句自动取消，并会有错误消息 1222 (Lock request time-out period exceeded) 返回给应用程序。但是，SQL Server 不会回滚或取消任何包含语句的事务。因此，应用程序必须具有可以捕获错误消息 1222 的错误处理程序。

执行@@LOCK_TIMEOUT 函数可以确定当前连接。在连接开始时，此设置的值为-1。

可以使用 SET LOCK TIMEOUT 语句来修改 LOCK_TIMEOUT 设置，其语法格式如下：

```
SET LOCK_TIMEOUT 毫秒数
LOCK_TIMEOUT 设置更改后，新设置在其余的连接时间里一直有效
```

【实例 10-5】查看当前连接的 LOCK_TIMEOUT 设置，并重新设置为 1 800 毫秒。

```
USE master
GO
SELECT @@LOCK_TIMEOUT
GO
SET LOCK_TIMEOUT 1800
GO
SELECT @@LOCK_TIMEOUT
GO
```

语句执行结果如下：

```
-1
1800
```

10.4　小型案例实训

通过 10.1～10.3 节内容的学习，已经掌握了事务的概念、属性、类型和使用方法，掌握了并发控制、隔离级别和锁的概念、类型以及使用方法。下面完成学生成绩数据库的相关操作。

【**任务 10-1**】用显示事务在班级表插入一条记录，班号为 31232P，班名为"产品质量控制"，入学年份为 2012，人数为 0，系号为 3。然后将学生表中班号为 31231P 的学生的班号修改为 31231P。如果不能修改学生表中的记录，那么仅修改班级表中的记录即可。

```
USE student
GO
BEGIN TRANSACTION
INSERT INTO 班级表 VALUES('31232P','产品质量控制',2012,0,3,NULL)
IF @@ERROR<>0
        ROLLBACK TRANSACTION
SAVE TRANSACTION TRANSAVE1
UPDATE 学生表     SET 班号='31232P' WHERE 班号='31231P'
IF @@ERROR<>0
        ROLLBACK TRANSACTION TRANSAVE1
COMMIT TRANSACTION
GO
```

【**任务 10-2**】用不同连接测试 LOCK_TIMEOUT 设置的作用。

(1) 新建查询窗口一，输入并执行下列语句，设置 LOCK_TIMEOUT。

```
USE master
GO
SELECT @@LOCK_TIMEOUT
GO
SET LOCK_TIMEOUT 1800
GO
```

(2) 新建查询窗口二，输入并执行下列语句，使其事务处于未结束状态。

```
USE student
GO
BEGIN TRANSACTION
    UPDATE 学生表
    SET 班号=班号
```

(3) 在查询窗口一中输入并执行下列语句。

```
USE student
GO
BEGIN TRANSACTION
    SELECT * FROM 学生表
```

语句执行结果如下：

```
消息 1222,级别 16,状态 51,第 2 行
```

已超过了锁请求超时时段。

(4) 在查询窗口一输入并执行下列语句，使其事务结束。

```
COMMIT TRANSACTION
```

小　结

事务是 SQL Server 单个逻辑工作单元，事务中包含了多个操作。事务的作用是保证数据的逻辑一致性，从而保证数据满足业务规则要求。事务有 4 个属性，包括原子性、一致性、隔离性和持久性，简称 ACID。事务分成显式事务、自动提交事务、隐式事务、批处理级事务和分布式事务 5 类。

用于启动事务的语句是 BEGIN TRANSACTION 语句。BEGIN TRANSACTION 语句是显式事务的起始点。用于保存事务的语句是 SAVE TRANSACTION 语句。用于结束事务的语句是 COMMIT TRANSACTION 和 ROLLBACK TRANSACTION 语句。

并发的负面影响包括丢失更新、未提交的依赖关系(脏读)、不一致的分析(不可重复读)、虚拟读取、由于行更新导致的读取缺失和重复读。

并发控制理论根据建立并发控制的方法而分为悲观并发控制和乐观并发控制两类。

SQL Server 数据库引擎支持两类隔离级别：一类是 ISO 定义的隔离级别，一类是行版本控制的隔离级别。ISO 定义的隔离级别由低到高分别为未提交读、已提交读、可重复读和可序列化。行版本控制的事务隔离级别分别是已提交读隔离的实现和事务隔离级别(快照)。

设置隔离级别可以使用 SET TRANSACTION ISOLATION LEVEL 语句。

锁定是 SQL Server 数据库引擎用来同步多个用户同时对同一个数据块的访问的一种机制。SQL Server 数据库引擎锁定的粒度是指锁定资源的类型。多粒度级别上的锁称为锁层次结构。锁模式定义了事务对数据所拥有的依赖关系级别。锁兼容性控制多个事务能否同时获取同一资源上的锁。

在两个或多个任务中，如果各任务拥有并锁定其他任务试图锁定的资源，并且在本事务完成之前不释放已经锁定的资源，那么这些任务将永久阻塞，从而出现死锁。LOCK_TIMEOUT 设置允许应用程序设置语句等待阻塞资源的最长时间。

习　题

1. 填空题

(1) 事务是 SQL Server 单个_____，事务中包含了多个操作。事务的作用是保证数据的逻辑一致性，从而保证数据满足业务规则要求。事务有 4 个属性，包括_____，简称_____。事务分成_____5类。

(2) 用于启动事务的语句是_____语句。用于保存事务的语句是_____语句。用于结束事务的语句是_____和_____语句。

(3) 并发的负面影响包括_____。

(4) 并发控制理论根据建立并发控制的方法而分为_____和_____两类。

(5) ISO 定义的隔离级别由低到高分别为_____。

(6) 设置隔离级别可以使用_____语句。

(7) 在两个或多个任务中，如果各任务拥有并锁定其他任务试图锁定的资源，并且在本事务完成之前不释放已经锁定的资源，那么这些任务将永久阻塞，从而出现_____。_____设置允许应用程序设置语句等待阻塞资源的最长时间。

2. 操作题

项目 3 中创建的图书馆管理数据库 library，该数据库中包含图书馆所需要管理的书籍和读者信息。数据库中包含的表包括读者类型表、读者信息表、图书类型表、图书基本信息表、图书信息表、图书借阅表和图书罚款表。

操作项目如下：

用事务处理将读者陈珍的所有记录删除。如果有错误，输出"该读者记录无法删除"，并撤销所有记录删除操作。

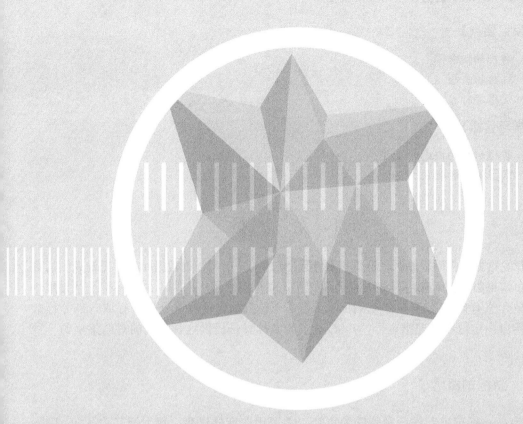

项目 11

使用游标

● 游标的概念。
● 游标的类型。
● 使用游标。

● 掌握游标的概念和类型。
● 掌握游标的使用方法。

11.1 游　　标

在开发数据库应用程序时，经常需要使用 SELECT 语句查询数据库，将查询返回的数据存放在结果集中。而应用程序，特别是交互式联机应用程序，并不总能将整个结果集作为一个单元来有效地处理，这些应用程序需要一种机制以便每次处理一行或一部分行数据，并能自由定位和处理指定行。T-SQL 中的游标就是提供这种机制的对结果集的一种扩展。

11.1.1　游标的概念

游标(Cursor)可以看作一种特殊的指针，主要用在存储过程、触发器和 T-SQL 脚本中。它使用户可逐行访问由 SQL Server 返回的结果集。使用游标的一个主要原因就是把集合操作转换成单个记录处理方式。用 SQL 语言从数据库中检索数据后，结果放在内存的一块区域中，且结果往往是一个含有多个记录的集合。游标机制允许用户在 SQL Server 内逐行地访问这些记录，按照用户自己的意愿来显示和处理这些记录。

从游标定义可以得到游标的如下优点，这些优点使游标在实际应用中发挥了重要作用。

● 允许程序对由查询语句 SELECT 返回的行集合中的每一行执行相同或不同的操作，而不是对整个行集合执行同一个操作。
● 提供对基于游标位置的表中的行进行删除和更新的能力。
● 游标实际上作为面向集合的数据库管理系统(RDBMS)和面向行的程序设计之间的桥梁，使这两种处理方式通过游标沟通起来。

11.1.2　游标的类型

根据游标的用途不同，SQL Server 将游标分成 Transact-SQL 游标、应用编程接口(API)服务器游标和客户端游标 3 种类型。

1. Transact_SQL 游标

Transact_SQL 游标是由 DECLARE CURSOR 语法定义，主要用在 Transact_SQL 脚本、存储过程和触发器中。Transact_SQL 游标在服务器上实现，由从客户端发送给服务器的 Transact_SQL 语句或是批处理、存储过程、触发器中的 Transact_SQL 进行管理。

Transact_SQL 游标不支持提取数据块或多行数据。

2. 应用编程接口(API)服务器游标

API 游标支持在 OLE DB、ODBC 以及 DB_library 中使用游标函数，主要用在服务器上。每一次客户端应用程序调用 API 游标函数，MS SQL SEVER 的 OLE DB 提供者、ODBC 驱动器或 DB_library 的动态链接库(DLL)都会将这些客户请求传送给服务器以对 API 游标进行处理。

3. 客户端游标

客户游标主要是当在客户机上缓存结果集时才使用。在客户游标中，有一个默认的结果集被用来在客户机上缓存整个结果集。客户游标仅支持静态游标而非动态游标。由于服务器游标并不支持所有的 Transact-SQL 语句或批处理，所以客户游标常常仅被用作服务器游标的辅助。因为在一般情况下，服务器游标能支持绝大多数的游标操作。

由于 API 游标和 Transact-SQL 游标使用在服务器端，所以被称为服务器游标，也被称为后台游标，而客户端游标被称为前台游标。在本项目中主要讲述服务器(后台)游标。

11.2　使　用　游　标

11.2.1　使用简单游标的方法

在 SQL Server 中使用游标之前必须先声明后才能使用，同时，游标使用之后必须关闭并释放。使用游标的顺序为声明游标、打开游标、读取游标数据、关闭游标、删除游标。

1. 声明游标

DECLARE CURSOR 定义 Transact-SQL 服务器游标的属性，例如游标的滚动行为和用于生成游标所操作的结果集的查询。

DECLARE CURSOR 语句的第一种格式采用 ISO 语法来声明游标行为。基本语法格式如下：

```
DECLARE 游标名 [ INSENSITIVE ] [ SCROLL ] CURSOR
      FOR 查询语句
      [ FOR { READ ONLY | UPDATE [ OF 列名 [ ,...n ] ] } ]
```

DECLARE CURSOR 的第二种格式使用 Transact-SQL 扩展插件，这些扩展插件允许使用在 ODBC 或 ADO 的数据库 API 游标函数中所使用的相同游标类型来定义游标。基本语法格式如下：

```
DECLARE 游标名 CURSOR [ LOCAL | GLOBAL ]
    [ FORWARD_ONLY | SCROLL ]
    [ STATIC | KEYSET | DYNAMIC | FAST_FORWARD ]
    [ READ_ONLY | SCROLL_LOCKS | OPTIMISTIC ]
    [ TYPE_WARNING ]
    FOR 查询语句
```

```
     [ FOR UPDATE [ OF column_name [ ,...n ] ] ]
[;]
```

其中各选项的含义说明如下。

- INSENSITIVE：定义一个游标，以创建将由该游标使用的数据的临时副本。对游标的所有请求都从 tempdb 中的该临时表中得到应答；因此，在对该游标进行提取操作时返回的数据中不反映对基表所做的修改，并且该游标不允许修改。如果省略 INSENSITIVE(任何用户)，对基表提交的删除和更新都反映在后面的提取中。

- SCROLL：指定所有的提取选项(FIRST、LAST、PRIOR、NEXT、RELATIVE、ABSOLUTE)均可用。如果未指定 SCROLL，则 NEXT 是唯一支持的提取选项。如果指定 SCROLL，则也不能指定 FAST_FORWARD。

- LOCAL：指定该游标的作用域对在其中创建它的批处理、存储过程或触发器是局部的。该游标名称仅在这个作用域内有效。

- GLOBAL：指定该游标的作用域对连接是全局的。在由连接执行的任何存储过程或批处理中，都可以引用该游标名称。该游标仅在脱接时隐性释放。

如果 GLOBAL 和 LOCAL 参数都未指定，则默认值由 default to local cursor 数据库选项的设置控制。

- FORWARD_ONLY：指定游标只能从第一行滚动到最后一行。FETCH NEXT 是唯一受支持的提取选项。如果在指定 FORWARD_ONLY 时不指定 STATIC、KEYSET 和 DYNAMIC 关键字，则游标作为 DYNAMIC(动态)游标进行操作。

- STATIC：定义静态游标。打开静态游标时，它的结果存储在 tempdb 中，因此，在对该游标进行提取操作时返回的数据中不反映对基表所做的修改，并且该游标是只读的，不允许修改。

- KEYSET：定于键集驱动游标。当游标打开时，游标中行的成员资格和顺序已经固定，并且 MS SQL SERVER 会在 tempdb 内建立一个表，该表即为 KEYSET 的键值可唯一识别游标中的某行数据。当游标拥有者或其他也用户对基本表中的非键值数据进行修改时，这种变化能够反映到游标中，所以游标用户或所有者可以通过滚动游标来显示这些数据。

- DYNAMIC：定义一个动态游标，以反映在滚动游标时对结果集内的行所做的所有数据更改。行的数据值、顺序和成员在每次提取时都会更改。动态游标不支持 ABSOLUTE 提取选项。

- FAST_FORWARD：定义只进游标，指定启用了性能优化的 FORWARD_ONLY、READ_ONLY 游标。如果指定 FAST_FORWARD，则不能指定 SCROLL 或 FOR_UPDATE。FAST_FORWARD 和 FORWARD_ONLY 是互斥的；如果指定一个，则不能指定另一个。

- READ_ONLY：禁止通过该游标进行更新。在 UPDATE 或 DELETE 语句的 WHERE CURRENT OF 子句中不能引用游标。该选项替代要更新的游标的默认功能。

- SCROLL_LOCKS：指定确保通过游标完成的定位更新或定位删除可以成功。当将行读入游标以确保它们可用于以后的修改时，SQL Server 会锁定这些行。如果还指定了 FAST_FORWARD，则不能指定 SCROLL_LOCKS。

- OPTIMISTIC：指定如果行自从被读入游标以来已得到更新，则通过游标进行的定位更新或定位删除不成功。当将行读入游标时 SQL Server 不锁定行。相反，SQL Server 使用 timestamp 列值的比较，或者如果表没有 timestamp 列则使用校验值，以确定将行读入游标后是否已修改该行。如果已修改该行，尝试进行的定位更新或定位删除将失败。如果还指定了 FAST_FORWARD，则不能指定 OPTIMISTIC。

- TYPE_WARNING：指定如果游标从所请求的类型隐性转换为另一种类型，则给客户端发送警告消息。

- select_statement：是定义游标结果集的标准 SELECT 语句。在游标声明的 SELECT 语句内不允许使用关键字 COMPUTE、COMPUTE BY、FOR BROWSE 和 INTO。如果 select_statement 中的子句与所请求的游标类型的功能有冲突，则 SQL Server 会将游标隐式转换为其他类型。

- UPDATE [OF 列名[,...n]]：定义游标内可更新的列。如果提供了 OF 列名[,...n]，则只允许修改列出的列。如果在 UPDATE 中未指定列的列表，除非指定了 READ_ONLY 并发选项，否则所有列均可更新。

💡 注意：   不能混淆这两种格式。如果在 CURSOR 关键字前指定 SCROLL 或 INSENSITIVE 关键字，则不能在 CURSOR 和 FOR select_statement 关键字之间使用任何关键字。如果在 CURSOR 和 FOR select_statement 关键字之间指定任何关键字，则不能在 CURSOR 关键字前指定 SCROLL 或 INSENSITIVE。

【实例 11-1】在学生成绩数据库中，声明一个游标，可前后滚动，结果集为学生表中所有的男同学。

```
USE student
GO
  DECLARE student_cursor  Scroll CURSOR
      FOR SELECT * FROM 学生表 WHERE 性别= '男'
  GO
```

2. 打开游标

游标在声明以后，如果要从游标中读取数据必须打开游标。打开一个 Transact-SQL 服务器游标使用 OPEN 命令，其语法格式如下：

```
OPEN { { [GLOBAL] 游标名 } | 游标变量名}
```

其中各参数及选项的含义说明如下。

GLOBAL：说明打开的是全局游标。如果不包含 GLOBAL 关键字，则说明是局部游标。

在游标被成功打开之后，@@CURSOR_ROWS 全局变量将用来记录游标内数据行数。如果所打开的游标在声明时带有 SCROLL 或 INSENSITIVE 保留字，那么@@CURSOR_ROWS

的值为正数且为该游标的所有数据行。如果未加上这两个保留字中的一个,则 @@CURSOR_ROWS 的值为-1,说明该游标内只有一条数据记录,表示游标为动态。因为动态游标可反映所有更改,所以符合游标的行数不断变化。因而永远不能确定地说所有符合条件的行均已检索到。

【实例 11-2】打开游标 student_cursor,返回游标的所有数据行。

```
OPEN student_cursor
SELECT 游标数据行数=@@CURSOR_ROWS
```

运行结果如下:

```
游标数据行数
18
```

3. 读取游标中的数据

当游标被成功打开以后,就可以从游标中逐行地读取数据,以进行相关处理。从游标中读取数据主要使用 FETCH 命令。FETCH 命令的功能是从 Transact-SQL 服务器游标中检索特定的一行。其语法格式如下:

```
FETCH
[ [ NEXT | PRIOR | FIRST | LAST | ABSOLUTE { n | @nvar } | RELATIVE { n
| @nvar } ] FROM ]
{ { [ GLOBAL ] 游标名称} | @游标变量名称 }
[ INTO @变量名 [ ,...n ] ]
```

其中各参数及选项的含义说明如下。

- NEXT:返回当前行的下一行,并且当前行递增为结果行。如果 FETCH NEXT 为对游标的第一次提取操作,则返回结果集中的第一行。NEXT 为默认的游标提取选项。
- PRIOR:返回当前行的前一行,并且当前行递减为结果行。如果 FETCH PRIOR 为对游标的第一次提取操作,则没有行返回并且游标置于第一行之前。
- FIRST:返回游标中的第一行并将其作为当前行。
- LAST:返回游标中的最后一行并将其作为当前行。
- ABSOLUTE {n|@nvar}:如果 n 或@nvar 为正数,返回从游标头开始的第 n 行并将返回的行变成新的当前行。如果 n 或@nvar 为负数,返回游标尾之前的第 n 行并将返回的行变成新的当前行。如果 n 或@nvar 为 0,则没有行返回。n 必须为整型常量且@nvar 必须为 smallint、tinyint 或 int。
- RELATIVE {n|@nvar}:如果 n 或@nvar 为正数,返回当前行之后的第 n 行并将返回的行变成新的当前行。如果 n 或@nvar 为负数,返回当前行之前的第 n 行并将返回的行变成新的当前行。如果 n 或@nvar 为 0,返回当前行。如果对游标的第一次提取操作时将 FETCH RELATIVE 的 n 或@nvar 指定为负数或 0,则没有行返回。n 必须为整型常量且@nvar 必须为 smallint、tinyint 或 int。
- GLOBAL:指定"游标名称"指的是全局游标。
- 游标名称:要从中进行提取的开放游标的名称。如果同时有以"游标名称"作为名称的全局和局部游标存在，若指定为 GLOBAL 则"游标名称"对应于全局游标，未指定 GLOBAL 则对应于局部游标。

- @游标变量名：引用要进行提取操作的打开的游标。
- INTO @变量名[,...n]：允许将提取操作的列数据放到局部变量中。列表中的各个变量从左到右与游标结果集中的相应列相关联。各变量的数据类型必须与相应的结果列的数据类型匹配或是结果列数据类型所支持的隐性转换。变量的数目必须与游标选择列表中的列的数目一致。

提示： (1) FETCH 语句每次只能提取一行数据，因为 Transact-SQL 游标不支持多行提取操作。

(2) 可以使用@@FETCH_STATUS 全局变量判断数据提取的状态。@@FETCH_STATUS 返回 FETCH 语句执行后的游标最终状态。其返回值和含义如表 11-1 所示。

表 11-1　@@FETCH_STATUS 返回值含义

返回值	含　义
0	FETCH 语句成功
−1	FETCH 语句失败或此行不在结果集中
−2	被提取的行不存在

【实例 11-3】在 Student 数据库中，声明一个游标，可前后滚动，结果集为学生表中所有的男同学，然后打开此游标，并读取第一行数据。

```
DECLARE student_cursor Scroll CURSOR          --声明游标
    FOR SELECT * FROM 学生表 WHERE 性别= '男'
OPEN student_cursor                           --打开游标
FETCH NEXT FROM student_cursor                --从游标读取第一行值
```

运行结果如下：

```
学号        姓名      性别      出生日期               班号
11133P30    吴林华     男    1994-07-03 00:00:00.000    NULL
```

【实例 11-4】声明一个游标，可前后滚动，结果集为学生表中所有的男同学，然后打开此游标，并读取最后一行数据。

```
DECLARE student_cursor Scroll CURSOR
    FOR SELECT * FROM 学生表 WHERE 性别= '男'
OPEN student_cursor
FETCH LAST FROM student_cursor                --从游标读取最后一行值
```

运行结果如下：

```
学号        姓名      性别      出生日期               班号
31231P46    邹强      男    1996-05-31 00:00:00.000    31231P
```

【实例 11-5】声明一个游标，可前后滚动，结果集为学生表中所有的男同学，然后打

开此游标，并逐行读取数据。

```
DECLARE student_cursor Scroll CURSOR
    FOR SELECT * FROM 学生表 WHERE 性别= '男'
OPEN student_cursor
FETCH NEXT FROM student_cursor
    WHILE @@FETCH_STATUS = 0                    --从游标逐行读取值
    FETCH  NEXT  FROM student_cursor
```

运行结果如图 11-1 所示。

	学号	姓名	性别	出生日期	班号
1	11133P30	吴林华	男	1994-07-03 00:00:00.000	NULL

	学号	姓名	性别	出生日期	班号
1	11212P12	李明	男	1995-05-27 00:00:00.000	11212P

	学号	姓名	性别	出生日期	班号
1	11212P48	张发鹏	男	1994-02-03 00:00:00.000	11212P

	学号	姓名	性别	出生日期	班号
1	11214D24	杜启明	男	1995-03-12 00:00:00.000	11214D

	学号	姓名	性别	出生日期	班号
1	11214D25	高叶军	男	1994-09-19 00:00:00.000	11214D

图 11-1 执行结果

【实例 11-6】 与前面例题类似，只是将 FETCH 语句的输出存储在局部变量中返回给客户端。

```
--声明用于存储FETCH返回结果的局部变量
 DECLARE @studentid char(10), @sname nvarchar(20),@sex
nchar(2),@birthday datetime,@classid char(8)
DECLARE  studentReturn_cursor  CURSOR
    FOR SELECT * FROM 学生表 WHERE 性别= '男'
OPEN studentReturn _cursor
--首先提取第一行数据，并将结果保存到局部变量中
FETCH NEXT FROM studentReturn _cursor  INTO @studentid , @sname,
@sex,@birthday,@classid
WHILE @@FETCH_STATUS = 0                    --提取下一行数据
    BEGIN
    -- 将当前行值连接成一个字符串
PRINT @studentid + @sname + ' ' + @sex +' '+ convert(nvarchar(50),
@birthday,120)+ ' ' + @classid
    FETCH NEXT FROM studentReturn_cursor INTO  @studentid , @sname,
        @sex,@birthday,@classid
END
```

运行结果如下：

```
11212P12    李明      男    1995-05-27 00:00:00        11212P
11212P48    张发鹏    男    1994-02-03 00:00:00        11212P
11214D24    杜启明    男    1995-03-12 00:00:00        11214D
11214D25    高叶军    男    1994-09-19 00:00:00        11214D
```

11214D32	唐华中	男	1994-09-11	00:00:00	11214D
11313D41	叶超	男	1995-12-03	00:00:00	11313D
21212P09	陈健	男	1996-12-02	00:00:00	21212P
21213P11	刘军	男	1994-03-05	00:00:00	21213P
21213P14	沈旺	男	1994-02-03	00:00:00	21213P
21216H07	丁翔	男	1995-02-04	00:00:00	21216H
21226P16	李浩	男	1996-03-28	00:00:00	21226P

4. 关闭游标

在处理完游标中数据之后必须关闭游标来释放数据结果集和定位于数据记录上的锁。在使用 CLOSE 语句关闭某游标后，系统并没有完全释放游标的资源，并且也没有改变游标的定义，所以在关闭游标后，不能创建同名的游标。当再次使用 OPEN 语句时可以重新打开此游标。

关闭游标的语法格式如下：

```
CLOSE { { [GLOBAL] 游标名 } | 游标变量名 }
```

【实例 11-7】关闭一个已经打开的游标 student_cursor，然后声明一个同名游标。

```
USE student
GO
DECLARE student_cursor Scroll CURSOR
    FOR SELECT * FROM 学生表 WHERE 性别= '男'
OPEN student_cursor
CLOSE  student_cursor                        --关闭游标
DECLARE student_cursor Scroll CURSOR         --定义同名游标
      FOR SELECT * FROM 学生表 WHERE 性别= '男'
GO
```

运行结果为：

```
消息 16915，级别 16，状态 1，第 7 行
名为 'student_cursor' 的游标已存在
```

5. 删除游标

删除游标引用由 DEALLOCATE 语句实现。当释放最后的游标引用时，组成该游标的数据结构由 SQL Server 释放。其语法格式如下：

```
DEALLOCATE {游标名 | 游标变量名}
```

DEALLOCATE 语句删除游标与游标名称或游标变量之间的关联。释放游标就释放了与该游标有关的一切资源，包括游标的声明，以后就不能再使用 OPEN 语句打开此游标了。

【实例 11-8】删除游标 student_cursor。

```
DEALLOCATE   student_cursor
```

11.2.2　使用嵌套游标

在游标中可以使用另一个游标，这就是嵌套游标。下例说明如何通过嵌套游标生成复杂的报表。

【实例 11-9】建立生成报表的游标。利用学生数据库的课程表和成绩表，生成显示报表形式的游标。

分析：

第一，列出其课程编号和课程名称，第二，在此项课程下列出选修此门课程的学生的学号、课程号和成绩；第三，列出一门课程的课程编号和课程名称，第四，在此项课程下列出选修此门课程的学生的学号、课程号和成绩。依此类推，直到列出全部。

代码如下：

```
--嵌套游标
USE student
GO
DECLARE @courseid char(10), @cname nvarchar(20),@studentid char(10),
@score tinyint
--声明查询课程表全部数据的游标
DECLARE course cursor CURSOR
FOR SELECT 课程号,课程名 FROM 课程表 ORDER BY 课程号 ASC
OPEN course cursor
FETCH NEXT FROM course cursor INTO @courseid, @cname
WHILE @@FETCH STATUS = 0
BEGIN
  --显示当前的课程编号及课程名称
  PRINT @courseid + ': ' + @cname
  --声明查询选修该课程的全体学生的成绩游标
  DECLARE score cursor cursor for
  SELECT 学号, 课程号, 成绩 FROM 成绩表
      WHERE 课程号 = @courseid
  OPEN score cursor
  FETCH NEXT FROM score cursor INTO @studentid,@courseid,@score
  WHILE FETCH_STATUS=0
  BEGIN
    PRINT '学生: '+ @studentid + ', 课程号: ' + @courseid + ',成绩: ' +
CAST(@score AS char(10))
    FETCH NEXT FROM score cursor INTO  @studentid,@courseid,@score
  END
  PRINT '================================='
  --关闭并释放成绩游标
  CLOSE score cursor
  DEALLOCATE score cursor
  FETCH NEXT FROM course cursor INTO @courseid, @cname
END
--关闭并释放课程游标
CLOSE course cursor
DEALLOCATE course_cursor
```

执行结果如下：

```
090263    : 操作系统
学生: 11324D04  , 课程号: 090263    ,成绩: 93
=================================
```

```
M01F011    :电路基础
学生：11214D24  ，课程号：M01F011    ，成绩：67
==============================
M01F01C10 ：单片机技术
学生：11214D24  ，课程号：M01F01C10 ，成绩：78
==============================
M02F011    :电子工程制图
学生：11214D25  ，课程号：M02F011    ，成绩：50
==============================
M02F012    :计算机辅助设计
学生：21216H07  ，课程号：M02F012    ，成绩：60
```

11.3   小型案例实训

通过 11.1～11.2 节内容的学习，已经理解了游标的概念，并掌握了游标的使用方法。下面基于学生成绩数据库完成以下工作任务。

【任务 11-1】为学生表中所有李姓同学的行声明游标，并用 FETCH 逐个提取这些行，使用完游标后立即关闭并释放该资源。

```
USE student
GO
--声明游标
 DECLARE  sname_cursor  CURSOR
     FOR SELECT * FROM 学生表 WHERE 姓名 LIKE '李%'
--打开游标
OPEN sname_cursor
--首先提取第一行数据
FETCH NEXT FROM  sname_cursor
--从游标逐行读取值
WHILE @@FETCH_STATUS = 0
     FETCH NEXT FROM  sname_cursor
--关闭游标
CLOSE  sname_cursor
--删除游标
DEALLOCATE  sname_cursor
GO
```

运行结果如图 11-2 所示。

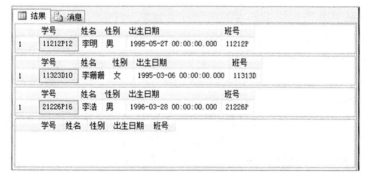

图 11-2   执行结果

【任务 11-2】与任务 11-1 类似，只是将 FETCH 语句的输出存储在局部变量中返回给客户端。

```
USE student
GO
--声明用于存储 FETCH 返回结果的局部变量
DECLARE @studentid char(10), @sname nvarchar(20),
 @sex nchar(2),@birthday datetime,@classid char(8)
--声明游标
 DECLARE  sname_cursor  CURSOR
     FOR SELECT * FROM 学生表 WHERE 姓名 LIKE '李%'
--打开游标
OPEN sname_cursor
--首先提取第一行数据，并将结果保存到局部变量中
FETCH NEXT FROM sname_cursor INTO @studentid , @sname,
 @sex,@birthday,@classid
--从游标逐行读取值
WHILE @@FETCH_STATUS = 0
    BEGIN
PRINT @studentid + @sname + ' ' + @sex +' '+ convert(nvarchar(50),
@birthday,120)+ ' ' + @classid
--提取下一行数据
        FETCH NEXT FROM sname_cursor  INTO @studentid , @sname,
            @sex,@birthday,@classid
    END
--关闭并释放游标
CLOSE  sname_cursor
DEALLOCATE  sname_cursor
GO
```

运行结果如下：

```
11212P12    李明      男    1995-05-27 00:00:00 11212P
11323D10    李珊珊    女    1995-03-06 00:00:00 11313D
21226P16    李浩      男    1996-03-28 00:00:00 21226P
```

小　结

游标是映射结果集并在结果集内的单个行上建立一个位置的实体。有了游标，用户就可以访问结果集中的任意一行数据了。在将游标放置到某行之后，可以在该行或从该位置开始的行块上执行操作。最常见的操作是提取(检索)当前行或行块。

SQL Server 支持 3 种游标实现，分别是 Transact-SQL 游标、应用编程接口(API)服务器游标和客户端游标。

在 SQL Server 中使用游标，需要声明游标、打开游标、读取游标中的数据、关闭游标和释放游标。使用 DECLARE CURSOR 语句声明游标；使用 OPEN 语句打开游标；使用 FETCH 语句读取游标中的数据；使用 CLOSE 语句关闭游标；使用 DEALLOCATE 语句释放游标。

习　　题

1. 填空题

(1) 根据游标的用途不同，SQL Server 将游标分成 3 种类型：＿＿＿＿＿＿＿＿＿、

＿＿＿＿＿＿＿和＿＿＿＿＿＿＿＿＿。

(2) 读取游标中的数据使用＿＿＿＿＿＿＿＿＿＿＿＿＿＿＿＿＿＿＿＿＿＿＿＿语句。

(3) 释放游标使用＿＿＿＿＿＿＿＿＿＿＿＿＿＿＿＿＿＿＿＿＿＿语句。

(4) 游标使用的步骤为＿＿＿＿＿＿＿＿＿＿、＿＿＿＿＿＿＿、＿＿＿＿＿＿＿＿＿、

＿＿＿＿＿＿＿和＿＿＿＿＿＿＿。

2. 操作题

项目 3 中创建的图书馆管理数据库 library，该数据库中包含图书馆所需要管理的书籍和读者信息。数据库中包含的表包括读者类型表、读者信息表、图书类型表、图书基本信息表、图书信息表、图书借阅表和图书罚款表。

现需要对图书管理数据库 library 创建游标用来实现以下功能：

(1) 定义一个游标 Cursor_BookInfo，并利用游标逐行输出图书基本信息表中的信息，使用完游标后立即关闭并释放该资源。

(2) 定义一个游标 Cursor_RecordInfo，并利用游标逐行输出所有状态为"借出"的借阅记录，使用完游标后立即关闭并释放该资源。

项目 12

创建存储过程

【项目要点】

- 存储过程概述。
- 创建和执行存储过程。
- 存储过程参数。
- 查看、修改和删除存储过程。

【学习目标】

- 掌握存储过程的概念、分类和作用。
- 掌握创建存储过程的方法。
- 掌握执行存储过程的方法。
- 掌握查看、修改和删除存储过程的方法。

12.1　存 储 过 程

12.1.1　存储过程的概念

存储过程(Stored Procedure)是一组为了完成特定功能的 Transact-SQL 语句集，经编译后存放在数据库中。用户通过指定存储过程名字并给出参数(如果该存储过程带有参数)来执行它。存储过程是数据库中的一个重要对象，任何一个设计良好的数据库应用程序都应该用到存储过程。

存储过程的运用范围比较广，可以包含几乎所有的 Transact-SQL 语句，例如数据操纵语句、变量、逻辑控制语句等，可以接受参数、输出参数、返回单个或多个结果集以及返回值。存储过程独立于源代码，可单独修改，可以被调用任意次数，可以引用其他存储过程。

12.1.2　存储过程的作用

存储过程是一种把重复的任务操作封装起来的一种方法，允许多个用户使用相同的代码，完成相同的数据操作。它提供了一种集中且一致的实现数据完整性逻辑的方法。存储过程用于实现频繁使用的查询、业务规则、被其他过程使用的公共例行程序。在数据库中具有以下具体作用。

- 实现模块化编程。创建一次存储过程，它将能永久地存储在数据库中，可以在程序中重复调用多次。所有的客户端程序可以使用同一个存储过程实现对数据库的操作，从而确保了数据访问和操作的一致性，也提高了应用程序的可维护性。
- 提高数据库执行速度。当某个操作要重复执行或者要求多条 Transact-SQL 代码完成时，使用存储过程要比一般 Transact-SQL 批处理代码快得多。因为存储过程在创建时就被编译和优化，调用一次以后，相关信息就保存在内存中，以后每次执行存储过程都不需再重新编译，提高了执行效率。
- 减少网络通信流量。存储过程可以由几百条 Transact-SQL 语句组成，但存储过程存放在服务器端，因此客户端要执行存储过程，只需要发送一条执行存储过程的

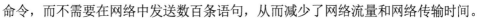

命令，而不需要在网络中发送数百条语句，从而减少了网络流量和网络传输时间。
- 提高数据库的安全性。用户可以被授予权限来执行存储过程，即使该用户没有访问在存储过程中引用的表或视图的权限，该用户也完全可以执行存储过程。

12.1.3　存储过程的类型

SQL Server 中存储过程的类型有系统存储过程、用户自定义存储过程和扩展存储过程。
- 系统存储过程：是指由系统定义，存放在 master 数据库中，并且带有 sp_前缀，主要是帮助用户或系统管理员管理数据库。例如常用的显示系统信息的 sp_help 存储过程。
- 用户自定义存储过程：是由用户在自己的数据库中创建并能完成某一特定功能的存储过程。本项目介绍的存储过程主要是指用户存储过程。
- 扩展存储过程：是 SQL Server 环境之外的存储过程，通过使用程序语言编写的动态链接库实现。以 xp_作为前缀。加载到 SQL Server 中时，使用方法与系统存储过程一样。

12.2　创建存储过程

创建用户自定义存储过程的 Transact-SQL 语句是 CREATE PROCEDURE 语句。由于存储过程是一组能实现特定功能的 Transact-SQL 语句，所以在 SQL Server 中创建存储过程的关键是要掌握 CREATE　PROCEDURE 语句。

打开 SQL Server Management Studio，在对象资源管理器中，连接到 SQL Server 数据库引擎实例，展开该实例下的【数据库】节点，展开选中的数据库，展开【可编程性】节点，右击【存储过程】节点，在弹出的快捷菜单中选择【新建存储过程】命令。此时，在右侧的编辑区域出现创建存储过程的默认语法格式。根据实际需要，输入 CREATE PROCEDURE 语句。单击工具栏上的【分析】按钮，执行语法检查，语法检查通过之后，单击【执行】按钮，在结果框中出现"命令已成功完成"的消息时，说明该存储过程已经创建成功。所展开数据库的存储过程节点下将出现创建的存储过程。

💡 注意：　有一些语句不能出现在 CREATE PROCEDURE 语句中，这些语句有 CREATE FUNCTION、CREATE PROCEDURE、CREATE DEFAULT、CREATE RULE、CREATE SCHEMA、CREATE TRIGGER、CREATE VIEW，USE 语句等。

12.2.1　创建不带参数的存储过程

用户存储过程根据有无参数信息，分为不带参数和带参数的两种存储过程。
创建不带参数存储过程的 CREATE PROCEDURE 语句，其语法格式如下：

```
CREATE PROCEDURE|PROC 存储过程名
AS
```

```
BEGIN
    语句块
END
```

【实例 12-1】在学生成绩数据库中，创建存储过程 Proc_student，实现查询学号为 11324D01 的学生的基本信息。

```
USE student
GO
CREATE  PROCEDURE  Proc_student
AS
BEGIN
SELECT  *  FROM 学生表 WHERE 学号='11324D01'
END
GO
```

【实例 12-2】在 Student 数据库中，查询学号为 11324D01 的学生的成绩情况(包括学生学号、课程名、学期、成绩)。该存储过程不需要使用任何参数，存储过程名称设置为 Proc_StdScore。

```
CREATE PROCEDURE  Proc_StdScore
AS
BEGIN
SELECT 成绩表.学号, 课程表.课程名, 学期,成绩表.成绩 FROM 成绩表 INNER JOIN 课程表
ON 成绩表.课程号=课程表.课程号 WHERE 成绩表.学号='11324D01'
END
```

12.2.2 创建带输入参数的存储过程

输入参数是指由调用程序向存储过程传递的参数。它们在创建存储过程语句中被定义，其参数值在执行该存储过程时由调用该存储过程的语句给出。

创建带输入参数存储过程的 CREATE PROCEDURE 语句，其语法格式如下：

```
CREATE PROCEDURE|PROC 存储过程名
参数名 数据类型[,...n]
AS
BEGIN
    语句块
END
```

【实例 12-3】创建一个带输入参数的存储过程 Proc_SelectByStuId，根据学号查询学生的基本信息。

分析：

(1) 在存储过程中需要定义输入参数 @Studentid 来接收学生的学号，输入参数 @Studentid 的数据类型必须与学生表中学生的学号类型一致。

(2) 在后期执行存储过程时，必须提供输入参数的值，数据类型必须与该存储过程中定义的输入参数的类型一致。

```
USE student
GO
CREATE PROCEDURE  Proc_SelectByStuId
@Studentid  char(10)                    --输入参数@Studentid
AS
BEGIN
    SELECT * FROM 学生表 WHERE 学号=@Studentid
END
GO
```

【实例 12-4】创建存储过程 Proc_getClassBydept 用来查询某系(电子工程系)有哪几个班级号。该功能需要设置输入参数传递系别名称，查询的结果是一个记录集。

```
USE student
GO
CREATE PROCEDURE Proc_getClassBydept
@deptname  nvarchar(20)                --输入参数@ deptname
AS
BEGIN
SELECT 班号  FROM 班级表 INNER JOIN 系表
ON 班级表.系号=系表.系号
WHERE 系表.系名=@deptname
END
GO
```

12.2.3　创建带有默认值的存储过程

创建参数带有默认值的存储过程的 CREATE PROCEDURE 语句，其语法格式如下：

```
CREATE PROCEDURE|PROC 存储过程名
参数名 数据类型=默认值
AS
BEGIN
    语句块
END
```

【实例 12-5】创建一个输入参数带有默认值的存储过程，查看学生表中男生或女生的信息。存储过程中的输入参数性别预设默认值为"男"。如果执行时，没有传递参数，则查看所有男生的基本信息。

```
USE student
GO
CREATE PROCEDURE  Proc_StdBySex
@sex  nchar(2)= '男'     --设置默认值
AS
BEGIN
SELECT  *  FROM 学生表 WHERE 性别 = @sex
END
GO
```

12.2.4　创建带有输出参数的存储过程

通过在创建存储过程的语句中定义输出参数，可以创建带输出参数的存储过程。使用 OUTPUT 关键字说明，执行该存储过程，可以返回一个或多个值。

创建带有输出参数的存储过程的 CREATE PROCEDURE 语句，其语法格式如下：

```
CREATE PROCEDURE|PROC 存储过程名
参数名 数据类型 OUTPUT
AS
BEGIN
    语句块
END
```

【实例 12-6】创建一个存储过程 Proc_SelectBysex，功能是统计所有班级的男生或女生学生人数。其中需要使用输入参数传递性别，输出参数存储学生人数。

分析：该例中创建存储过程时，除了需要输入参数，还需要把学生的人数返回给调用程序，所以还要定义一个输出参数@count，用 OUTPUT 指定。

```
USE student
GO
CREATE PROCEDURE Proc_SelectBysex
@sex  nchar(2),              --设置输入参数@ sex
@count  INT OUTPUT          --使用 OUTPUT 关键字指定@count 为输出参数
AS
BEGIN
SELECT @count =COUNT(*)  FROM 学生表 WHERE   性别=@sex
END
GO
```

【实例 12-7】创建一个存储过程 Proc_totalScoreByStuid，功能是根据学号统计该学生某一学期的总成绩。其中需要使用输入参数传递学号和学期，输出参数存储总成绩。

```
USE student
GO
CREATE PROCEDURE Proc_totalScoreByStuid
@studentid char(10), @term char (11) ,         --输入参数@Studentid, @term
@totalscore  tinyint  OUTPUT   --使用 OUTPUT 关键字指定@ totalscore 为输出参数
AS
BEGIN
SELECT @totalscore=SUM(成绩) FROM 成绩表 WHERE 学号=@studentid  AND 学期
=@term
END
GO
```

12.3　修改存储过程

　　已有的存储过程不完善，或者产生新的特定业务需求时，需要对原有的存储过程进行修改。在 SQL Server 系统中，可以使用 Transact-SQL 语句修改存储过程，也可以使用对象资源管理器菜单命令修改存储过程。

　　在对象资源管理器中，连接到 SQL Server 数据库引擎实例，展开该实例下的【数据库】节点，展开选中的数据库，展开【可编程性】节点，展开【存储过程】节点，右击需要修改的存储过程，在弹出的快捷菜单中选择【修改】命令，此时在右侧的编辑窗口中出现修改该存储过程的源代码，根据实际需要修改相应的 Transact-SQL 语句。修改完毕，单击工具栏上的【执行】按钮执行该存储过程，完成修改操作。

　　修改存储过程的语句是 ALTER PROCEDURE 语句，其语法格式如下：

```
ALTER PROCEDURE 存储过程名
参数名 数据类型[=默认值][OUTPUT ][,...n]
AS
BEGIN
    语句块
END
```

　　【**实例 12-8**】修改实例 12-1 创建的 Proc_student 存储过程，查询学号为 11324D01 的学生的部分信息(包括学生学号、姓名、班号)。

　　命令代码如下：

```
USE student
GO
ALTER PROCEDURE  dbo.Proc_student
AS
BEGIN
    SELECT 学号,姓名,班号  FROM 学生表 WHERE 学号='11324D01'
END
GO
```

　　【**实例 12-9**】修改实例 12-2 创建的 Proc_StdScore 存储过程，查询指定学号的学生的成绩情况(包括学生学号、课程名、学期、成绩)。该存储过程需要使用输入参数。

```
ALTER PROCEDURE dbo.Proc_StdScore
@studentid char(10)              --输入参数@Studentid
AS
BEGIN
SELECT 成绩表.学号, 课程表.课程名, 学期,成绩表.成绩 FROM 成绩表 INNER JOIN 课程表
ON 成绩表.课程号=课程表.课程号
WHERE 成绩表.学号 =@studentid
END
GO
```

12.4 删除存储过程

在对象资源管理器中，连接到 SQL Server 数据库引擎实例，展开该实例下的【数据库】节点，展开选中的数据库，展开【可编程性】节点，展开【存储过程】节点，右击需要删除的存储过程，在弹出的快捷菜单中选择【删除】命令，打开【删除对象】对话框，如图 12-1 所示。单击【确定】按钮，完成删除操作。删除该存储过程后，【存储过程】节点下将不再显示该存储过程。

图 12-1 【删除对象】对话框

删除存储过程的语句是 DROP PROCEDURE 语句，其语法格式如下：

```
DROP  PROCEDURE 存储过程名
```

【实例 12-10】删除存储过程 Proc_SelectByStuId。

```
DROP PROCEDURE dbo. Proc_SelectByStuId
```

12.5 执行存储过程

存储过程创建成功后，保存在数据库中。在 SQL Server 中，可以使用 Transact-SQL 语句执行存储过程，也可以在对象资源管理器中使用菜单命令选项执行存储过程。

在对象资源管理器中，连接到 SQL Server 数据库引擎实例，展开该实例下的【数据库】节点，展开选中的数据库，展开【可编程性】节点，展开【存储过程】节点，右击需要执行的存储过程，在弹出的快捷菜单中选择【执行存储过程】命令，打开【执行过程】对话框，如图 12-2 所示。为所有需要赋值的参数赋值，单击【确定】按钮，完成执行存储过程操作。

12-2　【执行过程】对话框

Transact-SQL 中提供了 EXECUTE 语句来执行存储过程。

12.5.1　执行不带参数的存储过程

执行不带参数的存储过程的 EXECUTE 语句，其语法格式如下：

```
EXECUTE|EXEC 存储过程名
```

【实例 12-11】执行 Proc_student 存储过程，该存储过程没有参数。

```
EXECUTE  Proc_student              --执行存储过程时，没有提供传递参数
```

执行结果如下：

```
学号          姓名        班号
11324D01     陈丹       11324D
```

12.5.2　执行带输入参数的存储过程

如果存储过程含有输入参数并且没有指定默认值，则调用存储过程时必须对参数赋值，可以使用按顺序赋值和按参数名赋值两种方式传递参数。

按顺序给参数进行赋值时，不需要给出参数的名称，并且调用语句中值的顺序必须和存储过程定义中参数定义的顺序保持一致。如果某参数有默认值，可以使用 Default 指明该参数使用默认值；如果该参数位于参数列表的末尾，则 Default 可以省略。

执行存储过程按输入参数顺序赋值的 EXECUTE 语句，其语法格式如下：

```
EXECUTE  存储过程名 值[,...n]
```

执行存储过程按输入参数名赋值的 EXECUTE 语句，其语法格式如下：

```
EXECUTE  存储过程名 参数名=值[,...n]
```

【实例 12-12】使用 EXECUTE 语句执行实例 12-3 中创建的带输入参数的存储过程

Proc_SelectByStuId，实现查询 11324D04 号学生的基本信息。

执行存储过程的命令如下：

```
EXECUTE Proc_SelectByStuId '11324D04'
```

或者

```
EXECUTE SelectByStuId @studentid='11324D04'        --执行过程中按参数名赋值
```

执行结果如下：

学号	姓名	性别	出生日期	班号
11324D04	陈珍	女	1995-08-02 00:00:00.000	11324D

12.5.3　执行带有默认值的存储过程

执行存储过程按输入参数带有默认值的 EXECUTE 语句，其语法格式如下：

```
EXECUTE 存储过程名 参数名=DEFAULT
```

【实例 12-13】使用 EXECUTE 语句执行实例 12-5 创建的带有默认值的存储过程 Proc_StdBySex。

如果执行时没有提供传递参数，按照默认参数值执行，执行存储过程的命令如下：

```
EXECUTE Proc_StdBySex
```

执行结果如下：

学号	姓名	性别	出生日期	班号
11133P30	吴林华	男	1994-07-03 00:00:00.000	NULL
11212P48	张发鹏	男	1994-02-03 00:00:00.000	11212P
11214D24	杜启明	男	1995-03-12 00:00:00.000	11214D
11214D25	高叶军	男	1994-09-19 00:00:00.000	11214D
11214D32	唐华中	男	1994-09-11 00:00:00.000	11214D
...				

如果执行时提供输入参数值，执行存储过程的命令如下：

```
EXECUTE Proc_StdBySex '女'
```

或者

```
EXECUTE Proc_StdBySex @sex='女'
```

执行结果如下：

学号	姓名	性别	出生日期	班号
11323D10	李珊珊	女	1995-03-06 00:00:00.000	11313D
11324D01	陈丹	女	1996-06-12 00:00:00.000	11324D
11324D04	陈珍	女	1995-08-02 00:00:00.000	11324D
11324D05	董佳佳	女	1995-01-03 00:00:00.000	11324D
21226P01	陈阳	女	1995-08-12 00:00:00.000	21226P
31231P11	张丽娜	女	1997-03-06 00:00:00.000	31231P

12.5.4　执行带有输出参数的存储过程

在执行存储过程时，必须定义一个局部变量存放输出参数的值，并且用 OUTPUT 关键字指出。

执行存储过程按输入参数带有默认值的 EXECUTE 语句，其语法格式如下：

```
EXECUTE 存储过程名 参数名 OUTPUT
```

【实例 12-14】使用 EXECUTE 语句执行实例 12-6 创建的带有输出参数的存储过程 Proc_SelectBysex，功能是统计所有班级的男生学生人数。其中需要使用输入参数传递性别，输出参数存储学生人数。

```
DECLARE @count_value  smallint      --定义局部变量存放输出参数的值
EXECUTE Proc_ SelectBysex '男', @count_value OUTPUT
PRINT @count_value
```

或者

```
EXECUTE Proc_ SelectBysex @sex='男', @count =@count_value OUTPUT
SELECT  @count_value  AS 人数
```

执行结果如下：

```
人数
17
```

【实例 12-15】使用 EXECUTE 语句执行实例 12-7 创建的存储过程 Proc_totalScoreBy Stuid，功能是统计某学生某一学期的总成绩。其中需要向存储过传递学号和学期，输出参数存储总成绩。

```
DECLARE @CouseSum  INT
EXEC @CouseSum = GetCouseSum '11214D24', '2012/2013-2'
SELECT  @CouseSum  AS 总成绩
```

执行结果如下：

```
总成绩
145
```

12.5.5　使用存储过程返回代码值

存储过程中可以使用 RETURN 语句向调用程序返回一个整数(称为返回代码)，指示存储过程的执行状态。在执行存储过程时，要定义一个变量来接收返回的状态值。

RETURN 语句语法格式如下：

```
RETURN [返回整型值的表达式]
```

【实例 12-16】创建带有返回值的存储过程 Proc_checkstate，查询指定课程的最高成绩。如果最高成绩大于 90 分，则在存储过程中，返回状态代码 1；否则，返回状态代码 0。

```
USE student
GO
CREATE PROCEDURE Proc_checkstate
@courseid char(10)              --输入参数@ courseid
AS
BEGIN
  IF (SELECT  MAX(成绩)  FROM 成绩表 WHERE 课程号=@courseid )>90
      RETURN 1
  ELSE
      RETURN 0
END
```

执行存储过程的命令如下：

```
DECLARE @return_status  int
EXECUTE @return_status= Proc_checkstate @courseid='M01F011'
SELECT  @return_status  AS 返回值
```

执行结果如下：

```
返回值
1
```

12.6 查看存储过程

存储过程被创建之后，它的名字就存储在系统表 sysobjects 中，它的源代码存放在系统表 syscomments 中。可以使用系统存储过程或对象资源管理器菜单来查看用户创建的存储过程。下面将介绍使用系统存储过程查看存储过程。

1. 查看存储过程的定义

系统存储过程 sp_helptext 可查看未加密的存储过程的定义脚本，也可用于查看规则、默认值、用户定义函数、触发器或视图的定义脚本。其语法格式如下：

```
sp_helptext    存储过程名
```

2. 查看有关存储过程的信息

使用系统存储过程 sp_help 可查看有关存储过程的信息(参数及数据类型)。其语法格式如下：

```
sp_help    存储过程名
```

【实例 12-17】利用系统存储过程查看在实例 12-6 中创建好的 Proc_SelectBysex 存储过程。该存储过程功能是统计所有班级的男生或女生学生人数。其中需要使用输入参数传递性别，输出参数存储学生人数。

```
Sp_helptext  Proc_SelectBysex
GO
Sp_help  Proc_SelectBysex
GO
```

运行结果如图 12-3 所示。

图 12-3　实例 12-17 的运行结果

12.7　小型案例实训

通过 12.1～12.6 节内容的学习，已经掌握了创建、修改和删除存储过程的方法。也掌握了执行存储过程的方法。下面创建学生成绩数据库中的存储过程。

【任务 12-1】创建不带参数的存储过程 Proc_getallTeach 来查询所有教师信息。

```
USE student
GO
CREATE  PROCEDURE  Proc_getallTeach
AS
BEGIN
    SELECT  *  FROM 教师表
END
GO
```

【任务 12-2】执行不带参数的存储过程 Proc_getallTeach。

```
EXEC  Proc_getallTeach
```

执行结果如下：

教师号	姓名	性别	出生日期	职称	系号
20035004	朱亚辉	男	1974-07-03 00:00:00.000	副教授	1
20045007	王明	男	1965-05-09 00:00:00.000	副教授	5
20065005	关帅	男	1983-03-12 00:00:00.000	讲师	1
20095006	陈晓宇	男	1964-02-03 00:00:00.000	教授	1

【任务 12-3】创建带输入参数的存储过程 Proc_getStdByClassid，用来实现查询某班级的学生信息，学生信息包括学号、姓名、性别、出生日期、班级号信息。其中要求输入参数为班级号。

```
USE student
GO
```

```
CREATE  PROCEDURE  Proc_getStdByClassid
@Classid  char(8)
AS
BEGIN
SELECT   学号,姓名,性别,出生日期,班号  FROM  学生表 WHERE 班号=@Classid
END
GO
```

【任务 12-4】执行带参数的存储过程 Proc_getStdByClassid，查询 11324D 班的学生信息。

```
EXECUTE  Proc_getStdByClassid @Classid ='11324D'
```

执行结果如下：

学号	姓名	性别	出生日期	班号
11324D01	陈丹	女	1996-06-12 00:00:00.000	11324D
11324D04	陈珍	女	1995-08-02 00:00:00.000	11324D
11324D05	董佳佳	女	1995-01-03 00:00:00.000	11324D

【任务 12-5】创建存储过程 Proc_getTeacherInfo，实现根据教师职称查询教师的基本信息。输入参数默认值设置为讲师。

```
USE student
GO
CREATE PROCEDURE  Proc_getTeacherInfo
@title  nchar(8)='讲师'
AS
BEGIN
SELECT  *  FROM 教师表 WHERE 职称= @title
END
GO
```

【任务 12-6】执行带默认值参数的存储过程 Proc_getTeacherInfo。

执行一：不传递参数，使用默认值，即查询职称为讲师的教师基本信息。

```
EXECUTE  Proc_getTeacherInfo
```

执行结果如下：

教师号	姓名	性别	出生日期	职称	系号
20065005	关帅	男	1983-03-12 00:00:00.000	讲师	1
20105024	石珠峰	男	1984-09-19 00:00:00.000	讲师	1
20105038	刘锦鑫	男	1985-03-06 00:00:00.000	讲师	2
20105080	周欣然	女	1983-12-02 00:00:00.000	讲师	3
20115109	赵洁	女	1984-02-03 00:00:00.000	讲师	4
20115111	周晖	男	1985-02-04 00:00:00.000	讲师	5

执行二：传递参数，查询职称为副教授的教师基本信息。

```
EXECUTE  Proc_getTeacherInfo @title ='副教授'
```

执行结果如下：

教师号	姓名	性别	出生日期	职称	系号
20035004	朱亚辉	男	1974-07-03 00:00:00.000	副教授	1
20045007	王明	男	1965-05-09 00:00:00.000	副教授	5
20105064	鲍善江	男	1975-08-02 00:00:00.000	副教授	3
20105079	张创	女	1976-02-10 00:00:00.000	副教授	3
20115029	姚旭东	男	1972-09-11 00:00:00.000	副教授	2
20115108	朱琳	女	1964-03-05 00:00:00.000	副教授	4

【任务 12-7】创建存储过程 Proc_getDeptname，实现根据班级号查询该班级所在系部名称。其中要求输入参数为班级号，输出参数为系部名称。

```
USE student
GO
    CREATE PROCEDURE Proc_getDeptname
@Classid char(8) , @deptname nvarchar(20)  OUTPUT
AS
BEGIN
SELECT @deptname =系表.系名  FROM 班级表 INNER JOIN 系表
ON 班级表.系号=系表.系号
WHERE 班级表.班号=@Classid
END
GO
```

【任务 12-8】执行存储过程 Proc_getDeptname，查询 11324D 班级所在系部名称。

```
DECLARE @deptname_value nvarchar(20)
EXECUTE Proc_getDeptname '11324D', @deptname_value  OUTPUT
SELECT  @deptname_value  AS 系名
```

执行结果如下：

系名
电子工程系

【任务 12-9】修改存储过程 Proc_getallTeach，增加一个输入参数，用来查询指定系部的教师信息。

```
USE student
GO
ALTER  PROCEDURE  Proc_getallTeach
@deptname nvarchar(20)
AS
BEGIN
SELECT  教师表.*,系名 FROM 教师表 INNER JOIN 系表 ON 教师表.系号=系表.系号
WHERE 系表.系名=@deptname
END
GO
```

【任务 12-10】执行存储过程 Proc_getallTeach，查询计算机系的教师信息。

```
EXECUTE  Proc_getallTeach @deptname ='计算机系'
```

执行结果如下：

教师号	姓名	性别	出生日期	职称	系号	系名
20115108	朱琳	女	1964-03-05 00:00:00.000	副教授	4	计算机系
20115109	赵洁	女	1984-02-03 00:00:00.000	讲师	4	计算机系

【任务 12-11】创建带有返回值的存储过程 Proc_avgScoreByStuid，查询指定学号的学生各门课程的平均成绩。在存储过程中，用返回值 1 表示用户没有提供输入参数，否则返回值 2。

```
USE student
GO
CREATE PROCEDURE Proc_avgScoreByStuid
@studentid  char(10)=NULL ,@savg tinyint OUTPUT
AS
BEGIN
   IF @studentid  is NULL
     RETURN 1
   ELSE
     BEGIN
SELECT  @savg =avg(成绩)  FROM 成绩表 WHERE 成绩表.学号=@studentid
        RETURN 2
     END
END
GO
```

【任务 12-12】执行带有返回值的存储过程 Proc_avgScoreByStuid。

执行一：不为参数@studentid 提供学号，默认值为 NULL。

```
DECLARE @return_status int,@savg tinyint
EXECUTE @return_status= Proc_avgScoreByStuid    @savg= @savg OUTPUT
SELECT @return_status AS 返回值, @savg as 平均成绩
GO
```

执行结果如下：

返回值	平均成绩
1	NULL

执行二：为参数@studentid 提供学号。

```
DECLARE @return_status int,@savg tinyint
EXECUTE @return_status= Proc_avgScoreByStuid @savg=@savg OUTPUT,
@studentid='11324D04'
SELECT @return_status AS 返回值, @savg  as 平均成绩
```

执行结果如下：

返回值	平均成绩
2	82

【任务 12-13】删除存储过程 Proc_getallTeach。

```
USE student
GO
DROP  PROCEDURE  Proc_getallTeach
GO
```

小　　结

存储过程是一组预编译的 SQL 语句。

存储过程实现模块化编程，提高数据库执行速度，提高数据库的安全性。

SQL Server 中存储过程的类型有系统存储过程、用户自定义存储过程和扩展存储过程。

存储过程使用关键字 PROCEDURE 来进行标识，创建时分为有参数和无参数两种；参数又分为输入参数和输出参数。

创建存储过程的语句是 CREATE PROCEDURE 语句。

修改存储过程的语句是 ALTER PROCEDURE 语句。

删除存储过程的语句是 DROP PROCEDURE 语句。

执行存储过程的语句是 EXECUTE 语句。存储过程中可以使用 RETURN 语句向调用程序返回一个整数(称为返回代码)，指示存储过程的执行状态。

习　　题

1. 填空题

(1) 存储过程分为_____、_____和_____3 种。

(2) 创建存储过程使用 T-SQL 语句是_____。

(3) 创建存储过程时，参数的默认值必须是_____或_____。

(4) 修改存储过程使用的 T-SQL 语句是_____，删除存储过程使用的 T-SQL 语句是_____。

(5) 在查询编辑器中执行存储过程使用_____语句。

(6) 在 SQL Server 2012 中，系统存储过程的名称是以_____为前缀的。

2. 操作题

项目 3 中创建的图书馆管理数据库 library，该数据库中包含图书馆所需要管理的书籍和读者信息。数据库中包含的表包括读者类型表、读者信息表、图书类型表、图书基本信息表、图书信息表、图书借阅表和图书罚款表。

现需要对图书馆管理数据库 library 创建存储过程用来实现如下功能:

(1) 创建存储过程用来查询学生读者的信息，包括读者编号、姓名、类型、联系方式。

(2) 创建存储过程用来查询某个读者的借书记录。

(3) 创建存储过程用来查询某种状态的图书借阅信息记录，默认状态为已还图书。

项目 13

创建用户定义函数

【项目要点】

● 用户定义函数。
● 创建和执行用户定义函数。
● 修改和删除用户定义函数。

【学习目标】

● 掌握用户定义函数的概念、优点和分类。
● 掌握创建、修改、删除和执行用户定义函数的方法。

13.1 用户定义函数

13.1.1 用户定义函数的概念

为了使用户对数据库进行查询和修改时更加方便，SQL Server 在 T-SQL 语言中提供了许多内置函数以供调用。用户也可以根据自己的需要自定义函数来实现一些特殊的功能。

用户定义函数(User Defined Functions，UDF)是 SQL Server 的数据库对象。它和存储过程非常相似，是有序的 T-SQL 语句集合，该语句集合能够预先优化和编译，并且可以作为一个单元来调用。它和存储过程的主要区别在于返回结果的方式。它的返回值可以是单个标量值或表变量结果集。

13.1.2 用户定义函数的优点

用户定义函数建立于 T-SQL 语句的基础之上，可接受零个或多个输入参数，执行完成后将操作结果以值的形式返回给调用方。它的优点是允许模块化设计，只需要创建一次函数并且将其存储在数据库中，以后便可以在程序中重复调用。能够提高执行速度，还可以减少网络流量。

13.1.3 用户定义函数的类型

根据函数返回值形式的不同将用户定义函数分为标量值函数、内联表值函数和多语句表值函数 3 种类型。

● 标量值函数：在标量值函数中，返回值是一个确定类型的单值。
● 内联表值函数：在内联表值函数中，返回值是一个记录集合——表。返回的表结构由函数体内的查询语句来决定，内联表值函数只执行一条查询语句后返回 Table 结果。
● 多语句表值函数：与内联表值函数相同都是表值函数，它们返回的结果都是 Table 类型。可以通过多条语句来创建 Table 类型的数据。这里不同于内联表值函数，内联表值函数的返回结果是由函数体内的查询语句来决定。而多语句表值函数，则是需要指定具体的 Table 类型的结构。也就是说返回的 Table，已经定义好要哪些字段返回。所以它能够支持多条语句的执行来创建 Table 数据。

13.2　创建用户定义函数

创建用户定义函数的 Transact-SQL 语句是 CREATE FUNCTION 语句。

打开 SQL Server Management Studio，在对象资源管理器中，连接到 SQL Server 数据库引擎实例，展开该实例下的【数据库】节点，展开选中的数据库，展开【可编程性】节点，展开【函数】节点，右击【表值函数】节点，在弹出的快捷菜单中选择【新建内联表值函数】命令或是【新建多语句表值函数】命令，随之在右侧的编辑区域出现创建内联表值函数或创建多语句表值函数的默认语法格式。如果在函数节点下右击【标量值函数】节点，在弹出的快捷菜单中选择【新建标量值函数】命令，在右侧的编辑区域出现创建标量值函数的默认语法格式。根据实际需要，输入 CREATE FUNCTION 语句。单击工具栏上的【分析】按钮，执行语法检查，语法检查通过之后，单击【执行】按钮，在结果框中出现"命令已成功完成"的消息时，说明该函数已经创建成功。所展开对应函数的节点下将出现创建的用户定义函数。

13.2.1　创建标量值函数

创建标量值函数的 CREATE FUNCTION 语句，其语法格式如下：

```
CREATE FUNCTION 标量值函数名(参数名 数据类型[,…])
RETURNS 返回值数据类型
AS
BEGIN
    函数体
    RETURN 返回值
END
```

函数体语句是定义在 BEGIN...END 语句之内。在 RETURNS 子句中定义返回值的数据类型，并且函数的最后一条语句必须为 RETURN 语句，用于指定返回值。

【实例 13-1】在学生成绩数据库中，创建一个标量值函数 GetCourseNum()，功能是统计某学生在校期间所修的课程总数。

分析：

(1) 在函数中需要定义输入参数@Studentid 来接收学生的学号，输入参数@Studentid 的数据类型必须与成绩表中定义的学号类型一致。

(2) 该标量值函数返回课程总数，即一个整型单值，所以需要定义@num 变量存储查询的结果。

```
USE student
GO
CREATE FUNCTION GetCourseNum (@Studentid char(13))
RETURNS int
AS
BEGIN
DECLARE @num INT
```

```
    SELECT @num=COUNT(*) FROM 成绩表 WHERE 学号=@Studentid
    RETURN @num
END
GO
```

【**实例 13-2**】在学生成绩数据库中，创建一个标量值函数 GetCouseSum()，功能是统计某学生在某一学期所学课程的总成绩。

```
USE student
GO
CREATE  FUNCTION  GetCouseSum (@Studentid char(13) ,@term char (11))
RETURNS  tinyint
AS
BEGIN
    DECLARE  @sumscore  tinyint
    SELECT  @sumscore =SUM(成绩) FROM 成绩表 WHERE 学号=@Studentid AND 学期
    =@term
    RETURN  @sumscore
END
GO
```

13.2.2　创建内联表值函数

创建内联表值函数的 CREATE FUNCTION 语句，其语法格式如下：

```
CREATE FUNCTION 内联表值函数名(参数名 数据类型[,…])
RETURNS TABLE
AS
RETURN
(
    查询语句
)
```

其中，RETURNS 子句仅包含关键字 TABLE。TABLE 是特殊的变量类型，表示该函数是一个表值函数，返回值是一张表。而内联表值型函数没有由 BEGIN...END 语句括起来的函数体。在 RETURN 子句的括号中定义了单个查询语句，用来表示将要返回的表的信息。

【**实例 13-3**】在学生成绩数据库中，创建一个内联表值函数 CourseScore()，要求能够查询某一课程所有学生成绩列表。内容包括课程号、课程名、学号、学期、课程成绩。

分析：

(1) 在函数中需要定义输入参数@Courseid 来接收课程号，输入参数@Courseid 的数据类型必须与成绩表中定义的课程号类型一致。

(2) 查询的信息涉及课程表和成绩表，两张数据表通过课程号字段连接，由单个 SELECT 语句完成。查询的结果作为本函数的返回值，即某一课程所有学生成绩列表。由 RETURN 子句返回给调用方。

```
USE student
```

```
GO
CREATE FUNCTION CourseScore(@Courseid char(10))
RETURNS TABLE
AS
RETURN
    (
    SELECT 课程表.课程号, 课程名,学号,学期,成绩 FROM 课程表 INNER JOIN 成绩表 ON
    课程表.课程号=成绩表.课程号 WHERE 课程表.课程号=@Courseid
    )
GO
```

【实例 13-4】在学生成绩数据库中，创建一个内联表值函数 SelectTeacher，功能是根据系名列出该系的教师信息和所在系的名称。

```
USE student
GO
CREATE FUNCTION SelectTeacher( @departname nvarchar(20))
RETURNS TABLE
AS
RETURN
(
    SELECT 教师表.*,系表.系名
    FROM 教师表 INNER JOIN 系表 ON 教师表.系号=系表.系号
    WHERE 系表.系名=@departname
)
GO
```

13.2.3　创建多语句表值函数

创建多语句表值函数的 CREATE FUNCTION 语句，其语法格式如下：

```
CREATE FUNCTION 多语句表值函数名(参数名 数据类型[,…])
RETURNS @返回表名 TABLE  (返回表结构)
AS
BEGIN
    函数体
    RETURN
END
```

有关多语句表值函数的语法格式的几点说明如下。

(1) 在 RETURNS 子句中设置的是将要返回的表的定义，包含表名和表结构的定义。

(2) 多语句表值函数需要由 BEGIN...END 定义函数体。

(3) 函数体包含一系列 Transact-SQL 语句(如控制流语句、DECLARE 语句、SELECT 语句、INSERT 语句等)，这些语句可生成行，将返回的结果插入到新定义的表中。

(4) RETURN 会将该表作为结果返回。

【实例 13-5】在 Student 数据库中，创建一个多语句表值函数 CourseScoreInfo()，功能是根据课程号列出课程号、课程名、课程的最高分和最低分。

分析:

(1) 在函数中需要定义输入参数@Courseid 来接收课程号。

(2) 该函数以表的形式作为返回值,需要定义一张临时表,包括课程号、课程名、课程的最高分和最低分各列的定义。

(3) 将 SELECT 语句执行的结果插入到新定义的临时表中,作为返回值返回。

```
USE student
GO
CREATE FUNCTION CourseScoreInfo( @Courseid char(10))
RETURNS @课程成绩信息表  TABLE
(课程号 CHAR(10),课程名  nvarchar(20),最高分  tinyint,最低分  tinyint)
AS
BEGIN
    INSERT  @课程成绩信息表
    SELECT 课程表.课程号, 课程名,MAX(成绩)  ,MIN(成绩)
    FROM 成绩表 INNER JOIN 课程表 ON 成绩表.课程号=课程表.课程号
    WHERE 课程表.课程号=@Courseid
    GROUP BY 课程表.课程号, 课程表.课程名
    RETURN
END
```

13.3 修改用户定义函数

在对象资源管理器中,连接到 SQL Server 数据库引擎实例,展开该实例下的【数据库】节点,展开选中的数据库,展开【可编程性】节点,展开【函数】节点,展开【表值函数】节点或【标量值函数】节点,右击需要修改的用户定义函数,在弹出的快捷菜单中选择【修改】命令,此时在右侧的编辑窗口中出现该函数的修改语句,根据实际需要修改相应的 Transact-SQL 语句。修改完毕,单击工具栏上的【执行】按钮修改该函数,完成修改操作。

Transact-SQL 中提供了 ALTER FUNCTION 语句来修改用户定义函数,修改之后的用户定义函数与原函数名称相同,它不会更改权限,也不会影响相关的函数、存储过程或触发器。其语法格式与 CREATE FUNCTION 的格式类似。

【实例 13-6】修改前面创建的标量值函数 GetCourseNum(),统计某学生在 "2012/2013-2" 学期所修的课程总数。

```
USE student
GO
ALTER FUNCTION GetCourseNum(@Studnetid char(13) ,@term char (11))
RETURNS int
AS
BEGIN
DECLARE @num INT
SELECT @num=COUNT(*) FROM 成绩表 WHERE 学号=@Studnetid AND 学期='2012/2013-
2'            --修改 SELECT 查询条件
RETURN @num
```

```
END
GO
```

【实例 13-7】修改前面创建的内联表值函数 CourseScore()，功能是通过课程号和班级号查询出某班级的某门课程的成绩信息。

```
USE student
GO
ALTER FUNCTION CourseScore (@Courseid  CHAR(10),@Classid CHAR(8))
 --增加输入参数@Classid
RETURNS TABLE
AS
RETURN
(
  SELECT 课程号,班号,学生表.学号,学期,成绩                --修改查询语句
  FROM 成绩表 INNER JOIN 学生表 ON 成绩表.学号=学生表.学号
  WHERE 课程号=@Courseid  AND 班号=@Classid
)
```

13.4　删除用户定义函数

在对象资源管理器中，连接到 SQL Server 数据库引擎实例，展开该实例下的【数据库】节点，展开选中的数据库，展开【可编程性】节点，展开【存储过程】节点，展开【表值函数】节点或【标量值函数】节点，右击需要删除的用户定义函数，在弹出的快捷菜单中选择【删除】命令，打开【删除对象】对话框，如图 13-1 所示。单击【确定】按钮，完成删除操作。删除该用户定义函数后，对应类别的用户定义函数节点下将不再显示该用户定义函数。

删除用户定义函数的 Transact-SQ 语句是 DROP FUNCTION 语句，其语法格式如下：

```
DROP FUNCTION 用户定义函数名
```

图 13-1　【删除对象】对话框

【实例 13-8】 删除用户定义函数 GetCourseNum()。

```
USE student
GO
DROP FUNCTION dbo. GetCourseNum
GO
```

13.5　执行用户定义函数

标量值函数的返回值是标量值，内联表值函数和多语句表值函数的返回值是表。在 Transact-SQL 语句中，标量值函数用于相同数据类型的标量值位置，内联表值函数和多语句表值函数用于表的位置。

13.5.1　执行标量值函数

标量值函数的返回值是一个单值。可以在 SELECT 语句和 EXEC 语句中调用标量值函数。在 SELECT 语句中调用语法格式如下：

```
SELECT 拥有者.函数名(实参值1,…,实参值n)
```

使用 EXEC 语句调用语法格式如下：

```
格式1
EXEC 函数名 值[,...n]
格式2
EXEC 函数名 参数名=值[,...n]
```

提示： 格式 1 要求实参与函数中的形参顺序一致。

【实例 13-9】调用修改过的标量值函数 GetCourseNum，统计学号为"11214D24"的学生在"2012/2013-2"学期所修的课程总数。

方法一：使用 SELECT 语句执行：

```
USE student
GO
SELECT dbo.GetCourseNum ('11214D24', '2012/2013-2')
GO
```

执行结果如下：

无列名
2

方法二：使用 EXEC 语句执行：

```
USE student
GO
DECLARE @CouseCount INT
EXEC @CouseCount=GetCourseNum '11214D24', '2012/2013-2'
SELECT @CouseCount AS 课程数
GO
```

运行结果如下:

```
课程数
2
```

【**实例 13-10**】调用标量值函数 GetCouseSum(),统计学号为"11214D24"的学生在"2012/2013-2"学期所学课程的总成绩。

方法一:使用 SELECT 语句执行。

```
USE student
GO
SELECT dbo. GetCouseSum('11214D24', '2012/2013-2'))
GO
```

执行结果如下:

```
(无列名)
145
```

方法二:使用 EXEC 语句执行。

```
USE student
GO
DECLARE @CouseSum  INT
EXEC @CouseSum = GetCouseSum '11214D24', '2012/2013-2'
SELECT @CouseSum  AS 总成绩
GO
```

执行结果如下:

```
总成绩
145
```

13.5.2 执行内联表值函数

内联表值函数的调用只能通过 SELECT 语句,其格式如下:

```
SELECT * FROM 函数名(实参值1,…,实参值n)
```

【**实例 13-11**】调用内联表值函数 SelectTeacher(),查询"电子工程系"的教师信息和所在系的系号。

```
USE student
GO
SELECT * FROM SelectTeacher('11214D')
GO
```

执行结果如下:

教师号	姓名	性别	出生日期	职称	系号	系名
20035004	朱亚辉	男	1974-07-03 00:00:00.000	副教授	1	电子工程系
20065005	关帅	男	1983-03-12 00:00:00.000	讲师	1	电子工程系
20095006	陈晓宇	男	1964-02-03 00:00:00.000	教授	1	电子工程系
20105024	石珠峰	男	1984-09-19 00:00:00.000	讲师	1	电子工程系

【实例 13-12】调用修改过的内联表值函数 CourseScore()，查询班号"11214D"的班级的"M01F011"号课程的成绩信息。

```
USE student
GO
SELECT * FROM CourseScore('M01F011','11214D')
GO
```

执行结果如下：

课程号	班号	学号	学期	成绩
M01F011	11324D	11324D01	2013/2014-2	87
M01F011	11324D	11324D04	2013/2014-2	82
M01F011	11324D	11324D05	2013/2014-2	83

13.5.3 执行多语句表值函数

多语句表值函数的调用与内联表值函数的调用方法相同，也是只能使用 SELECT 语句。

【实例 13-13】调用多语句表值函数 CourseScoreInfo()，查询"M01F011"号课程的信息。包括课程号、课程名、课程的最高分和最低分。

```
USE student
GO
SELECT * FROM  CourseScoreInfo ('M01F011')
GO
```

执行结果如下：

课程号	课程名	最高分	最低分
M01F011	电路基础	92	62

13.6　查看用户定义函数

在 SQL Server 中，用户定义函数的名称保存在 sysobjects 系统表中，创建用户定义函数的源代码保存在 syscomments 系统表中。根据不同需要，可以使用 sys.sql_modules、sp_helptext、sp_help 等系统存储过程，也可以使用对象资源管理器菜单来查看用户定义函数的不同信息。

系统存储过程 sp_helptext 用于查看用户定义函数的文本信息，其语法格式如下：

```
sp_helptext  用户定义函数名
```

系统存储过程 sp_help 用于查看用户定义函数的一般信息，其语法格式如下：

```
sp_help  用户定义函数名
```

【实例 13-14】用系统存储过程 sp_helptext 查看用户定义函数 GetCourseNum()的定义文本信息。其中，GetCourseNum()函数是用户定义的一个标量值函数，功能是统计某学生本学期所修的课程总数。

```
USE student
```

```
GO
sp_helptext    GetCourseNum
GO
```

运行结果如图 13-2 所示。

	Text
1	CREATE FUNCTION GetCourseNum
2	(@Studnetid CHAR(13))
3	RETURNS INT
4	AS
5	BEGIN
6	DECLARE @num INT
7	SELECT @num=COUNT(*) FROM 成绩表 WHERE 学号=@Studn...
8	RETURN @num
9	END

图 13-2　GetCourseNum()函数的定义文本信息

13.7　小型案例实训

通过 13.1～13.6 节内容的学习，已经掌握了用户定义函数的创建方法。同时也掌握了修改、删除和执行用户定义函数的方法。下面创建学生成绩数据库中的用户定义函数。

【任务 13-1】创建一个标量值函数 MaxScoreOfAll()，用来求出所有课程的最高分。

```
USE student
GO
CREATE FUNCTION MaxScoreOfAll( )
RETURNS tinyint
AS
BEGIN
     DECLARE @maxscore INT
SELECT @maxscore=MAX(成绩) FROM 成绩表
RETURN @maxscore
END
GO
```

【任务 13-2】执行 MaxScoreOfAll( )函数。

```
SELECT dbo.MaxScoreOfAll ( )
```

执行结果如下：

```
最高分
93
```

【任务 13-3】创建一个标量值函数 GetCouseAvg()，功能是统计某学生某一学期所学课程的平均分。

```
USE student
```

```
GO
CREATE  FUNCTION  GetCouseAvg (@Studnetid char(13) ,@term char (11))
RETURNS  tinyint
AS
BEGIN
DECLARE  @avgscore tinyint
    SELECT  @avgscore=AVG(成绩)  FROM  成绩表
    WHERE 学号=@Studnetid  AND 学期=@term
    RETURN  @avgscore
    END
GO
```

【任务 13-4】执行 GetCouseAvg ()函数，统计学号为"11214D24"的学生"2012/2013-2"学期所学课程的平均分。

方法一：使用 SELECT 语句执行。

```
SELECT dbo.GetCouseAvg ('11214D24', '2012/2013-2')  AS 平均分
```

方法二：使用 EXEC 语句执行。

```
DECLARE @avgscore  tinyint
EXEC @avgscore  = GetCouseAvg '11214D24', '2012/2013-2'
SELECT @avgscore  AS 平均分
```

执行结果如下：

```
平均分
72
```

【任务 13-5】创建的内联表值函数 SelectTeacherInfor()，功能是根据班级号查询出该班级的班主任信息。

```
USE student
GO
CREATE FUNCTION SelectTeacherInfor
( @classid char(8))
RETURNS TABLE
AS
RETURN
(
SELECT 班级表.班号,教师表.*
FROM 教师表 INNER JOIN 班级表 ON 教师表.教师号=班级表.班主任号
WHERE 班级表.班号=@classid
)
GO
```

【任务 13-6】执行 SelectTeacherInfor ()函数，查询 11214D 班级的班主任信息。

```
SELECT * FROM SelectTeacherInfor ('11214D')
```

执行结果如下：

班号	教师号	姓名	性别	出生日期	职称	系号
11214D	20105024	石珠峰	男	1984-09-19 00:00:00.000	讲师	1

【任务 13-7】创建用户定义函数 GetCourseScore()，用来实现查询某学生每门课程的成绩。

```
USE student
GO
CREATE FUNCTION GetCourseScore
(
  @Studentid char(10)
)
RETURNS TABLE
AS
RETURN
(
SELECT 学生表.学号,学生表.姓名,课程表.课程号,课程表.课程名,成绩 FROM 学生表 INNER
JOIN  成绩表 ON 学生表.学号=成绩表.学号 INNER JOIN 课程表 ON 课程表.课程号=成绩表.
课程号
WHERE 学生表.学号=@Studentid
)
GO
```

【任务 13-8】行 GetCourseScore ()函数，查询"11214D24"号学生每门课程的成绩。

```
SELECT * FROM GetCourseScore ('11214D24')
```

执行结果如下：

学号	姓名	课程号	课程名	成绩
11214D24	杜启明	M01F011	电路基础	67
11214D24	杜启明	M01F01C10	单片机技术	78

【任务 13-9】创建一个多语句表值函数 CScoreInfo()，功能是根据课程号列出课程号、课程名、课程的平均分、最高分和最低分。

```
USE student
GO
CREATE FUNCTION CScoreInfo
( @Courseid char(10))
RETURNS
@课程成绩信息表  TABLE ( 课程号 CHAR(10),课程名  nvarchar(20),平均分  tinyint,
最高分  tinyint, 最低分  tinyint)
AS
BEGIN
INSERT  @课程成绩信息表
SELECT 课程表.课程号, 课程名,AVG(成绩),MAX(成绩)  ,MIN(成绩)
FROM 成绩表 INNER JOIN 课程表 ON 成绩表.课程号=课程表.课程号
WHERE 课程表.课程号=@Courseid
GROUP BY 课程表.课程号, 课程表.课程名
RETURN
END
GO
```

【任务 13-10】执行 CScoreInfo()函数，查询课程号为"M01F011"的课程名、课程的

平均分、最高分和最低分。

```
SELECT * FROM CScoreInfo ('M01F011')
```

执行结果如下：

课程号	课程名	平均分	最高分	最低分
M01F011	电路基础	78	92	62

【任务 13-11】 修改函数 MaxScoreOfAll()，查询某一学生的所有课程的最高分。

```
 USE student
GO
ALTER FUNCTION MaxScoreOfAll ( @Studnetid char(13))
RETURNS tinyint
AS
BEGIN
    DECLARE @maxscore INT
    SELECT @maxscore=MAX(成绩) FROM 成绩表 WHERE 学号=@Studnetid
    RETURN @maxscore
END
GO
```

【任务 13-12】 执行 MaxScoreOfAll ()函数，查询"11214D24"号学生的所有课程的最高分。

```
SELECT dbo.MaxScoreOfAll ('11214D24') AS 所有课程最高分
```

执行结果如下：

所有课程最高分
78

【任务 13-13】 删除函数 MaxScoreOfAll()。

```
USE student
GO
DROP FUNCTION MaxScoreOfAll
GO
```

小　　结

用户定义函数(User Defined Functions，UDF)是有序的 T-SQL 语句集合，该语句集合能够预先优化和编译，并且可以作为一个单元来调用。它和存储过程的主要区别在于返回结果的方式。它的返回值可以是单个标量值或表变量结果集。

根据函数返回值形式的不同将用户定义函数分为标量值函数、内联表值函数和多语句表值函数 3 种类型。

创建用户定义函数的语句是 CREATE FUNCTION 语句。

修改用户定义函数的语句是 ALTER FUNCTIONION 语句。

删除用户定义函数的语句是 DROP FUNCTION 语句。

标量值函数的返回值是标量值，内联表值函数和多语句表值函数的返回值是表。在 Transact-SQL 语句中，标量值函数用于相同数据类型的标量值位置，内联表值函数和多语句表值函数用于表的位置。

习 题

1. 填空题

(1) 用户定义函数分为_____、_____和_____3 种类型。

(2) 创建用户定义函数使用 T-SQL 语句是_____。

(3) 调用标量值函数可以使用两种方法，分别是_____和_____。

(4) 修改用户定义函数使用的 T-SQL 语句是_____，删除用户定义函数使用的 T-SQL 语句是_____。

(5) 调用内联表值函数和多语句表值函数只能使用_____语句。

2. 操作题

项目 3 中创建的图书馆管理数据库 library，该数据库中包含图书馆所需要管理的书籍和读者信息。数据库中包含的表包括读者类型表、读者信息表、图书类型表、图书基本信息表、图书信息表、图书借阅表和图书罚款表。

现需要对图书馆管理数据库 library 创建用户定义函数用来实现如下功能。

(1) 创建函数用来统计某位读者没有返还图书的数量。

(2) 创建函数用来查询某个日期之前的图书借阅情况，包括图书编号、ISBN、借阅日期、借阅者姓名和当前图书状态。

项目 14

创建触发器

【项目要点】

● 触发器的概念。
● 触发器的种类。
● 创建和使用触发器。
● 修改和删除触发器。

【学习目标】

● 了解触发器的概念。
● 掌握触发器的分类。
● 掌握创建、修改、删除和使用触发器的方法。

14.1 登录触发器

触发器(TRIGGER)是一种特殊类型的存储过程，也是由大量的 Transact-SQL 语句组成，用于完成某项任务。它不能被显式地调用，主要是通过事件进行触发而被自动调用执行的。常见的触发事件就是对数据表的插入 INSERT、更新 UPDATE、删除 DELETE 等操作。在 SQL Server 中，可以用约束来保证数据的有效性和完整性，但是约束直接设置于数据表内，只能实现一些比较简单的功能操作，当要引用其他表中的列或者执行一些比较复杂的功能时必须使用触发器。

在 SQL Server 中，按照触发事件的不同可以将触发器分为登录触发器、数据定义语言(Data Definition Language，DDL)触发器和数据操纵语言(Data Manipulation Language，DML)触发器。

登录触发器将为响应 LOGON 事件而激发存储过程。与 SQL Server 实例建立用户会话时将引发此事件。登录触发器将在登录的身份验证阶段完成之后且用户会话实际建立之前激发。因此，来自触发器内部且通常将到达用户的所有消息(例如错误消息和来自 PRINT 语句的消息)会传送到 SQL Server 错误日志。如果身份验证失败，将不激发登录触发器。可以使用登录触发器来审核和控制服务器会话，例如通过跟踪登录活动、限制 SQL Server 的登录名或限制特定登录名的会话数。

创建登录触发器的语句是 CREATE TRIGGER 语句，其语法格式如下：

```
CREATE TRIGGER 触发器名称 ON ALL SERVER
 [ WITH <触发器参数> [ ,...n ] ]
{ FOR| AFTER } LOGON
AS
 语句块
```

【实例 14-1】假设已存在登录名 login_test，创建登录触发器 connection_limit_trigger，禁止该登录名登录。

```
USE master
GO
CREATE TRIGGER connection_limit_trigger
```

```
ON ALL SERVER WITH EXECUTE AS 'login_test'
FOR LOGON
AS
BEGIN
   ROLLBACK;
END
```

14.2　DDL 触发器

14.2.1　DDL 触发器的概念

DDL 触发器是在响应数据定义语言(DDL)事件时触发。这些事件主要与以关键字 CREATE、ALTER、DROP、GRANT、DENY、REVOKE 或 UPDATE STATISTICS 开头的 Transact-SQL 语句对应。执行 DDL 式操作的系统存储过程也可以激发 DDL 触发器。DDL 触发器的主要作用是执行管理操作，如审核系统、控制数据库的操作等。

一般来说，如果要执行以下操作，请使用 DDL 触发器。

● 防止对数据库架构进行某些更改。

● 希望数据库中发生某种情况以响应数据库架构的更改。

● 记录数据库架构的更改或事件。

14.2.2　DDL 触发器的类型

DDL 触发器分为 Transact-SQL DDL 触发器和 CLR DDL 触发器。

● Transact-SQL DDL 触发器：用于执行一个或多个 Transact-SQL 语句以响应服务器范围或数据库范围事件的一种特殊类型的 Transact-SQL 存储过程。例如，如果执行某个语句(如 ALTER SERVER CONFIGURATION)或者使用 DROP TABLE 删除某个表，则激发 DDL 触发器。

● CLR DDL 触发器：将执行在托管代码(在.NET Framework 中创建并在 SQL Server 中上载的程序集的成员)中编写的方法，而不用执行 Transact-SQL 存储过程。

从 DBMS 视角看，DDL 分为服务器范围和数据库范围。

● 服务器范围的 DDL 触发器，其影响范围就是整个 SQL Server 服务器。例如，数据库的建立、修改与删除；登录账户的建立、修改与删除等。

● 数据库范围的 DDL 触发器，主要是对数据库级别安全对象的 DDL 动作进行监控。例如，创建、删除、修改表；创建索引等。

💡 注意：　服务器范围的 DDL 触发器显示在 SQL Server Management Studio 对象资源管理器的"触发器"文件夹中。此文件夹位于"服务器对象"文件夹下。数据库范围的 DDL 触发器显示在"数据库触发器"文件夹中。此文件夹位于相应数据库的"可编程性"文件夹下。

14.2.3　DDL 触发器的作用域

在响应当前数据库或服务器上处理的 Transact-SQL 事件时，可以触发 DDL 触发器。触发器的作用域取决于事件。例如，每当数据库中或服务器实例上发生 CREATE_TABLE 事件时，都会激发为响应 CREATE_TABLE 事件创建的 DDL 触发器。仅当服务器实例上发生 CREATE_LOGIN 事件时，才能激发为响应 CREATE_LOGIN 事件创建的 DDL 触发器。

【实例 14-2】创建 DDL 触发器 safety，每当要对数据库中的表进行修改或删除操作时该触发器都会激发，提示用户必须先禁止该触发器才能完成对表的修改或删除操作，并回滚。

```
USE master
GO
    CREATE TRIGGER safety ON DATABASE
    FOR DROP_TABLE, ALTER_TABLE
    AS
    BEGIN
        PRINT '请先禁止本触发器后再对表进行修改或删除！'
        ROLLBACK TRANSACTION
    END
    GO
```

💡 注意：　ROLLBACK TRANSACTION 语句用于回滚之前所做的修改，将数据库恢复到原来的状态。

14.2.4　创建 DDL 触发器

打开 SQL Server Management Studio，在对象资源管理器中，连接到 SQL Server 数据库引擎实例，展开该实例下的【数据库】节点，展开选中的数据库，展开【可编程性】节点，右击【数据库触发器】节点，在弹出的快捷菜单中选择【新建数据库触发器】命令。此时，在右侧的编辑区域出现创建 DDL 触发器的默认语法格式。根据实际需要，输入 CREATE TRIGGER 语句。单击工具栏上的【分析】按钮，执行语法检查，语法检查通过之后，单击【执行】按钮，在结果框中出现"命令已成功完成"的消息时，说明该 DDL 触发器已经创建成功。所展开数据库的数据库触发器节点下将出现创建的 DDL 触发器。

使用 CREATE TRIGGER 语句来创建 DDL 触发器，其语法格式如下：

```
CREATE TRIGGER 触发器名 ON{ALL SERVER|DATABASE}
[WITH ENCRYPTION]
{FOR|AFTER}{event_type}
AS
语句块
```

其中各参数及选项的含义说明如下。

● ALL SERVER 关键字：表示该 DDL 触发器的作用域是整个服务器。

- DATABASE 关键字：表示该 DDL 触发器的作用域是整个数据库。
- WITH ENCRYPTION 选项：表示对该触发器的定义文本进行加密。
- event_type 参数：用于指定触发 DDL 触发器的事件。

这里，列出几种常用的 event_type 参数：数据库范围内的事件类型有 CREATE_TABLE、ALTER_TABLE、DROP_TABLE、CREATE_FUNCTION、ALTER_FUNCTION、DROP_FUNCTION、CREATE_PROCEDURE、ALTER_PROCEDURE、DROP_PROCEDURE 等。服务器范围内的事件类型有 CREATE_DATABASE、ALTER_DATABASE、DROP_DATABASE、CREATE_LOGIN、ALTER_LOGIN、DROP_LOGIN 等。

【实例 14-3】创建 Student 数据库作用域的 DDL 触发器，当删除一个表时，提示禁止该操作，然后回滚删除表的操作。

```
USE student
GO
CREATE TRIGGER  Std_trigger  ON DATABASE
AFTER DROP_TABLE
AS
BEGIN
   PRINT '对不起，您不能对数据表进行删除操作！'
   ROLLBACK TRANSACTION
END
GO
```

Std_trigger 触发器是在 Student 数据库范围内执行 DROP TABLE 命令时触发的，是不允许在 Student 数据库内执行删除表的操作。

现执行以下删除表的语句进行测试：

```
DROP TABLE 成绩表
```

执行结果如图 14-1 所示。

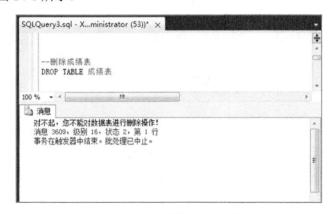

图 14-1　删除成绩表的运行结果

14.2.5　修改 DDL 触发器

如果必须修改 DDL 触发器的定义，只需一个操作即可删除并重新创建触发器，或重新定义现有触发器。

如果更改了由 DDL 触发器引用的对象的名称，则必须修改触发器，以使其文本反映新的名称。因此，在重命名对象之前，需要先显示该对象的依赖关系，以确定所建议的更改是否会影响任何触发器。也可将触发器修改为对定义进行加密。

在对象资源管理器中，连接到 SQL Server 数据库引擎实例，展开该实例下的【数据库】节点，展开选中的数据库，展开【可编程性】节点，展开【数据库触发器】节点，右击需要修改的 DDL 触发器，在打开的快捷菜单中选择【修改】命令，此时在右侧的编辑窗口中出现修改该 DDL 触发器的源代码，根据实际需要修改相应的 Transact-SQL 语句。修改完毕，单击工具栏上的【执行】按钮执行修改语句，完成修改操作。

修改 DDL 触发器的 T-SQL 语句是 ALTER TRIGGER 语句，它可以在保留现有的触发器名称的同时，修改触发器的触发动作和执行内容，其语法格式如下：

```
ALTER TRIGGER 触发器名
ON{ALL SERVER|DATABASE}
[WITH ENCRYPTION]
{FOR|AFTER}{event_type}
AS
语句块
```

💡 **注意：** 要修改的触发器必须在数据库中已经存在。修改触发器的方法与创建触发器的方法类似，只是将 CREATE 改为 ALTER 即可。

【实例 14-4】修改实例 14-3 创建的 DDL 触发器 Std_trigger，当修改一个表时，提示禁止该操作，然后回滚对表的操作，并对其定义进行加密。

```
USE student
GO
ALTER TRIGGER  Std_trigger
ON DATABASE
WITH ENCRYPTION
AFTER ALTER_TABLE
AS
BEGIN
   PRINT '对不起，您不能对数据表进行操作！'
   ROLLBACK TRANSACTION
END
GO
```

修改后的 Std_trigger 触发器是在 Student 数据库范围内执行 ALTER_TABLE 命令时触发的，是不允许在 Student 数据库内执行修改表的操作。

现执行以下修改表的语句进行测试：

```
ALTER TABLE 学生表 ADD 系号   tinyint      --修改学生表，增加系号一列
```

执行结果如下：

```
对不起，您不能对数据表进行操作！
消息 3609,级别 16,状态 2,第 1 行
事务在触发器中结束.批处理已中止.
```

14.3　DML 触发器

14.3.1　DML 触发器的概念

DML 触发器是我们通常所指的触发器，也是用得最多的触发器，为特殊类型的存储过程，可在发生数据操纵语言(DML)事件时自动生效，以便影响触发器中定义的表或视图。DML 事件包括 INSERT、UPDATE 或 DELETE 语句。DML 触发器可用于强制执行业务规则和数据完整性、查询其他表并包括复杂的 Transact-SQL 语句。将触发器和触发它的语句作为可在触发器内回滚的单个事务对待。如果检测到错误(例如，磁盘空间不足)，则整个事务即自动回滚。

14.3.2　DML 触发器的优点

DML 触发器的主要优点是用户可以用编程的方法来实现复杂的处理逻辑和业务规则，增强了数据完整性约束的功能。具备以下一些优点：

- 通过数据库中的相关表实现级联更改；通过级联引用完整性约束可以更有效地执行这些更改。
- DML 触发器可以防止恶意或错误的 INSERT、UPDATE 以及 DELETE 操作，并强制执行比 CHECK 约束定义的限制更为复杂的其他限制。
- DML 触发器可以禁止或回滚违反引用完整性的更改，从而取消所尝试的数据修改。
- DML 触发器可以比较表修改前后数据直接的差别，并根据差别采取相应的操作。

14.3.3　DML 触发器的类型

DML 触发器根据事件的不同可以分为 AFTER 触发器和 INSTEAD OF 触发器。

1. AFTER 触发器

该类触发器在执行 INSERT、UPDATE、和 DELETE 语句的操作之后触发，并且这种触发器只能定义在数据表上。它主要是用于记录变更后的处理或检查，一旦发现错误，也可以用 ROLLBACK TRANSACTION 语句来回滚本次的操作。如果违反了约束，则永远不会执行 AFTER 触发器；因此，这些触发器不能用于任何可能防止违反约束的处理。

根据数据操纵语言事件该类触发器又可以具体分为 INSERT 触发器、DELETE 触发器和 UPDATE 触发器。

- INSERT 触发器：当向表中插入新的数据时触发，自动执行触发器所定义的 SQL 语句。
- DELETE 触发器：DELETE 触发器和 INSERT 触发器的工作方式相同，当删除表中数据时触发，自动执行触发器所定义的 SQL 语句。

- UPDATE 触发器：当对表中现有的数据进行修改时触发，自动执行触发器所定义的 SQL 语句。

2. INSTEAD OF 触发器

INSTEAD OF 触发器又称为替代触发器，一般是用来替代原本要进行的操作，起到激活触发器的作用，一旦激活触发器后原来的 SQL 语句中的操作将停止执行，立即转去执行触发器本身所定义的操作，相当于禁止某种操作。INSTEAD OF 触发器可以在表或视图上创建，每个表或视图只能有一个 INSTEAD OF 触发器。

INSTEAD OF 触发器的主要优点是可以使不能更新的视图支持更新。基于多个基表的视图必须使用 INSTEAD OF 触发器。

14.4 创建 DML 触发器

14.4.1 inserted 表和 deleted 表

DML 触发器有两个特殊的表，即插入表(inserted 表)和删除表(deleted 表)。这两个表是逻辑表也是虚表。当触发器触发时由系统自动在内存中创建，不会存储在数据库中。对于这两个表，用户只有读取的权限，没有修改的权限。并且这两个表的结构总是与触发器所在数据表的结构是完全相同的。当触发器的工作完成之后，这两个表将会从内存中被自动删除。

- inserted 表：用于存储 INSERT 和 UPDATE 语句所影响的行的副本，即在该表中临时保存了被插入或被修改后的数据。在执行 INSERT 或 UPDATE 语句时，新加入行被同时添加到 inserted 表中。
- deleted 表：用于存储 DELETE 和 UPDATE 语句所影响的行的副本，即在该表中临时保存了被删除或是更新前的数据。在执行 DELETE 或 UPDATE 语句时，每条删除的记录都会被插入到 deleted 表中。

修改(Update)数据的时候就是先删除表记录，然后增加一条记录。当在某一个由 UPDATE 触发器的表上修改一条记录时，表中原来的记录移动到 deleted 表中，修改过的记录插入到 inserted 表中。这样在 inserted 和 deleted 表就都有 update 后的数据记录了。如表 14-1 所示。

表 14-1 inserted 表和 deleted 表

对表的操作	inserted 逻辑表	deleted 逻辑表
增加记录(insert)	存放增加的记录	无
删除记录(delete)	无	存放被删除的记录
修改记录(update)	存放更新后的记录	存放更新前的记录

注意： 触发器本身就是一个事务，所以在触发器中可以对修改数据进行一些特殊的检查。如果不满足可以利用事务回滚，撤销操作。

14.4.2　创建包含提醒消息的 DML 触发器

打开 SQL Server Management Studio，在对象资源管理器中，连接到 SQL Server 数据库引擎实例，展开该实例下的【数据库】节点，展开选中的数据库，展开【表】或【视图】节点，展开选中的表或视图，右击【触发器】节点，在弹出的快捷菜单中选择【新建触发器】命令。此时，在右侧的编辑区域出现创建 DML 触发器的默认语法格式。根据实际需要，输入 CREATE TRIGGER 语句。单击工具栏上的【分析】按钮，执行语法检查，语法检查通过之后，单击【执行】按钮，在结果框中出现"命令已成功完成"的消息时，说明该 DML 触发器已经创建成功。所展开数据库的表或视图的触发器节点下将出现创建的 DML 触发器。创建了 DML 触发器的表或视图称为触发器表或触发器视图。

使用 CREATE TRIGGER 语句创建 DML 触发器，其语法格式如下：

```
CREATE TRIGGER 触发器名 ON 表名 | 视图名
[WITH ENCRYPTION]
{FOR|AFTER|INSTEAD OF}
{[INSERT][,][DELETE][,][UPDATE]}
AS
语句块
```

其中各参数及选项的含义说明如下。

- FOR|AFTER|INSTEAD OF：3 个关键字中任选一个，其中 FOR 和 AFTER 关键字的作用相同，都是指定 DML 触发器仅在触发 SQL 语句中指定的所有操作已成功执行之后才被触发。INSTEAD OF 用于指定执行 DML 触发器而不是触发 SQL 语句，因此，其优先级高于触发语句的操作。不能为 DDL 触发器指定 INSTEAD OF。
- [INSERT][,][DELETE][,][UPDATE]：指定数据修改语句，既可以一次指定一种事件，也可以在一个触发器中同时指定多个触发事件。

注意：　有一些 T-SQL 语句是不能在 DML 触发器中使用的，包括 CREATE DATABASE、ALTER DATABASE、DROP DATABASE、RESTORE LOG 等语句。

注意：　视图中只能创建 INSTEAD OF 触发器。

【实例 14-5】创建包含提醒消息的 DML 触发器。每当用户向教师表中插入一行数据时触发该触发器，就显示一个提示信息。

分析：

(1) 在本例中，创建的触发器是由插入操作触发的，所以我们创建的是 INSERT 触发器。

(2) 该例中可以指定 AFTER 选项，或者也可以用 FOR 选项，表示触发器只有在插入操作完成后才被触发。

语句如下：

```
USE student
GO
CREATE TRIGGER Trigger_TeacherInsert ON 教师表
```

```
    AFTER INSERT
AS
    PRINT '向教师表中插入了数据'
GO
```

触发器创建结束后，在查询编辑器窗口中输入以下插入语句进行测试：

```
INSERT INTO 教师表 VALUES('20045007','王明','男',1976-10-12,'副教授',5 )
```

执行该插入语句，系统则显示如图 14-2 所示的消息。

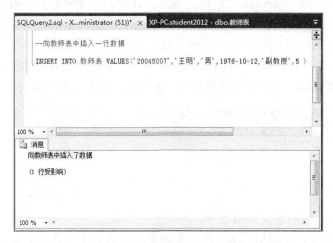

图 14-2　向教师表中插入数据

14.4.3　创建在表之间强制实现业务规则的 DML 触发器

【实例 14-6】实现业务规则。在班级表中创建一个 INSERT 触发器，当向班级表中插入一条新的班级信息之后，显示该班级所在系的班级总数。

分析：

(1) 在本例中，创建的触发器是由插入操作触发的，当向班级表中插入记录时，这条记录就被保存在 inserted 表中。

(2) 当触发器被触发后，需要根据 inserted 表新记录的系号去查询所属系的班级数。

语句如下：

```
USE student
GO
    CREATE TRIGGER Trigger_ClassInsert  ON 班级表
    AFTER INSERT
    AS
    BEGIN
        DECLARE @num INT
        SELECT @num=COUNT(*) FROM 班级表
        WHERE 系号=(SELECT 系号 FROM inserted)
        PRINT '该系班级总数更新为'+char(48+@num)+'个'
END
GO
```

在查询编辑器窗口中输入以下插入语句，即向班级表中插入一条新的班级信息：

```
INSERT INTO 班级表 VALUES('41211P','计算机应用',2012,0,4,'20115108'  )
执行该插入语句后，Trigger_ClassInsert 触发器将被触发执行,实现班级人数更新
```

运行结果如下：

```
该系班级总数更新为1个
(1 行受影响)
```

【实例 14-7】实现业务规则。在成绩表中，不能删除考试成绩不及格的该门课程的考试记录。

分析：

(1) 在本例中，创建的触发器是由删除操作触发的，所以我们创建的是 DELETE 触发器。当删除考试记录时，这条被删除的记录就保存在 deleted 表中。

(2) 该例中可以指定 AFTER 选项，或者也可以用 FOR 选项，表示触发器只有在插入操作完成后才被触发。

(3) 当触发器被触发后，需要判断删除的考试记录的成绩是不是不及格。如果不及格，则不允许删除这条记录，就用 ROLLBACK 取消删除事务。

语句如下：

```
USE student
GO
CREATE TRIGGER Trigger_ScoreDelete ON 成绩表
  AFTER DELETE
AS
    IF EXISTS (SELECT * FROM deleted WHERE 成绩<60)
    BEGIN
    PRINT '不能删除成绩不及格的考试记录！'
        ROLLBACK
  END
GO
```

【实例 14-8】实现业务规则。在成绩表中，不能将不及格的考试记录改为及格。

分析：

(1) 在本例中，创建的触发器是由更新操作触发的，所以我们创建的是 UPDATE 触发器。当修改考试记录时，这条被修改的原始记录就保存在 deleted 表中，而更新之后的记录保存在 inserted 表中。

(2) 该例中可以指定 AFTER 选项，或者也可以用 FOR 选项，表示触发器只有在更新操作完成后才被触发。

(3) 当触发器被触发后，需要判断当前修改的考试记录的成绩是不是不及格。如果不及格，则不允许更新这条记录，就用 ROLLBACK 取消更新事务。

语句如下：

```
USE student
GO
CREATE TRIGGER Trigger_ScoreUpdate  ON  成绩表
```

```
AFTER UPDATE
AS
IF EXISTS (SELECT * FROM inserted JOIN deleted
    ON inserted.学号= deleted.学号 AND inserted.课程号=deleted.课程号
    WHERE deleted.成绩<60 AND inserted.成绩>=60)
BEGIN
    PRINT '不能将不及格成绩改为及格！'
        ROLLBACK
 END
GO
```

【实例 14-9】 创建 INSTEAD OF 触发器，不允许删除系表中数据。

分析：在系表中执行 delete 操作时，会使用其他操作替代 delete 操作。这需要创建 INSTEAD OF 触发器。

语句如下：

```
USE student
GO
CREATE TRIGGER Trigger_Dep_instead ON 系表
INSTEAD OF DELETE
AS
BEGIN
    PRINT '不允许对系表数据执行删除操作'
END
GO
```

触发器创建后，执行删除系表中的数据操作。

```
DELETE 系表
```

执行该删除语句后，Trigger_Dep_instead 触发器将被触发执行，输出提示信息如下：

```
不允许对系表数据执行删除操作
 (5 行受影响)
```

14.5　修改 DML 触发器

14.5.1　修改 DML 触发器定义

在对象资源管理器中，连接到 SQL Server 数据库引擎实例，展开该实例下的【数据库】节点，展开选中的数据库，展开【表】或【视图】节点，展开选中的视图或表，展开【触发器】节点，右击需要修改的 DML 触发器，在弹出的快捷菜单中选择【修改】命令，此时在右侧的编辑窗口中出现修改该 DML 触发器的源代码，根据实际需要修改相应的 Transact-SQL 语句。修改完毕，单击工具栏上的【执行】按钮执行修改语句，完成修改操作。

Transact-SQL 中提供了 ALTER TRIGGER 语句来修改触发器。其语法格式与 CREATE TRIGGER 的格式类似。修改 DML 触发器的语法格式如下：

```
ALTER TRIGGER 触发器名 ON 表名 | 视图名
[WITH ENCRYPTION]
{FOR|AFTER|INSTEAD OF}
{[INSERT][,][DELETE][,][UPDATE]}
AS
 语句块
```

修改触发器，各选项的功能与创建触发器的命令一样，这里不再重复说明。

【实例 14-10】修改 Student 数据库中在教师表上定义的触发器 Trigger_TeacherInsert，将其输出的信息稍作修改，并对触发器进行加密。

```
USE student
GO
ALTER TRIGGER Trigger_TeacherInsert ON  教师表
WITH  ENCRYPTION
AFTER INSERT
AS
    PRINT '插入新的教师信息成功！'
GO
```

语句执行结果如下：

```
消息
插入新的教师信息成功！
(1 行受影响)
```

测试是否能查看触发器的定义信息。

```
EXECUTE sp_helptext  Trigger_TeacherInsert
GO
```

运行结果如下：

```
消息
对象 'Trigger_TeacherInsert' 的文本已加密。
```

14.5.2　指定第一个和最后一个 DML 触发器

可将与表关联的 AFTER 触发器之一指定为执行每个 INSERT、DELETE 和 UPDATE 触发操作时激发的第一个或最后一个 AFTER 触发器。在第一个和最后一个触发器之间激发的 AFTER 触发器将按未定义的顺序执行。

若要指定 AFTER 触发器的顺序，请使用 sp_settriggerorder 存储过程。sp_settriggerorder 的语法格式如下：

```
sp_settriggerorder [ @triggername = ] '[架构.]触发器名'
   , [ @order = ] '值'
   , [ @stmttype = ] '触发事件'
   [ , [ @namespace = ] { 'DATABASE' | 'SERVER' | NULL } ]
```

其中各参数及选项的含义说明如下。

- [@order=] '值': 触发器的新顺序的设置。value 的数据类型为 varchar(10)，可以是表 14-2 列出的值中的任意一个值。

表 14-2 触发器的新顺序的设置值

值	说　明
First	指定 DML 触发器是执行触发操作时激发的第一个 AFTER 触发器
Last	指定 DML 触发器是执行触发操作时激发的最后一个 AFTER 触发器
无	指定不按特定的顺序激发 DML 触发器

注意：　第一个和最后一个触发器必须是两个不同的 DML 触发器。

- [@stmttype=] '触发事件'：指定触发触发器的 SQL 语句。触发事件可以是 INSERT、UPDATE、DELETE、LOGON 或 DDL 事件中列出的任何 Transact-SQL 语句事件。
  只有已将触发器定义为某个语句类型的触发器之后，才能将该触发器指定为该语句类型的 First 或 Last 触发器。例如，如果 TR1 已定义为 INSERT 触发器，则可将触发器 TR1 指定为表 T1 的 INSERT 语句的 First 触发器。如果已将 TR1 仅定义为 INSERT 触发器，但却被设置为 UPDATE 语句的 First 或 Last 触发器，则数据库引擎将返回错误。

- @namespace = { 'DATABASE' | 'SERVER' | NULL }：如果触发器是 DDL 触发器，则指定所创建的触发器是具有数据库作用域还是服务器作用域。如果触发器是登录触发器，则必须指定 SERVER。如果未指定或指定为 NULL，则触发器为 DML 触发器。

说明：

- DML 触发器。用于单个表的每个语句只能有一个 First 触发器和一个 Last 触发器。如果已为表、数据库或服务器定义了 First 触发器，则不能为相同 statement_type 的同一个表、数据库或服务器指定新的 First 触发器。此限制也适用于 Last 触发器。

- DDL 触发器。如果同一事件中同时存在具有数据库作用域的 DDL 触发器和具有服务器作用域的 DDL 触发器，则可以将两个触发器分别指定为 First 触发器或 Last 触发器。但是，服务器作用域的触发器始终最先触发。

常规触发器的注意事项：

如果 ALTER TRIGGER 语句更改了第一个或最后一个触发器，则最初为触发器设置的 First 或 Last 属性被删除，并且其值被替换为 None。必须使用 sp_settriggerorder 重新设置顺序值。

如果必须将同一触发器指定为多个语句类型的第一个或最后一个触发器，则必须为每个语句类型执行 sp_settriggerorder。另外，必须先将触发器定义为某个语句类型，然后才能将其指定为针对该语句类型触发的 First 或 Last 触发器。

【实例 14-11】设置 DML 触发器的触发顺序。指定触发器 Trigger_TeacherInsert 是对教师表执行 INSERT 操作后触发的第一个触发器。

```
USE student
GO
sp_settriggerorder @triggername='Trigger_TeacherInsert', @order='First',
@stmttype= INSERT;
GO
```

【实例 14-12】设置 DDL 触发器的触发顺序。指定触发器 Std_trigge 是对 student 数据库执行 ALTER_TABLE 操作后触发的第一个触发器。

```
USE student
GO
sp_settriggerorder @triggername='Std_trigge',@order='First', @stmttype =
'ALTER_TABLE', @namespace = 'DATABASE'
GO
```

14.5.3　禁用 DML 触发器

在有些情况下，用户希望暂停触发器的作用，但并不删除它。例如，当学生毕业时，要清理学生表中部分学生的信息，但是并不希望这个删除操作激活与之有关的触发器工作。在这种情况下就可以先禁用触发器，等清理完成后再"启用"触发器。

禁用触发器不会删除该触发器，该触发器仍然作为对象存在于当前数据库中。但是，当执行任意 INSERT、UPDATE 或 DELETE 语句(在其上对触发器进行了编程)时，触发器将不会激发。若要禁用 DML 触发器，用户必须至少对为其创建触发器的表或视图具有 ALTER 权限。

在对象资源管理器中，连接到 SQL Server 数据库引擎实例，展开该实例下的【数据库】节点，展开选中的数据库，展开【表】节点或【视图】节点，展开【触发器】节点，右击需要禁用的触发器，在弹出的快捷菜单中选择【禁用】命令，打开【禁用触发器】对话框，如图 14-3 所示。单击【关闭】按钮，完成触发器的禁用。

使用 ALTER TABLE 语句可以禁用指定表上的指定触发器或所有触发器，其语法格式如下：

```
ALTER TABLE 表名
DISABLE TRIGGER
{ALL|触发器名[,…n]}
```

【实例 14-13】禁用 Student 数据库中在教师表上定义的触发器 Trigger_TeacherInsert。

```
USE student
GO
ALTER TABLE 教师表 DISABLE TRIGGER Trigger_TeacherInsert
GO
```

图 14-3 【禁用触发器】对话框

14.5.4 启用 DML 触发器

已禁用的触发器可以被重新启用，启用触发器会以最初创建它时的方式将其激发。默认情况下，创建触发器后会启用触发器。若要启用 DML 触发器，用户必须至少对为其创建触发器的表或视图具有 ALTER 权限。

在对象资源管理器中，连接到 SQL Server 数据库引擎实例，展开该实例下的【数据库】节点，展开选中的数据库，展开【表】节点或【视图】节点，展开【触发器】节点，右击需要启用的触发器，在弹出的快捷菜单中选择【启用】命令，打开【启用触发器】对话框，如图 14-4 所示。单击【关闭】按钮，完成触发器的启用。

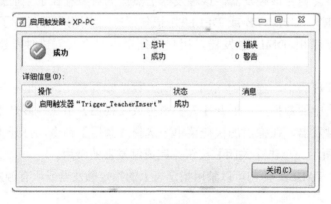

图 14-4 【启用触发器】对话框

使用 ALTER TABLE 语句可以禁用指定表上的指定触发器或所有触发器，其语法格式如下：

```
ALTER  TABLE 表名
ENABLE TRIGGER
{ALL|触发器名[,…n]}
```

【实例 14-14】启用 Student 数据库中在教师表上定义的触发器 Trigger_TeacherInsert。

```
USE student
GO
```

```
ALTER TABLE 教师表 ENABLE TRIGGER Trigger_TeacherInsert
GO
```

14.6　删除 DML 触发器

由于某种原因，需要从表中删除触发器。可以使用 Transact-SQL 语句实现删除，也可以使用对象资源管理器菜单命令删除。删除了触发器后，它就从当前数据库中删除了。它所基于的表和数据不会受到影响。删除表将自动删除其上的所有触发器。

在对象资源管理器中，连接到 SQL Server 数据库引擎实例，展开该实例下的【数据库】节点，展开选中的数据库，展开【表】或【视图】节点，展开【触发器】节点，右击需要删除的触发器，在弹出的快捷菜单中选择【删除】命令，打开【删除对象】对话框，如图 14-5 所示。单击【关闭】按钮，完成触发器的删除。

图 14-5　【删除对象】对话框

删除触发器的语句是 DROP TRIGGER 语句，其语法格式如下：

```
DROP TRIGGER 触发器名
```

【实例 14-15】删除触发器 Trigger_ClassInsert。

```
USE student
GO
DROP  TRIGGER Trigger_ClassInsert
GO
```

14.7　查看 DML 触发器

如果要显示作用于表上的触发器究竟对表有哪些操作，必须查看触发器信息。在 SQL Server 中，可以使用系统存储过程查看触发器。系统存储过程 sp_help、sp_helptext 和 sp_depends 分别提供有关触发器的不同信息。

- sp_helptext：用于查看触发器的正文信息。其语法格式如下：

```
sp_helptext   触发器名称
```

- sp_help：用于查看用户定义函数的一般信息，如触发器的名称、属性、类型和创建时间。其语法格式如下：

```
sp_help   触发器名称
```

- sp_depends：用于查看指定触发器所引用的表或者指定的表涉及的所有触发器。其语法格式如下：

```
sp_depends   触发器名称
sp_depends   表名
```

14.8   小型案例实训

通过 14.1～14.7 节内容的学习，已经掌握了触发器的工作原理，掌握了创建、修改和删除触发器的方法。下面创建学生成绩数据库中的触发器。

【任务 14-1】创建插入触发器 Trigger_StudentInsert。当向学生表中插入一条新的学生信息之后，修改班级表中该学生所在班级的人数。

(1) 创建插入触发器 Trigger_StudentInsert。

```
USE student
GO
 CREATE TRIGGER Trigger_StudentInsert
 ON   学生表
 AFTER INSERT
AS
UPDATE 班级表 SET 人数=人数+1
WHERE 班号=(SELECT 班号  FROM inserted )
GO
```

(2) 测试插入触发器 Trigger_StudentInsert。

在查询编辑器窗口中输入以下插入语句，即向学生表中插入一条学生记录。

```
INSERT INTO 学生表 VALUES('11212P12','李明','男',1994-10-12,'11212P')
```

执行该插入语句后，Trigger_StudentInsert 触发器将被触发执行，实现班级人数更新。

(3) 重新查询该班级人数。

```
SELECT * FROM 班级表 WHERE 班号='11212P'
```

执行结果如下：

班号	班名	入学年份	人数	系号	班主任号
11212P	物联网	2012	2	1	20035004

【任务 14-2】创建删除触发器 Trigger_StudentDelete。当某班有学生退学，即在学生

表中删除一条记录，这时能够自动更新班级表中班级人数的值。

(1) 创建删除触发器 Trigger_StudentDelete。

```
USE student
GO
CREATE TRIGGER Trigger_StudentDelete
ON 学生表
AFTER DELETE
AS
UPDATE 班级表 SET 人数=人数-1  WHERE 班号=(SELECT 班号  FROM deleted )
GO
```

(2) 测试删除触发器 Trigger_StudentDelete。

在查询编辑器窗口中输入以下删除语句，即向学生表中删除刚刚插入的学生记录。

```
DELETE FROM 学生表 WHERE 学号='11212P12'
```

执行该删除语句后，Trigger_StudentDelete 触发器将被触发执行，实现班级人数更新。

(3) 重新查询该班级人数。

```
SELECT * FROM 班级表 WHERE 班号='11212P'
```

执行结果如下：

班号	班名	入学年份	人数	系号	班主任号
11212P	物联网	2012	1	1	20035004

【任务 14-3】　创建修改触发器 Trigger_StudentUpdate。当有学生转班级，即在学生表中将某个学生的班级号进行修改，这时能够自动更新班级表中所涉及班级的人数信息。

(1) 创建修改触发器 Trigger_StudentUpdate。

```
USE student
GO
CREATE TRIGGER Trigger_StudentUpdate
ON 学生表
AFTER UPDATE
AS
BEGIN
UPDATE 班级表 SET 人数=人数+1  WHERE 班号=(SELECT 班号  FROM inserted)
UPDATE 班级表 SET 人数=人数-1  WHERE 班号=(SELECT 班号  FROM deleted)
END
GO
```

(2) 查询修改前各班级人数。

```
SELECT * FROM 班级表
```

执行结果如下：

班号	班名	入学年份	人数	系号	班主任号
11212P	物联网	2012	1	1	20035004
11214D	电子信息工程技术	2012	2	1	20105024
11313D	电子声像	2013	1	1	20065005

11324D	电子信息工程技术	2013	3	1	20105024
21212P	数控技术	2012	2	2	20105038
21213P	电子组装技术	2012	2	2	20105046

(3) 测试修改触发器 Trigger_StudentUpdate。

在查询编辑器窗口中输入以下修改语句，即向学生表中修改学生记录，将 11214D 班的 11214D24 号学生转到 11212P 班。

```
UPDATE 学生表 SET 班号='11212P' WHERE 学号='11214D24'
```

执行该修改语句后，Trigger_StudentUpdate 触发器将被触发执行，实现班级人数更新。

(4) 查询修改后各班级人数。

```
SELECT * FROM 班级表
```

执行结果如下：

班号	班名	入学年份	人数	系号	班主任号
11212P	物联网	2012	2	1	20035004
11214D	电子信息工程技术	2012	1	1	20105024
11313D	电子声像	2013	1	1	20065005
11324D	电子信息工程技术	2013	3	1	20105024
21212P	数控技术	2012	2	2	20105038
21213P	电子组装技术	2012	2	2	20105046

【任务 14-4】现要求用户不允许对成绩表中信息进行修改、删除操作。

分析功能特点：也可以这样理解，如果用户对成绩表进行修改或者删除操作时，提示不允许这样操作。需要创建一个替代(INSTEAD OF)触发器。

(1) 创建替代触发器 Trigger_score_Instead。

```
USE student
GO
CREATE TRIGGER Trigger_score_Instead
ON 成绩表
INSTEAD OF DELETE,UPDATE
AS
BEGIN
PRINT'不允许对成绩表中数据进行修改和删除！'
END
GO
```

(2) 测试替代触发器 Trigger_score_Instead。

触发器创建后，在成绩表中将状态为重修的学生状态修改为初修状态。

```
UPDATE 成绩表 SET 状态='初修' WHERE 状态='重修'
```

执行该修改语句后，Trigger_score_Instead 触发器将被触发执行，输出提示信息如下：

```
消息
不允许对成绩表中数据进行修改和删除！
(2 行受影响)
```

小　结

本项目主要讲述了触发器的概念以及各种触发器的创建、使用和管理，触发器是与数据库和数据表相结合的特殊的存储过程。SQL Server 有两类触发器，即 DML 触发器和 DDL 触发器。当数据表有 INSERT、UPDATE、DELETE 操作影响到触发器所保护的数据时，DML 触发器就会自动触发执行其中的 T-SQL 语句。一般在使用 DML 触发器之前应优先考虑使用约束，只有在必要的时候才使用 DML 触发器。而当数据库有 CREATE、ALTER、DROP 操作时，可以激活 DDL 触发器，并运行其中的 T-SQL 语句。

触发器主要用于加强业务规则和数据完整性。通过本项目的学习，我们应该掌握 DML 和 DDL 触发器的所有操作。

习　题

1. 填空题

(1) 按照触发器事件的不同，触发器可以分为＿＿＿＿＿＿＿＿、＿＿＿＿＿＿＿和＿＿＿＿＿＿＿＿＿＿＿＿＿3 种。

(2) 创建触发器使用 T-SQL 语句是＿＿＿＿＿＿＿＿＿＿＿＿＿＿＿＿。

(3) 修改触发器使用的 T-SQL 语句是＿＿＿＿＿＿＿＿＿＿＿＿＿＿，删除触发器使用的 T-SQL 语句是＿＿＿＿＿＿＿＿＿＿＿＿＿。

(4) DML 触发器可以分为＿＿＿＿＿＿＿＿＿、＿＿＿＿＿＿＿＿＿两种类型。

(5) 后触发的触发器需要使用＿＿＿＿＿＿＿＿＿＿关键字说明。

(6) 替代触发器需要使用＿＿＿＿＿＿＿＿＿＿关键字说明。

2. 操作题

项目 3 中创建的图书馆管理数据库 library，该数据库中包含图书馆所需要管理的书籍和读者信息。数据库中包含的表包括读者类型表、读者信息表、图书类型表、图书基本信息表、图书信息表、图书借阅表和图书罚款表。

现需要对图书馆管理数据库 library 创建触发器用来实现如下功能:

(1) 创建一个 DELETE 触发器，实现当删除某位读者信息后，就删除该读者的借阅信息。

(2) 创建一个 UPDATE 触发器，实现当更新某位读者编号时，会把借阅记录中的读者编号也进行修改。

(3) 创建一个 INSTEAD OF 触发器，不允许将图书基本信息表进行修改和删除。

(4) 创建一个 DDL 触发器，不允许删除读者信息表。

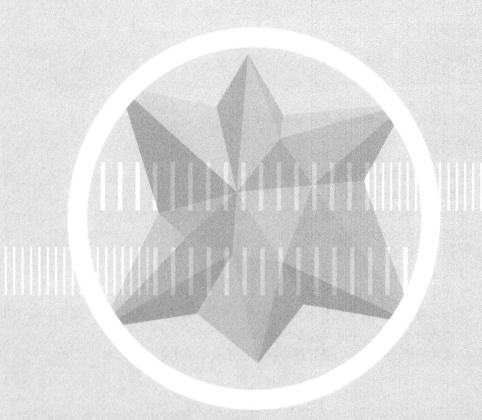

项目 15

备份和还原数据库

【项目要点】

● 备份、还原、恢复。
● 备份设备。
● 恢复模式。
● 不同恢复模式下的数据库备份和还原操作。

【学习目标】

● 掌握备份的概念、作用和类型。
● 了解备份策略的内容。
● 掌握选择备份类型的方法。
● 掌握还原和恢复的概念。
● 了解备份设备及其概念。
● 掌握创建备份设备的方法。
● 掌握恢复模式的概念、类型。
● 掌握完整恢复模式下完整数据库备份及还原、差异数据库备份及还原、文件或文件组备份及还原、事务日志备份及还原的方法。
● 掌握简单恢复模式下完整数据库备份和差异数据库备份及还原的方法。

15.1 备　　份

在实际生活工作中，我们经常会遇到一些数据丢失或损坏的事情。而导致数据丢失或损坏的原因可能是各方面的。比如，计算机中毒、硬盘损坏、系统崩溃等一些原因。为了保证数据安全，最重要的一个措施就是确保对数据进行定期备份，如果数据库中的数据丢失或者出现错误，可以使用备份的数据库进行还原，这样就尽可能地降低了意外原因导致的损失。本项目主要介绍数据库备份和还原的含义，以及如何对数据库进行备份和还原的操作。

15.1.1　备份的概念

数据库备份就是对数据库结构和数据对象的复制，将其存放在安全可靠的位置，以便在数据库遭到破坏时能够及时修复数据库，数据备份是数据库管理员非常重要的工作。在数据库备份过程中涉及备份设备，备份类型的内容。

15.1.2　备份的作用

备份的作用是用于后备支援，替补使用。备份是容灾的基础，是指为防止系统出现操作失误或系统故障导致数据丢失，而将全部或部分数据集合从应用主机的硬盘或阵列复制到其他的存储介质的过程。

数据库中的删除操作都是不可修复的，有时可能因为误操作删除了数据表中的数据，备份数据库可以保护你的资料，当程序出现什么问题时有可能会导致数据遗失。备份数据库的作用就是当数据库损坏时，能够很快将当前损坏的数据库恢复到备份时的数据库。

15.1.3　备份的类型

SQL Server 2012 有 4 种不同的备份类型，分别是完整数据库备份、完整文件备份、差异备份和事务日志备份。

- 完整数据库备份：这种备份就是复制数据库中的所有信息，通过单个完整备份，就能将数据库恢复到某个时间点的状态。完整数据库备份易于使用，它包含数据库中的所有数据。对于可以快速备份的小数据库而言，最佳方法是使用完整数据库备份，但如果数据库中数据大，完整数据库备份会需要花费较多时间，同时也会占用较多的空间，这时，仅作完整数据库备份可能满足不了用户需求。
- 完整文件备份：适用于包含多个文件或文件组的 SQL Server 数据库。完整文件备份指备份一个或多个文件或文件组中的所有数据。文件备份在默认情况下包含足够的日志记录，可以将文件前滚至备份操作的末尾。使用文件备份能够只还原损坏的文件，而不用还原数据库的其余部分，从而加快了恢复速度。
- 差异备份：差异备份只备份上次数据库备份后发生更改的部分数据库，最初的备份使用完整数据库备份保存完整的数据库内容，之后则使用差异备份只记录有变动的部分。与完整数据库备份相比，差异备份因为只备份改变的内容，所以这种类型的备份速度比较快，可以频繁地执行，差异备份中也备份了部分事务日志。
- 事务日志备份：事务日志是一个单独的文件，它记录数据库的改变。这种备份类型是备份所有数据库修改的记录，用来在还原操作期间提交完成的事务以及回滚未完成的事务，在创建第一个事务日志备份之前，必须先创建完成备份，事务日志备份记录备份操作开始时的事务日志状态。利用事务日志备份方法，在数据库还原时可以指定还原到某一个时间点，这是完整备份和差异备份无法实现的。

15.1.4　备份策略

备份数据必须根据特定环境进行自定义，并且必须使用可用资源。因此，可靠使用备份以实现恢复需要有一个备份策略。设计良好的备份策略在考虑到特定业务要求的同时，可以尽量提高数据的可用性并尽量减少数据的丢失。备份策略需要仔细计划、实现和测试，必须考虑各种因素，其中包括：

- 对数据库的生产目标，尤其是对可用性和防止数据丢失的要求。
- 每个数据库的特性，包括大小、使用模式、内容特性以及数据要求等。
- 对资源的约束，如硬件、人员、备份介质的存储空间以及所存储介质的物理安全性等。

15.1.5　备份类型的选择

在对象资源管理器中，连接到 SQL Server 数据库引擎实例，展开该实例下的【数据库】节点，右击【student】节点，在弹出的快捷菜单中选择【任务】|【备份】命令，打开

【备份数据库】对话框，如图 15-1 所示。

图 15-1　【备份数据库】对话框

单击【备份类型】右侧的长按钮，设置备份类型为完整、差异和事务日志，单击【确定】按钮，备份数据库。

15.2　还原和恢复

15.2.1　还原的概念

还原是备份的相反操作，当完成备份之后，如果数据库出现故障时，将备份的数据库加载到系统，从而使数据库恢复到备份时的正确状态。还原是为了实现备份的目的而进行的操作。SQL Server 还原和恢复支持从整个数据库、数据文件或数据页的备份还原数据。

- 数据库("数据库完整还原")：还原和恢复整个数据库，并且数据库在还原和恢复操作期间处于脱机状态。
- 数据文件("文件还原")：还原和恢复一个数据文件或一组文件。在文件还原过程中，包含相应文件的文件组在还原过程中自动变为脱机状态。访问脱机文件组的任何尝试都会导致错误。
- 数据页("页面还原")：在完整恢复模式或大容量日志恢复模式下，可以还原单个数据库。可以对任何数据库执行页面还原，而不管文件组数为多少。

15.2.2　恢复的概念

数据库恢复实际上就是利用技术手段把不可见或不可正常运行的数据文件恢复成正常运行的过程。因为随着数据库技术在各个行业和各个领域大量广泛的应用，在对数据库应用的过程中，人为误操作、人为恶意破坏、系统的不稳定、存储介质的损坏等原因，都有可能造成重要数据的丢失。一旦数据出现丢失或者损坏，都将给企业和个人带来巨大的损失。这就需要进行数据库恢复。

15.3　备 份 设 备

15.3.1　备份设备的概念

在进行备份之前必须先创建备份设备。备份设备是指将数据库备份到的目标载体，即备份的数据写入的物理备份设备。在 SQL Server 2012 中有 3 种备份设备，即磁盘备份设备、磁带备份设备和逻辑备份设备。

15.3.2　备份磁盘的概念

备份磁盘包含一个或多个备份文件的硬盘或其他磁盘存储介质，备份文件时常规的操作系统文件。

15.3.3　介质集的概念

介质集是备份介质(磁带或磁盘文件)的有序集合，使用固定类型和数量的备份设备向其写入了一个或多个备份操作。介质集是在备份操作过程中通过格式化备份介质从而在备份介质上创建的。

15.3.4　介质簇的概念

介质簇由在介质集中的单个非镜像设备或一组镜像设备上创建的备份构成。介质集所使用的备份设备的数量决定了介质集中的介质簇的数量。例如，如果介质集使用两个非镜像备份设备，则该介质集包含两个介质簇。

15.3.5　备份集的概念

备份集是通过成功的备份操作添加到介质组的备份内容。从备份所属的介质集方面对备份集进行说明。如果备份介质只包含一个介质簇，则该簇包含整个备份集。如果备份介质包含多个介质簇，则备份集分布在各个介质簇之间。

15.3.6　创建备份设备

在创建任何类型的数据库备份之前，都要创建备份设备。

打开 SQL Server Management Studio，在对象资源管理器中，连接到 SQL Server 数据库引擎实例，展开该实例下的【服务器对象】节点，右击【备份设备】节点，在弹出的快捷菜单中选择【新建备份过程】命令，打开【备份设备】对话框，如图 15-2 所示。输入设备名称，目标位置为默认值。单击【确定】按钮，完成备份设备的创建。

图 15-2 　【备份设备】对话框

创建备份设备使用存储过程 sp_addumpdevice，其语法格式如下：

```
EXEC sp_addumpdevice [ @devtype = ] '备份设备类型' , [ @logicalname = ] '备
份设备的逻辑名称' , [ @physicalname = ] '备份设备的物理名称'
```

其中，备份设备的类型可以是'disk'，'pipe'，'tape'，备份设备的逻辑名不能为 NULL，备份设备的物理名称必须遵照操作系统文件名称的规则或者网络设备的通用命名规则，并且必须包括完整的路径，不能为 NULL。

【实例 15-1】在磁盘上创建一个备份设备 test_device，对应的物理文件名称是"d:\backup\test_device.bak"。

```
USE master
GO
EXEC sp_addumpdevice 'disk','test_device','d:\backup\test_device.bak'
GO
```

15.4　恢　复　模　式

15.4.1　恢复模式的概念

恢复模式是一种数据库属性，它控制如何记录事务，事务日志是否需要(以及允许)备份，以及可以使用哪些类型的还原操作。恢复模式旨在控制事务日志维护。SQL Server 2012 中有简单恢复模式、完整恢复模式和大容量日志恢复模式 3 种。通常，数据库使用完整恢复模式或简单恢复模式。

15.4.2　恢复模式的类型

- 简单恢复模式：可以将数据库恢复到上一次的备份。在简单恢复模式中，无须做日志备份，所以它只支持最简单的数据库备份和还原方式，只能将数据库恢复到

最后一次备份的结尾。每次备份后，如果出现严重故障，数据库最后一次备份之后做的数据修改将全部丢失。每次更新都会增加丢失工作的风险，这种情况将一直持续到下一次备份。对于小型数据库或者数据更改频率不高的数据库，通常使用简单恢复模式。

- 完整恢复模式：该模式为默认恢复模式，它是可以将数据库恢复到任意时间点。在完整恢复模式中，需要日志备份。因为数据库所有操作全部写入日志，所以可以将数据库还原到特定的时间点，这时数据文件丢失或损坏都不会导致丢失工作。在完整恢复模式下，还原数据备份之后，必须还原所有后续的事务日志备份，然后再恢复数据库。可以将数据库还原到这些日志备份之一的特定恢复点。

- 大容量日志恢复模式：该模式是对完整恢复模式的补充，允许执行高性能的大容量复制操作。在大容量日志恢复模式中，需要日志备份。简单地说，就是要对大容量操作进行最小日志记录，节省日志文件的空间(如导入数据、批量更新、SELECT INTO 等操作时)。比如一次在数据库中插入数十万条记录时，在完整恢复模式下每一个插入记录的动作都会记录在日志中，使日志文件变得非常大，在大容量日志恢复模式下，只记录必要的操作，不记录所有日志，这样可以大大提高数据库的性能，但是由于日志不完整，一旦出现问题，数据将可能无法恢复。因此，一般只有在需要进行大量数据操作时才将恢复模式改为大容量日志恢复模式，数据处理完毕之后，马上将恢复模式改回完整恢复模式。

打开 SQL Server Management Studio，在对象资源管理器中，连接到 SQL Server 数据库引擎实例，展开该实例下的【数据库】节点，右击选中的数据库，在弹出的快捷菜单中选择【数据库属性】命令，打开【数据库属性】对话框，如图 15-3 所示。定位【选项】页，设置恢复模式类型为完整、大容量日志、简单之一，单击【确定】按钮，完成恢复模式类型的选择。

图 15-3　【数据库属性】对话框

15.5　完整恢复模式下的完整数据库备份与还原

15.5.1　完整恢复模式下的完整数据库备份

打开 SQL Server Management Studio，在对象资源管理器中，连接到 SQL Server 数据库引擎实例，展开该实例下的【数据库】节点，右击选中的数据库，先设置恢复模式为【完整】，然后右击该数据库，在弹出的快捷菜单中选择【任务】|【备份】命令，打开【备份数据库】对话框，如图 15-4 所示。

图 15-4　【备份数据库】对话框

在【常规】页的【源】选项组中选择备份数据库的名称，备份类型为【完整】。在【常规】页的【备份集】选项组中输入此次备份的名称、说明内容和过期时间。在【常规】页的【目标】选项组中选择备份设备类型和备份设备名称。单击【确认】按钮，出现如图 15-5 所示的消息框，提示完成数据库的备份操作。

图 15-5　消息框

完整数据库备份使用 BACKUP DATABASE 语句，其语法格式如下：

```
BACKUP DATABASE 数据库名 TO 备份设备名
```

【**实例 15-2**】采用完整数据库备份模式，将学生成绩数据库备份。

```
USE master
GO
BACKUP DATABASE student to 学生成绩数据库备份
GO
```

语句运行结果如下：

```
已为数据库 student，文件 'student2012' (位于文件 1 上) 处理了 352 页。
已为数据库 student，文件 'student2012_log' (位于文件 1 上) 处理了 2 页。
BACKUP DATABASE 成功处理了 354 页，花费 0.029 秒 (95.366 MB/s)。
```

15.5.2 完整恢复模式下的完整数据库还原

打开 SQL Server Management Studio，在对象资源管理器中，连接到 SQL Server 数据库引擎实例，右击该实例下的【数据库】节点，在弹出的快捷菜单中选择【还原数据库】命令，打开【还原数据库】对话框，如图 15-6 所示。在【常规】页中设置还原的目标选择要恢复的数据库 student，选中【源设备】单选按钮，将备份设备添加进来。在【选项】页中，选中【覆盖所有现有备份集】复选框，单击【确定】按钮，系统进行还原。

图 15-6 【还原数据库】对话框

还原完整数据库备份使用 RESTORE DATABASE 语句，其语法格式如下：

```
RESTORE DATABASE 数据库名 [ FROM 备份设备名[ ,...n ] ]
[WITH REPLACE, NORECOVERY | RECOVERY]
```

其中，WITH REPLACE 选项指定如果存在同名的数据库，则将该数据库删除并重新创建，NORECOVERY 选项指定不发生回滚，语句执行结束后，数据库仍然处于还原状态，不可使用。RECOVERY 选项是默认值，在完成当前备份前滚之后执行回滚，语句执行结束后，数据库处于可使用状态。

【实例 15-3】将实例 15-2 中创建的学生成绩数据库备份进行还原。

```
USE master
GO
RESTORE DATABASE student FROM 学生成绩数据库备份 WITH REPLACE
GO
```

语句运行结果如下：

```
已为数据库'student'，文件'Student2012'(位于文件 1 上)处理了 216 页。
已为数据库'student'，文件'student2012_log'(位于文件 1 上)处理了 1 页。
RESTORE DATABASE 成功处理了 225 页，花费 0.282 秒(6.233MB/s)。
```

15.6　完整恢复模式下的差异数据库备份与还原

差异备份所基于的是最近一次的完整数据备份。差异备份仅捕获自该次完整备份后发生更改的数据。差异备份所基于的完整备份称为差异的"基准"。

15.6.1　完整恢复模式下的差异数据库备份

打开 SQL Server Management Studio，在对象资源管理器中，连接到 SQL Server 数据库引擎实例，展开该实例下的【数据库】节点，右击选中的数据库，先设置恢复模式为【完整】，然后右击该数据库，在弹出的快捷菜单中选择【任务】|【备份】命令，打开【备份数据库】对话框。在【常规】页的【源】选项组中选择备份数据库的名称，备份类型为【差异】。在【常规】页的【备份集】选项组中输入此次备份的名称，说明内容和过期时间。在【常规】页的【目标】选项组中选择备份设备类型和备份设备名称。单击【确认】按钮，完成数据库的备份操作。

完整数据库备份使用 BACKUP DATABASE 语句，其语法格式如下：

```
BACKUP DATABASE 数据库名 TO 备份设备名  WITH DIFFERENTIAL
```

【实例 15-4】采用完整数据库备份模式，将学生成绩数据库进行差异备份。

```
USE master
GO
BACKUP DATABASE student to 学生成绩数据库备份 WITH DIFFERENTIAL
GO
```

15.6.2　完整恢复模式下的差异数据库还原

打开 SQL Server Management Studio，在对象资源管理器中，连接到 SQL Server 数据库引擎实例，右击该实例下的【数据库】节点，在弹出的快捷菜单中选择【还原数据库】命令，打开【还原数据库】对话框。在【常规】页中设置还原的目标选择要恢复的数据库student，选中【源设备】单选按钮，将备份设备添加进来。在【选项】页中，选中【覆盖所有现有备份集】单选按钮，单击【确定】按钮，系统进行还原。

还原完整数据库备份使用 RESTORE DATABASE 语句，其语法格式如下：

```
RESTORE DATABASE 数据库名 [ FROM 备份设备名[ ,...n ] ]
[WITH NORECOVERY | RECOVERY]
```

【实例 15-5】　将实例 15-4 中创建的学生成绩数据库备份进行还原。

```
USE master
```

```
GO
RESTORE DATABASE student FROM 学生成绩数据库备份 WITH REPLACE
GO
```

语句运行结果如下：

已为数据库'student'，文件'Student2012'(位于文件 1 上)处理了 216 页。
已为数据库'student'，文件'student2012_log'(位于文件 1 上)处理了 1 页。
RESTORE DATABASE 成功处理了 225 页，花费 0.282 秒(6.233MB/s)。

15.7　完整恢复模式下的事务日志备份与还原

15.7.1　完整恢复模式下的事务日志备份

备份事务日志用于记录前一次的数据库备份或事务日志备份后数据库所作出的改变。事务日志备份必须在一次完整数据库备份之后进行。在备份之前也要创建备份设备。

打开 SQL Server Management Studio，在对象资源管理器中，连接到 SQL Server 数据库引擎实例，展开该实例下的【数据库】节点，右击选中的数据库，先设置恢复模式为【完整】，然后右击该数据库，在弹出的快捷菜单中选择【任务】|【备份】命令，打开【备份数据库】对话框。在【常规】页的【源】选项组中选择备份数据库的名称，备份类型为【事务日志】。在【目标】选项组中选择备份设备。在【选项】页中设置事务日志的信息，选中【截断事务日志】单选按钮，如图 15-7 所示。单击【确认】按钮，完成数据库的事务日志备份操作。

图 15-7　【备份数据库】对话框中的【选项】页

创建事务日志备份使用 BACKUP LOG 语句，其语法格式如下：

```
BACKUP LOG 数据库名 TO 备份设备名[ ,...n ]
[WITH REPLACE, NORECOVERY | RECOVERY]
```

【实例 15-6】采用事务日志备份模式，将学生成绩数据库备份。

```
USE master
```

```
GO
BACKUP LOG student to student 事务日志备份
GO
```

语句运行结果如下:

```
已为数据库'student'文件'student2012_log'(位于文件 1 上)处理了 1 页。
BACKUP LOG 成功处理了 1 页, 花费 0.095 秒(0.66MB/s)。
```

15.7.2　完整恢复模式下的事务日志还原

打开 SQL Server Management Studio, 在对象资源管理器中, 连接到 SQL Server 数据库引擎实例, 右击该实例下的【数据库】节点, 在弹出的快捷菜单中选择【任务】|【备份】命令, 打开【备份数据库】对话框, 如图 15-8 所示。在【常规】页中选中要还原的事务日志备份。在【选项】页中设置相关信息, 单击【确定】按钮, 对事务日志进行还原。

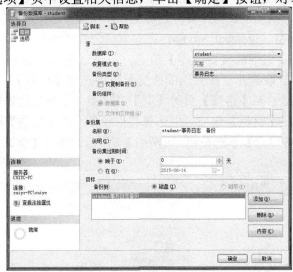

图 15-8　【备份数据库】对话框

还原数据库事务日志使用 RESTORE LOG 语句, 其语法格式如下:

```
RESTORE LOG 数据库名 FROM 备份设备名[ ,...n ] ]
[WITH NORECOVERY | RECOVERY]
```

【实例 15-7】将实例 15-6 中创建的学生成绩数据库事务日志备份进行还原。

```
USE master
GO
RESTORE LOG student FROM student 事务日志备份
GO
```

语句运行结果如下:

```
已为数据库'student'文件'student2012_log'(位于文件 1 上)处理了 1 页。
RESTORE LOG 成功处理了 1 页, 花费 0.069 秒(0.66MB/s)。
```

15.7.3　完整恢复模式下的结尾日志备份

结尾日志备份往往用于出现故障时对数据库进行还原，可以还原至数据库故障之前的最近时间点。结尾日志备份将记录尚未备份的任何日志记录，用以保存自上次备份以来所做的所有数据库操作。数据库还原时，第一个操作是结尾日志备份，备份后数据库处于还原状态，无法使用。通常，后续操作会还原数据库最近一次的完整备份，继之还原对应顺序的差异备份和事务日志备份，最后还原结尾日志备份，使数据库还原至故障前状态。

打开 SQL Server Management Studio，在对象资源管理器中，连接到 SQL Server 数据库引擎实例，展开该实例下的【数据库】节点，右击选中的数据库，先设置恢复模式为【完整】，然后右击该数据库，在弹出的快捷菜单中选择【任务】|【备份】命令，打开【备份数据库】对话框。在【常规】页的【源】选项组中选择备份数据库的名称，备份类型为【事务日志】。在【目标】选项组中选择备份设备。在【选项】页中设置事务日志的信息，选中【备份日志尾部，并使数据库处于还原状态】单选按钮，如图 15-9 所示。单击【确认】按钮，完成数据库的事务日志备份操作。

图 15-9　【备份数据库】对话框中的【选项】页

创建结尾日志备份使用 BACKUP LOG 语句，其语法格式如下：

```
BACKUP LOG 数据库名 TO 备份设备名[ ,...n ]
WITH TRUNCATE,NORECOVERY
```

【实例 15-8】采用结尾日志备份模式，将学生成绩数据库备份。

```
USE master
GO
BACKUP LOG student to student 事务日志备份 WITH TRUNCATE, NORECOVERY
GO
```

结尾日志的还原和普通的事务日志还原操作内容相同。

15.8 完整恢复模式下的文件和文件组备份与还原

15.8.1 完整恢复模式下的文件和文件组备份

当数据库非常大时，可以采用文件或文件组的备份类型来备份数据库。

打开 SQL Server Management Studio，在对象资源管理器中，连接到 SQL Server 数据库引擎实例，展开该实例下的【数据库】节点，右击选中的数据库，先设置恢复模式为【完整】，然后右击该数据库，在弹出的快捷菜单中选择【任务】|【备份】命令，打开【备份数据库】对话框。在【常规】页的【源】选项组中选择备份数据库的名称，备份组件为【文件和文件组】。在【目标】选项组中设置将备份到的文件信息。在【选项】页中设置【覆盖介质】和【可靠性】的信息。单击【确认】按钮，完成数据库的文件和文件组备份操作。

创建文件或文件组备份使用 BACKUP DATABASE 语句，其语法格式如下：

```
BACKUP DATABASE 数据库名 文件或文件组的逻辑名[ ,...n ]
TO 备份设备名[ ,...n ]
```

【实例 15-9】采用文件或文件组备份的模式，将学生成绩数据库备份。student 数据库有一个数据文件 Student2012，事务日志文件 student2012_log。将文件 student2012 备份到备份设备 S1backup 中，将事务日志文件备份到 Slogbackup 中。

```
USE master
GO
EXEC sp_addumpdevice'disk','s1backup','d:\backup\s1backup.bak'
EXEC sp_addumpdevice'disk','slogbackup','d:\backup\slogbackup.bak'
GO
BACKUP DATABASE student FILE='student2012' TO s1backup
BACKUP LOG Student TO slogbackup
GO
```

执行结果如下：

```
已为数据库' student',文件' student2012'(位于文件 1 上)处理了 216 页。
BACKUP DATABASE ...FILE<name>成功处理了 218 页,花费 0.406 秒(4.178MB/s)。
已为数据库' student',文件' student2012_log'(位于文件 1 上)处理了 3 页。
BACKUP LOG 成功处理了 3 页,花费 0.141 秒(0.124MB/s)。
```

15.8.2 完整恢复模式下的文件和文件组还原

对于文件或文件组备份的还原操作有两种方法：一种是使用 SQL Server Management Studio 工具还原数据库；另一种是使用 RESTORE 命令来还原数据库。

打开 SQL Server Management Studio，在对象资源管理器中，连接到 SQL Server 数据库引擎实例，右击该实例下的【数据库】节点，在弹出的快捷菜单中选择【还原数据库】命令，打开【还原文件和文件组】对话框，如图 15-10 所示。在【常规】页中设置还原的目标选择要恢复的数据库，选中【源设备】单选按钮，将备份设备添加进来。在【选项】页中，选中【覆盖所有现有备份集】单选按钮，单击【确定】按钮，系统进行还原。

图 15-10　【还原文件和文件组】对话框

还原文件和文件组备份使用 RESTORE DATABASE 语句，用语法格式如下：

```
RESTORE DATABASE 数据库名 [ FROM 备份设备名[ ,...n ] ] [WITH REPLACE]
```

【实例 15-10】将实例 15-9 中创建的学生成绩数据库文件和文件组备份进行还原。

```
USE master
GO
RESTORE DATABASE student FILE='student2012' FROM s1backup
GO
```

15.9　简单恢复模式下的完整数据库备份与还原

15.9.1　简单恢复模式下的完整数据库备份

打开 SQL Server Management Studio，在对象资源管理器中，连接到 SQL Server 数据库引擎实例，展开该实例下的【数据库】节点，右击选中的数据库，先设置恢复模式为【简单】，然后右击该数据库，在弹出的快捷菜单中选择【任务】|【备份】命令，打开【备份数据库】对话框。在【常规】页的【源】选项组中选择备份数据库的名称，备份类型为【完整】。在【常规】页的【备份集】选项组中输入此次备份的名称、说明内容和过期时间。在【常规】页的【目标】选项组中选择备份设备类型和备份设备名称。单击【确认】按钮，完成数据库的备份操作。

完整数据库备份使用 BACKUP DATABASE 语句，其语法格式如下：

```
BACKUP DATABASE 数据库名 TO 备份设备名
```

【实例 15-11】在简单恢复模式下，对学生成绩数据库进行完整数据库备份操作。

```
USE master
GO
BACKUP DATABASE student to 学生成绩数据库备份
GO
```

语句运行结果如下：

```
已为数据库 student,文件 'student2012' (位于文件 1 上)处理了 352 页。
已为数据库 student,文件 'student2012_log' (位于文件 1 上)处理了 2 页。
BACKUP DATABASE 成功处理了 354 页,花费 0.029 秒(95.366 MB/s)。
```

15.9.2　简单恢复模式下的完整数据库还原

打开 SQL Server Management Studio，在对象资源管理器中，连接到 SQL Server 数据库引擎实例，右击该实例下的【数据库】节点，在打开的快捷菜单中选择【还原数据库】菜单项，打开【还原数据库】对话框。在【常规】页中设置还原的目标选择要恢复的数据库，选中【源设备】单选按钮，将备份设备添加进来。在【选项】页中，选中【覆盖所有现有备份集】单选按钮，单击【确定】按钮，系统进行还原。

还原完整数据库备份使用 RESTORE DATABASE 语句，其语法格式如下：

```
RESTORE DATABASE 数据库名 [ FROM 备份设备名[ ,...n ] ] [WITH REPLACE]
```

【实例 15-12】在简单恢复模式下，将实例 15-11 中创建的学生成绩数据库完整备份进行还原。

```
USE master
GO
RESTORE DATABASE student FROM 学生成绩数据库备份 WITH REPLACE
GO
```

15.9.3　简单恢复模式下的差异数据库备份

打开 SQL Server Management Studio，在对象资源管理器中，连接到 SQL Server 数据库引擎实例，展开该实例下的【数据库】节点，右击选中的数据库，先设置恢复模式为【简单】，然后右击该数据库，在弹出的快捷菜单中选择【任务】|【备份】命令，打开【备份数据库】对话框。在【常规】页的【源】选项组中选择备份数据库的名称，备份类型为【差异】。在【常规】页的【备份集】选项组中输入此次备份的名称、说明内容和过期时间。在【常规】页的【目标】选项组中选择备份设备类型和备份设备名称。单击【确认】按钮，完成数据库的备份操作。

完整数据库备份使用 BACKUP DATABASE 语句，其语法格式如下：

```
BACKUP DATABASE 数据库名 TO 备份设备名 WITH DIFFERENTIAL
```

【实例 15-13】在简单恢复模式下，对学生成绩数据库进行完整数据库备份操作。

```
USE master
GO
```

```
BACKUP DATABASE student to 学生成绩数据库备份 WITH DIFFERENTIAL
GO
```

15.9.4　简单恢复模式下的差异数据库还原

打开 SQL Server Management Studio，在对象资源管理器中，连接到 SQL Server 数据库引擎实例，右击该实例下的【数据库】节点，在弹出的快捷菜单中选择【还原数据库】命令，打开【还原数据库】对话框。在【常规】页中设置还原的目标选择要恢复的数据库，选中【源设备】单选按钮，将备份设备添加进来。在【选项】页中，选中【覆盖所有现有备份集】单选按钮，单击【确定】按钮，系统进行还原。

还原完整数据库备份使用 RESTORE DATABASE 语句，其语法格式如下：

```
RESTORE DATABASE 数据库名 [ FROM 备份设备名[ ,...n ] ]
```

【实例 15-14】在简单恢复模式下，将实例 15-13 中创建的学生成绩数据库完整备份进行还原。

```
USE master
GO
RESTORE DATABASE student FROM 学生成绩数据库备份
GO
```

15.10　小型案例实训

通过 15.1～15.9 节内容的学习，已经掌握了备份和还原的概念，了解了备份类型、恢复模式类型，掌握了设置恢复模式的方法，掌握了在完整恢复模式下进行完整数据库备份、差异数据库备份、事务日志备份、结尾日志备份、文件或文件组备份及还原的操作，掌握了在简单恢复模式下进行完整数据库备份及还原的操作。下面将创建学生成绩数据库的备份和还原操作。

【任务 15-1】在磁盘上创建一个备份设备 stud_device，对应的物理文件名称是"d:\backup\stud.bak"。

```
USE master
GO
EXEC sp_addumpdevice 'disk','stud_device','d:\backup\stud.bak'
GO
```

【任务 15-2】在完整恢复模式下，对学生成绩数据库进行完整数据库备份、差异数据库备份和事务日志备份操作，备份至备份设备 stud_device。

具体操作如下：

(1) 设置恢复模式为"完整恢复模式"。

(2) 完整数据库备份。

```
USE master
GO
```

```
BACKUP DATABASE [student] TO stud_device
GO
```

(3) 差异数据库备份。

```
BACKUP DATABASE Student TO stud_device WITH DIFFERENTIAL
GO
```

(4) 事务日志备份。

```
BACKUP LOG Student TO stud_device
GO
```

【任务 15-3】在完整恢复模式下，对任务 15-2 中备份的学生成绩数据库进行紧急还原。

具体操作如下：

先完成结尾日志备份，然后按备份顺序依次还原。

```
USE master
GO
BACKUP LOG student TO stud_device WITH TRUNCATE, NORECOVERY
GO
RESTORE DATABASE student FROM stud_device WITH FILE=1, NORECOVERY
GO
RESTORE DATABASE student FROM stud_device WITH FILE=2, NORECOVERY
GO
RESTORE LOG student FROM stud_device WITH FILE=3, NORECOVERY
GO
RESTORE LOG student FROM stud_device WITH FILE=4
GO
```

注意： 这里的数据库还原操作顺序和数据库备份操作顺序是完全一致的。通常数据库紧急还原，先备份结尾日志，然后还原最近一次的完整数据库备份，再还原之后的最近一次差异数据库备份，再还原差异数据库备份后的所有事务日志备份，最后还原结尾日志部分，这样确保数据库的所有更改操作得到保存。如果备份文件中保存了多次备份，可以在 RESTORE 语句中通过 FILE= 数值的选项来指定用于还原的备份。

小　　结

数据库备份就是对数据库结构和数据对象的复制，将其存放在安全可靠的位置，数据备份是数据库管理员非常重要的工作。

SQL Server 2012 中有 4 种不同的备份类型，分别是完整数据库备份、完整文件备份、差异备份、事务日志备份。完整数据库备份就是复制数据库里的所有信息，通过单个完整备份，就能将数据库恢复到某个时间点的状态。完整文件备份指备份一个或多个文件或文件组中的所有数据。差异备份只备份上次数据库备份后发生更改的部分数据库，最初的备份使用完整数据库备份保存完整的数据库内容，之后则使用差异备份只记录有变动的部分。事务日志备份是备份所有数据库修改的记录，用来在还原操作期间提交完成的事务以及回滚未完成的事务。结尾日志备份往往用于出现故障时对数据库进行还原，可以还原至数据库故障之前的最近时间点。

还原是备份的相反操作，当完成备份之后，如果数据库出现故障时，将备份的数据库加载到系统，从而使数据库恢复到备份时的正确状态。还原是为了实现备份的目的而进行的操作。

备份设备是指将数据库备份到的目标载体，即备份的数据写入的物理备份设备。在SQL Server 2012 中有磁盘备份设备、磁带备份设备和逻辑备份设备 3 种。

恢复模式是一种数据库属性，它控制如何记录事务，事务日志是否需要(以及允许)备份，以及可以使用哪些类型的还原操作。SQL Server 2012 中有简单恢复模式、完整恢复模式和大容量日志恢复模式 3 种。

备份数据库操作的语句是 BACKUP DATABASE，还原数据库操作的语句是 RESTORE DATABASE。备份事务日志的语句是 BACKUP LOG，还原事务日志的语句是 RESTORE LOG。

习　　题

1. 填空题

(1) 在 SQL Server 系统中，数据库备份的类型有＿＿＿＿＿＿＿＿＿＿＿＿＿＿、＿＿＿＿＿＿＿＿＿＿＿＿、＿＿＿＿＿＿＿＿＿＿＿和 ＿＿＿＿＿＿＿＿＿＿＿＿＿＿＿。

(2) 备份设备分为＿＿＿＿＿＿＿＿＿＿＿＿＿＿＿＿＿、＿＿＿＿＿＿＿＿＿＿＿＿＿和 ＿＿＿＿＿＿＿＿＿＿＿＿＿＿＿。

(3) 只记录自上次数据库备份后发生更改的数据的备份称为＿＿＿＿＿＿＿＿＿＿＿＿ 备份。

(4) 创建备份设备的存储过程是＿＿＿＿＿＿＿＿＿＿＿＿＿＿＿＿＿。

(5) 创建数据库备份的 T-SQL 命令是＿＿＿＿＿＿＿＿＿＿＿＿＿＿。

(6) 还原数据库备份的 T-SQL 命令是＿＿＿＿＿＿＿＿＿＿＿＿＿。

(7) 恢复模式有＿＿＿＿＿＿＿＿＿＿＿＿＿＿＿＿＿＿、＿＿＿＿＿＿＿＿＿＿＿＿＿＿＿和＿＿＿＿＿＿＿＿＿＿＿＿＿＿＿＿＿。

2. 操作题

项目 3 中创建的图书馆管理数据库 library，该数据库中包含图书馆所需要管理的书籍和读者信息。数据库中包含的表包括读者类型表、读者信息表、图书类型表、图书基本信息表、图书信息表、图书借阅表和图书罚款表。

现要对图书馆管理数据库 library 进行备份与还原的操作如下:

(1) 对数据库 library 进行在简单恢复模式下的完整数据库备份。

(2) 将读者姓名为"郭玉娇"的读者删除。

(3) 还原数据库 library，查看郭玉娇读者是否存在?

项目 16

导入和导出数据库中的数据

【项目要点】

- SSIS 工作方式。
- 创建 SSIS 包。
- 执行 SSIS 包。

【学习目标】

- 了解 SSIS 的作用和工作方式。
- 掌握创建和执行 SSIS 包来导入和导出数据库中数据的方法。

16.1 使用 SQL Server 导入和导出向导

SQL Server 导入和导出向导为创建从源向目标复制数据的 Integration Services 包提供了最简便的方法。可以从【开始】菜单、从 SQL Server Management Studio 或使用命令提示符启动 SQL Server 导入和导出向导。

16.1.1 启动 SQL Server 导入和导出向导

1. 从【开始】菜单启动

单击【开始】菜单，选择【所有程序】| Microsoft SQL Server 2012 命令，打开【导入和导出数据】对话框，即可启动 SQL Server 导入和导出向导，界面如图 16-1 所示。

图 16-1 【欢迎使用 SQL Server 导入和导出向导】界面

2. 从 SQL Server Management Studio 启动

在 SQL Server Management Studio 中，连接到 SQL Server 数据库引擎实例，展开该实例下的【数据库】节点，右击选定的数据库，在弹出的快捷菜单中选择【任务】|【导入数据】或【导出数据】命令。

3. 命令提示符启动

在命令提示符窗口中运行 DTSWizard.exe(位于 C:\Program Files\Microsoft SQL Server\ 100\DTS\Binn)。

16.1.2　SQL Server 导入和导出向导界面

1.【欢迎使用 SQL Server 导入和导出向导】界面

这是一个欢迎界面,界面中介绍了 SQL Server 导入和导出向导的功能,见图 16-1。若选中【不再显示此起始页】,下次打开向导时跳过欢迎页。

2.【选择数据源】界面

在该界面中可以指定要复制的数据源,界面如图 16-2 所示。

图 16-2　【选择数据源】界面

在该界面中需要指定的选项如下。

- 数据源:选择与源的数据存储格式相匹配的数据访问接口。可用于数据源的访问接口可能不止一个。
- 服务器名称:输入包含相应数据的服务器的名称,或者从列表中选择服务器。
- 使用 Windows 身份验证:指定包是否应使用 Microsoft Windows 身份验证登录数据库。为了实现更好的安全性,建议使用 Windows 身份验证。
- 使用 SQL Server 身份验证:指定包是否应使用 SQL Server 身份验证登录数据库。如果使用 SQL Server 身份验证,则必须提供用户名和密码。
- 用户名:使用 SQL Server 身份验证时,指定数据库连接的用户名。
- 密码:使用 SQL Server 身份验证时,提供数据库连接的密码。
- 数据库:从指定的 SQL Server 实例上的数据库列表中选择。
- 刷新:通过单击【刷新】按钮,还原可用数据库的列表。

3. 【选择目标】界面

在该界面中可以指定要复制的数据的目标，界面如图 16-3 所示。在该界面中需要先指定【目标】选项。

图 16-3　【选择目标】界面

若目标选择了 SQL Server Native Client 11.0 或 Microsoft OLE DB Provider for SQL Server，则需要指定的选项如下。

- 服务器名称：输入包含相应数据的服务器的名称，或者从列表中选择服务器。
- 使用 Windows 身份验证：指定包是否应使用 Microsoft Windows 身份验证登录数据库。为了实现更好的安全性，建议使用 Windows 身份验证。
- 使用 SQL Server 身份验证：指定包是否应使用 SQL Server 身份验证登录数据库。如果使用 SQL Server 身份验证，则必须提供用户名和密码。
- 用户名：使用 SQL Server 身份验证时，指定数据库连接的用户名。
- 密码：使用 SQL Server 身份验证时，提供数据库连接的密码。
- 数据库：从指定的 SQL Server 实例上的数据库列表中选择，或者通过单击【新建】按钮，创建一个新的数据库。
- 刷新：通过单击【刷新】按钮，还原可用数据库的列表。

若目标选择了【平面文件目标】，则需要指定的选项如下。

- 文件名：指定要存储数据的文件的路径和文件名。或者，单击【浏览】按钮，定位文件。
- 浏览：使用【打开】对话框定位文件。
- 区域设置：指定定义字符排序顺序以及日期和时间格式的区域设置 ID(LCID)。
- Unicode：指示是否使用 Unicode。如果使用 Unicode，则不必指定代码页。
- 代码页：指定所需使用的语言的代码页。
- 格式：指示是否使用带分隔符、固定宽度或右边未对齐的格式。其格式说明如表 16-1 所示。

表 16-1　格式说明表

值	说　明
带分隔符	各列之间由在"列"页上指定的分隔符隔开
固定宽度	列的宽度固定
右边未对齐	在右边未对齐的文件中，除最后一列之外的每一列的宽度都固定，而最后一列由行分隔符进行分隔

- 文本限定符：输入要使用的文本限定符。
- 在第一个数据行中显示列名称：指示是否希望在第一个数据行中显示列名称。

若目标选择了 Microsoft Excel，则需要指定的选项如下。

- Excel 文件路径：指定要存储数据的工作簿的路径和文件名(例如，C:\MyData.xls 或 \\Sales\Database\Northwind.xls)，或者单击【浏览】按钮，定位工作簿。
- 浏览：使用【打开】对话框定位 Excel 工作簿。
- Excel 版本：选择目标工作簿使用的 Excel 版本。

4．【创建数据库】界面

在该界面中可以为目标文件定义新的数据库，界面如图 16-4 所示。

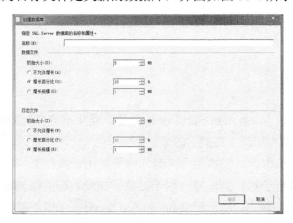

图 16-4　【新建数据库】界面

5．【指定表复制或查询】界面

在该界面中可以指定如何复制数据，界面如图 16-5 所示。可以使用图形界面选择所希望复制的现有数据库对象，或使用 Transact-SQL 创建更复杂的查询。

6．【保存并运行包】界面

在该界面中可以立即运行包，保存包以便日后运行，或保存并立即运行包。界面如图 16-6 所示。

在该界面中需要指定的选项如下。

- 立即执行：选择此选项将立即运行包。
- 保存 SSIS 包：保存包以便日后运行，也可以根据需要立即运行包。

- SQL Server：选择此选项可以将包保存到 Microsoft SQL Server msdb 数据库中。
- 文件系统：选择此选项可以将包保存为扩展名为.dtsx 的文件。

图 16-5　【指定表复制或查询】界面　　　　　图 16-6　【保存并执行包】界面

16.2　使用 SSIS

本节用例题来详细介绍如何使用 SQL Server 导入和导出向导进行数据库数据的导入和导出操作。

16.2.1　SSIS 介绍

SSIS 是 SQL Server Integration Services 的简称，是生成高性能数据集成解决方案(包括数据仓库的提取、转换和加载(ETL)包)的平台。

SSIS 包括用于生成和调试包的图形工具和向导；用于执行工作流函数(如 FTP 操作)、执行 SQL 语句或发送电子邮件的任务；用于提取和加载数据的数据源和目标；用于清理、聚合、合并和复制数据的转换；用于管理 Integration Services 的管理服务 Integration Services 服务；用于对 Integration Services 对象模型编程的应用程序编程接口(API)。

SSIS 包的典型用途：

- 数据库中数据的导入导出操作。
- 合并来自异类数据存储区的数据。
- 填充数据仓库和数据集市。
- 清除数据和将数据标准化。
- 将商业智能置入数据转换过程。
- 使管理功能和数据加载自动化。

16.2.2　SSIS 工作方式

Microsoft SQL Server 2012 Integration Services (SSIS) 包括一组向导，可指导读者逐步

完成在数据源之间复制数据、构造简单包、创建包配置、部署 Integration Services 项目和迁移 SQL Server DTS 包的步骤。

SSIS 程序包实质上就是程序。该程序包中存储了一套指令，以便进行移动、赋值、编辑等处理。数据导入导出向导是能够自动建立这样的程序包的工具，为的是可以实现简单的导入或导出操作。SSIS 包可以导入或导出的数据源有 SQL Server、平面文件、Microsoft Access、Microsoft Excel 和其他 OLE DB 访问接口。

使用 SSIS 包进行导入或导出操作包括创建 SSIS 包和执行 SSIS 包两个过程。

16.2.3　创建 SSIS 包

【实例 16-1】将 student 数据库中"教师表"导出到文本文件。

具体操作步骤如下。

(1) 启动【SQL Server 导入和导出向导】。单击【开始】菜单，选择【所有程序】| Microsoft SQL Server 2012 命令，打开【导入和导出数据】对话框，出现 SQL Server 导入和导出欢迎界面，在该界面中单击【下一步】按钮。

(2) 在【选择数据源】界面中，选择需要导出的数据库 student，如图 16-7 所示。单击【下一步】按钮。

(3) 在【选择目标】界面中，选择目标为【平面文件目标】，指定文件名"C:\test\教师表_SSIS.txt"，其他选项为默认设置即可，如图 16-8 所示。单击【下一步】按钮。

图 16-7　选择 student 数据源

图 16-8　设置平面文件目标

(4) 在【指定表复制或查询】界面中，指定需要复制的教师表，选中【复制一个或多个表或视图的数据】单选按钮，如图 16-9 所示。单击【下一步】按钮。

(5) 在【配置平面文件目标】界面中，指定源表或源视图为"教师表"，如图 16-10 所示。可以单击【预览】按钮，查看具体内容，如图 16-11 所示。单击【下一步】按钮。

(6) 在【保存并运行包】界面中选择【立即执行】选项，单击【下一步】按钮完成数据导出工作，进入【完成该向导】界面，如图 16-12 所示。

(7) 在【完成该向导】界面中单击【完成】按钮，完成执行 SSIS 包，如图 16-13 所示。

图 16-9 指定表复制或查询界面

图 16-10 配置平面文件界面

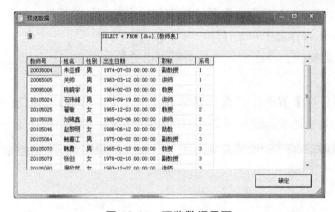

图 16-11 预览数据界面

图 16-12 完成向导界面

图 16-13 执行 SSIS 包成功

此时，打开文本文件"C:\test\教师表_SSIS.txt"，可以看到 student 数据库的教师表中数据已经导出到文本文件中，如图 16-14 所示。

图 16-14　导出的文本文件内容

【实例 16-2】创建 SSIS 包，功能将 student 数据库中的"课程表"导出到 Excel 文件。具体操作步骤如下。

(1) 启动【SQL Server 导入和导出向导】。单击【开始】菜单，选择【所有程序】|Microsoft SQL Server 2012 命令，打开【导入和导出数据】对话框，出现 SQL Server 导入和导出界面，在该界面中单击【下一步】按钮。

(2) 在【选择数据源】界面中，选择需要导出的数据库 student，单击【下一步】按钮。

(3) 在【选择目标】界面中，选择目标为 Microsoft Excel，指定文件名"C:\test\课程表_SSIS.xls",其他选项为默认设置，单击【下一步】按钮。

(4) 在【指定表复制或查询】界面中，指定需要复制的课程表，选中【复制一个或多个表或视图的数据】单选按钮，单击【下一步】按钮。

(5) 在【查看数据类型映射】界面中，将出错时(全局)和截断时(全局)设置为【忽略】，单击【下一步】按钮。

(6) 在【保存并运行包】界面中选择【保存 SSIS 包】选项，设置为【文件系统】，单击【下一步】按钮。

(7) 在【保存 SSIS 包】界面中，设置包的名称"课程表 SSIS 包"，记住文件的详细路径，如图 16-15 所示。单击【完成】按钮。

图 16-15　【保存 SSIS 包】界面

此时，"课程表 SSIS 包.dtsx"存储在【我的文档】中。实例 16-2 中只是介绍如何创建 SSIS 包，所以在完成向导操作之后，只是创建了 SSIS 包，并未执行 SSIS 包，因此在 Excel 文件"C:\test\课程表_SSIS.xls"中并未出现 student 中课程表的信息。若要将数据信息导出到 Excel 文件中，需要执行刚刚创建的 SSIS 包，这将是 16.2.4 节的内容。

【实例 16-3】将实例 16-2 导出的"课程表_SSIS.xls"中数据作为"课程表 1"数据表，导入到 student 数据库中。

具体操作步骤如下：

(1) 启动【SQL Server 导入和导出向导】。单击【开始】菜单，选择【所有程序】| Microsoft SQL Server 2012 命令，打开【导入和导出数据】对话框，出现 SQL Server 导入和导出欢迎界面，在该界面中单击【下一步】按钮。

(2) 在【选择数据源】界面中，选择数据源为 Microsoft Excel，指定 Excel 文件路径"C:\test\课程表_SSIS.xls"，单击【下一步】按钮。

(3) 在【选择目标】界面中，选择目标为 SQL Server Native Client 11.0，选择数据库 student，单击【下一步】按钮。

(4) 在【指定表复制或查询】界面中，指定需要复制的课程表，选中【复制一个或多个表或视图的数据】单选按钮，单击【下一步】按钮。

(5) 在【选择源表和源视图】界面中，选择源"课程表"，目标设置为"课程表 1"，如图 16-16 所示。单击【下一步】按钮。

图 16-16　选择源表和源视图

(6) 在【保存并运行包】界面中选择【立即执行】选项，单击【下一步】按钮。

(7) 出现【执行成功】界面，此时在 student 数据库中可以找到"课程表 1"数据表。

16.2.4　执行 SSIS 包

SSIS 创建后，并没有向目标文件导入数据，只有在执行 SSIS 包之后，才会根据 SSIS 包的设置信息将数据导入到目标文件中。

【实例 16-4】 执行实例 16-2 中创建的"课程表 SSIS 包"。

具体操作步骤如下：

(1) 定位【我的文档】，双击"课程表 SSIS 包.dtsx"，进入【执行包实用工具】，如图 16-17 所示。

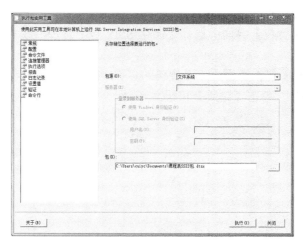

图 16-17　执行包实用工具

(2) 单击【执行】按钮，即可完成执行 SSIS 包操作。此时，在 Excel 文件"C:\test\课程表_SSIS.xls"中显示了 student 数据库中课程表的信息，如图 16-18 所示。

	A	B	C	D	E
1	课程号	课程名	学分	学时	
2	030220	工业工程基础	3	45	
3	030225	质量改进实训	4	60	
4	090262	实用软件工程	3	45	
5	090263	操作系统	4	60	
6	M01F011	电路基础	4	60	
7	M01F01C10	单片机技术	6	90	
8	M02F011	电子工程制图	3	45	
9	M02F012	计算机辅助设计	6	90	
10					
11					

图 16-18　导出 Excel 表信息

16.3　小型案例实训

通过 16.1～16.2 节内容的学习，已经掌握了 SQL Server 导入和导出操作。下面完成学生成绩数据库导入和导出的工作任务。

【任务 16-1】 将学生成绩数据库"班级表"中的班级信息导出到 Excel 文件。

具体操作步骤如下。

(1) 启动【SQL Server 导入和导出向导】。单击【开始】菜单，选择【所有程序】| Microsoft SQL Server 2012 命令，打开【导入和导出数据】对话框，出现 SQL Server 导入和导出欢迎界面，在该界面中单击【下一步】按钮。

(2) 在【选择数据源】界面中，选择需要导出的数据库 student，单击【下一步】按钮。

(3) 在【选择目标】界面中，选择目标为 Microsoft Excel，指定文件名"C:\test\班级表.xls"，其他选项为默认设置，单击【下一步】按钮。

(4) 在【指定表复制或查询】界面中，指定需要复制的课程表，选中【复制一个或多个表或视图的数据】单选按钮，单击【下一步】按钮。

(5) 在【查看数据类型映射】界面中，将出错时(全局)和截断时(全局)设置为【忽略】，单击【下一步】按钮。

(6) 在【保存并运行包】界面中选择【保存 SSIS 包】选项，设置为【文件系统】，单击【下一步】按钮。

(7) 在【保存 SSIS 包】界面中，设置包的名称"班级表 SSIS 包"，记住文件的详细路径，如图 16-19 所示。单击【完成】按钮。

图 16-19   【保存 SSIS 包】界面

(8) 定位【我的文档】，双击前面步骤中创建的"班级表 SSIS 包.dtsx"。在【执行包实用工具】界面中单击【执行】按钮，执行"班级表 SSIS 包"。

【任务 16-2】将"C:\test\班级表.xls"数据表信息导入到学生成绩数据库"班级表 1"。
具体操作步骤如下。

(1) 启动【SQL Server 导入和导出向导】。单击【开始】菜单，选择【所有程序】|Microsoft SQL Server 2012 命令，打开【导入和导出数据】对话框，打开 SQL Server 导入和导出欢迎界面，在该界面中单击【下一步】按钮。

(2) 在【选择数据源】界面中，选择数据源为 Microsoft Excel，指定 Excel 文件路径"C:\test\班级表_SSIS.xls"，单击【下一步】按钮。

(3) 在【选择目标】界面中，选择目标为 SQL Server Native Client 11.0，选择数据库student，单击【下一步】按钮。

(4) 在【指定表复制或查询】界面中，指定需要复制的课程表，选中【复制一个或多个表或视图的数据】单选按钮，单击【下一步】按钮。

(5) 在【选择源表和源视图】界面中，选择源"班级表"，目标设置为"班级表 1"，单击【下一步】按钮。

(6) 在【保存并运行包】界面中选择【立即执行】选项，单击【下一步】按钮。

(7) 出现【执行成功】界面，此时在 student 数据库中可以找到"班级表 1"数据表。

小　　结

SSIS 是 SQL Server Integration Services 的简称，是生成高性能数据集成解决方案(包括数据仓库的提取、转换和加载(ETL)包)的平台。

SQL Server 导入和导出向导启动方法是从【开始】菜单启动、从 SQL Server Management Studio 启动或使用命令提示符启动。

SQL Server 导入和导出向导中的界面包括【欢迎使用 SQL Server 导入和导出向导】界面、【选择数据源】界面、【选择目标】界面、【创建数据库】界面、【指定表复制或查询】界面、【保存并运行包】界面等。

SSIS 包可以导入或导出的数据源种类分别是 SQL Server、平面文件、Microsoft Access、Microsoft Excel 和其他 OLE DB 访问接口。

使用 SSIS 包进行导入导出操作包括创建 SSIS 包、执行 SSIS 包两个过程。

习　　题

操作题

项目 3 中创建的图书馆管理数据库 library，该数据库中包含图书馆所需要管理的书籍和读者信息。数据库中包含的表包括读者类型表、读者信息表、图书类型表、图书基本信息表、图书信息表、图书借阅表和图书罚款表。

(1) 创建 SSIS 包，将图书馆管理数据库 library 中的读者信息表导出。

(2) 将读者编号为 20115029 的借阅记录导出。

(3) 将任务(1)中导出的数据文件导入到新建数据库 Reader 中。

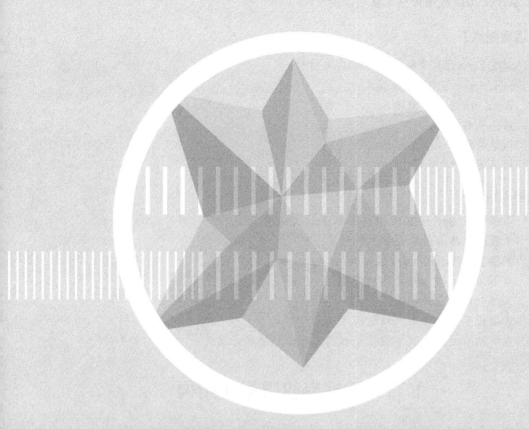

项目 17

管理数据库安全

【项目要点】

- SQL Server 2012 数据库权限层次结构。
- SQL Server 2012 验证模式。
- Windows 登录、SQL Server 登录。
- 角色及其分类。
- 权限及授予权限、撤销权限。
- 数据库用户。

【学习目标】

- 了解 SQL Server 2012 数据库权限层次结构。
- 掌握数据库身份验证模式的种类。
- 掌握创建 Windows 登录和 SQL Server 登录的方法。
- 理解角色的概念及角色的种类。
- 掌握创建角色的方法。
- 掌握设置数据库用户权限的方法。
- 理解权限的概念及掌握授予权限、撤销权限的方法。

17.1　数据库权限层次结构

数据库引擎管理着可以通过权限进行保护的实体的分层集合。这些实体称为"安全对象"。最主要的安全对象是服务器和数据库，但可以在更细化的级别设置各种权限。SQL Server 通过验证主体是否已被授予适当权限来控制主体对安全对象的操作。

图 17-1 显示了数据库引擎权限层次结构之间的关系。

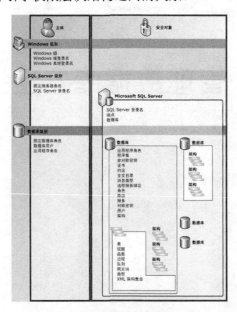

图 17-1　数据库引擎权限层次结构

17.2   身份验证模式

17.2.1   Windows 身份验证模式

Windows 身份验证模式是指要登录到 SQL Server 系统的用户身份是由 Windows 系统来进行验证，也就是说 SQL Server 系统使用 Windows 操作系统中的用户信息验证账号和密码。采用这种验证方式，只要登录了 Windows 操作系统，登录 SQL Server 时就不需要再输入账号和密码了。

当用户通过 Windows 用户账户连接时，SQL Server 使用操作系统中的 Windows 主体标记验证用户名和密码。也就是说，用户身份由 Windows 进行确认。SQL Server 不要求提供密码，也不执行身份验证。Windows 身份验证是默认身份验证模式，并且比 SQL Server 身份验证更为安全。通过 Windows 身份验证创建的连接有时也称为可信连接，这是因为 SQL Server 信任由 Windows 提供的凭据。

SQL Server 2012 默认本地 Windows 账号可以不受限制地访问数据库。

17.2.2   混合验证模式

混合身份验证是 Windows 身份验证和 SQL Server 身份验证的混合验证模式。采用混合验证方式登录 SQL Server，允许用户使用 Windows 身份验证和 SQL Server 身份验证进行登录。当使用 SQL Server 身份验证时，在 SQL Server 中创建的登录名并不基于 Windows 用户账户。用户名和密码均通过使用 SQL Server 创建并存储在 SQL Server 中。通过 SQL Server 身份验证进行连接的用户每次连接时必须提供其凭据(登录名和密码)。当使用 SQL Server 身份验证时，必须为所有 SQL Server 账户设置强密码。

在混合身份验证模式中，系统会判断账号在 Windows 操作系统下是否可信，对于可信连接，系统直接采用 Windows 身份验证机制，如果是非可信连接，SQL Server 会自动通过账户的存在性和密码的匹配性来进行验证。

在第一次安装 SQL Server 2012 时需要指定身份验证模式，对于已经指定身份验证模式的 SQL Server 服务器，可以通过 SQL Server Management Studio 进行修改，操作如下：

(1) 启动 SQL Server Management Studio，在对象资源管理器中，右击将要设置验证模式的服务器，在打开的快捷菜单中选择菜单项【属性】，如图 17-2 所示。

(2) 在【服务器属性】对话框的左侧选择【安全性】选项，如图 17-3 所示。在【服务器身份验证】中选择将要修改的验证模式。在【服务器代理账户】选项组中设置当启动并运行 SQL Server 时，默认的登录者中的某一位用户。

(3) 设置完成后，单击【确定】按钮，出现如图 17-4 所示的提示消息框，修改完成的验证模式要在 SQL Server 重启之后才会生效。

图 17-2　选择服务器的【属性】命令　　　　　　图 17-3　【服务器属性】对话框

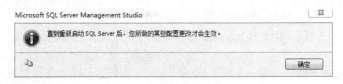

图 17-4　提示消息框

17.3　创建登录名

SQL Server 服务器的身份验证模式设置完成后，需要创建登录名来控制数据库的合法登录。每位用户都必须用登录名来登录 SQL Server，然后才能取得 SQL Server 服务器的访问权限。使用一个登录名只能进入服务器，但是不能让用户访问服务器中的数据库资源。每个登录名的定义存放在 master 数据库的 syslogins 表中。

17.3.1　创建 Windows 登录

首先，介绍如何将 Windows 登录名映射到 SQL Server 系统中。在 Windows 身份验证模式下，只能使用基于 Windows 登录的登录名。

创建 Windows 登录，首先在 Windows 操作系统中创建用户名或用户组名，然后才能创建与之对应的 Windows 登录名。打开 SQL Server Management Studio，在对象资源管理器中，连接到 SQL Server 数据库引擎实例，展开该实例下的【安全性】节点，右击【登录】节点，打开【登录名-新建】对话框，如图 17-5 所示。在【登录名-新建】对话框中，设置登录名为 Windows 身份验证，单击【搜索】按钮找到之前创建的 Windows 用户名或用户组名，使其显示在【登录名】中(实际显示为<域名\用户名>)，其余选项可以使用默认值。单击【确定】按钮，完成创建 Windows 登录。

图 17-5   【登录名-新建】对话框

创建 Windows 登录的语句是 CREATE LOGIN 语句，其语法格式如下：

```
CREATE LOGIN Windows 登录名 FOR WINDOWS
WITH DEFAULT_DATABASE=默认数据库名,DEFAULT_LANGUAGE=默认语言
```

【实例 17-1】创建 Windows 登录 Mary，默认数据库是 master，默认语言是简体中文。

```
USE master
GO
CREATE LOGIN [cuiyc-PC\Mary] FROM WINDOWS
WITH DEFAULT_DATABASE=[master], DEFAULT_LANGUAGE=[简体中文]
GO
```

17.3.2   创建 SQL Server 登录

在创建 SQL Server 登录名必须将 SQL Server 的验证模式设置为混合验证模式，并在创建 SQL Server 登录名时，需要指定该登录名的密码。

打开 SQL Server Management Studio，在对象资源管理器中，连接到 SQL Server 数据库引擎实例，展开该实例下的【安全性】节点，右击【登录】节点，在弹出的快捷菜单中选择【新建登录名】命令，打开【登录名-新建】对话框，如图 17-6 所示。在【登录名-新建】对话框中，设置登录名为 SQL Server 身份验证，输入用户名、密码和确认密码，其余选项可以使用默认值。单击【确定】按钮，完成创建 SQL Server 登录。

创建 SQL Server 登录的语句是 CREATE LOGIN 语句，其语法格式如下：

```
CREATE LOGIN Windows 登录名 WITH PASSWORD=密码,
DEFAULT_DATABASE=默认数据库名,DEFAULT_LANGUAGE=默认语言,
CHECK_EXPIRATION=ON | OFF, CHECK_POLICY=ON | OFF
```

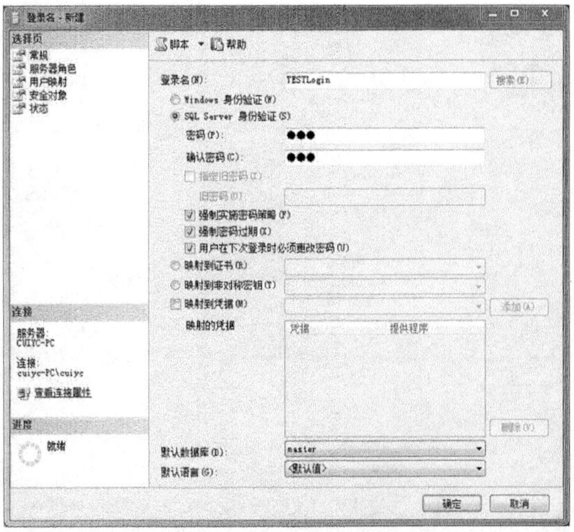

图 17-6 【登录名-新建】对话框

其中，CHECK_EXPIRATION 选项仅适用于 SQL Server 登录名，指是否对此登录账户强制实施密码过期策略，默认值为 OFF。CHECK_POLICY 选项仅适用于 SQL Server 登录名，设置是否强制实施 Windows 密码策略，默认值为 ON。

【实例 17-2】在 SQL Server 系统中，创建一个 SQL Server 登录名 TESTLogin，密码为 123，默认数据库是 master，默认语言是简体中文，不对此登录账户强制实施密码过期策略和本计算机的 Windows 密码策略。

```
USE master
GO
CREATE LOGIN TESTLogin1 WITH PASSWORD='123',
DEFAULT_DATABASE=master, DEFAULT_LANGUAGE=简体中文,
CHECK_EXPIRATION=OFF, CHECK_POLICY=OFF
GO
```

17.3.3 密码策略

SQL Server 可以使用 Windows 密码策略机制。密码策略应用于使用 SQL Server 身份验证的登录名，并且应用于具有密码的包含数据库用户。SQL Server 可以对在 SQL Server 内部使用的密码应用在 Windows 中使用的相同复杂性策略和过期策略。

1. 密码复杂性

密码复杂性策略通过增加密码的数量来阻止强力攻击。实施密码复杂性策略时，新密码必须符合以下原则。

● 密码不得包含用户的账户名。
● 密码长度至少为 8 个字符。
● 密码包含以下四类字符中的三类：
  ◆ 拉丁文大写字母(A～Z)。

◆　拉丁文小写字母(a~z)。

◆　10 个基本数字(0~9)。

◆　非字母数字字符，如感叹号(!)、美元符号($)、数字符号(#)或百分号(%)。

密码可最长为 128 个字符。使用的密码应尽可能长，尽可能复杂。

2. 密码过期

密码过期策略用于管理密码的使用期限。如果 SQL Server 实施密码过期策略，则系统将提醒用户更改旧密码，并禁用带有过期密码的账户。

3. 策略实施

可为每个 SQL Server 登录名单独配置密码策略实施。配置密码策略实施时，适用以下规则。

- 如果 CHECK_POLICY 改为 ON，则将出现以下行为：
    ◆　除非将 CHECK_EXPIRATION 显式设置为 OFF，否则也会将其设置为 ON。
    ◆　用当前的密码哈希值初始化密码历史记录。
    ◆　还将启用账户锁定持续时间、账户锁定阈值和在此后重置账户锁定计数器。
- 如果 CHECK_POLICY 改为 OFF，则将出现以下行为：
    ◆　CHECK_EXPIRATION 也设置为 OFF。
    ◆　清除密码历史。
    ◆　lockout_time 的值被重置。

不支持策略选项的某些组合。

- 如果指定 MUST_CHANGE，则 CHECK_EXPIRATION 和 CHECK_POLICY 必须设置为 ON。否则，该语句将失败。
- 如果 CHECK_POLICY 设置为 OFF，则 CHECK_EXPIRATION 不能设置为 ON。包含此选项组合的 ALTER LOGIN 语句将失败。

设置 CHECK_POLICY = ON 将禁止创建以下类型的密码：

- 为 NULL 或空。
- 与计算机名或登录名相同。
- password、admin、administrator、sa 和 sysadmin 注意项。

17.4　服务器级别角色

17.4.1　服务器级别角色的作用

服务器级别角色独立于各个数据库，它是由系统预定义的，服务器级别角色的权限作用域为服务器范围。SQL Server 提供了 9 种固定服务器角色。无法更改授予固定服务器角色的权限。从 SQL Server 2012 开始，读者可以创建用户定义的服务器角色，并将服务器级别权限添加到用户定义的服务器角色。

固定服务器角色的每个成员都可以将其他登录名添加到该同一角色。用户定义的服务器角色的成员则无法将其他服务器主体添加到角色。

17.4.2 固定服务器角色

SQL Server 中提供了以下服务器级角色。

- sysadmin：系统管理员，可以在 SQL Server 中执行任何操作。
- serveradmin：服务器管理员，可以设置服务器方位的配置选项。
- securityadmin：安全管理员，可以管理登录。
- processadmin：进程管理员，可以管理在 SQL Server 中运行的进程。
- setupadmin：安装管理员，可以管理连接服务器和启动过程。
- bulkadmin：批量管理员，可以执行 BULK INSERT 语句，执行大容量数据插入操作。
- diskadmin：磁盘管理员，可以管理磁盘文件。
- dbcreator：数据库创建者，可以创建、更改和删除数据库。
- public：每个 SQL Server 登录名都属于 public 服务器角色。

17.4.3 创建服务器角色

打开 SQL Server Management Studio，在对象资源管理器中，连接到 SQL Server 数据库引擎实例，展开该实例下的【安全性】节点，右击【服务器角色】节点，在弹出的快捷菜单中选择【新建服务器角色】命令，打开新建服务器角色对话框，如图 17-7 所示。

在【常规】页的【服务器角色名称】文本框中输入新的服务器角色的名称。在【所有者】文本框中，输入拥有新角色的服务器主体的名称。或者单击右侧的按钮，打开【选择服务器登录名或角色】对话框，如图 17-8 所示。

图 17-7　新建服务器角色对话框

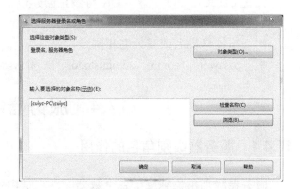

图 17-8　【选择服务器登录名或角色】对话框

在【安全对象】列表框下，选择一个或多个服务器级别的安全对象。当选择安全对象时，可以向此服务器角色授予或拒绝针对该安全对象的权限。在【权限: 显式】列表框中，选中相应的复选框以针对选定的安全对象授予、授予再授予或拒绝此服务器角色的权限。如果某个权限无法针对所有选定的安全对象进行授予或拒绝，则该权限将表示为部分选择。在【成员】页上，使用【添加】按钮将代表个人或组的登录名添加到新的服务器角色。用户定义的服务器角色可以是另一个服务器角色的成员。在【成员身份】页上，选中一个复选框，以使当前用户定义的服务器角色成为所选服务器角色的成员。单击【确定】按钮，完成创建服务器角色。

CREATE SERVER ROLE 语句用来创建服务器角色，其语法格式如下：

```
CREATE SERVER ROLE 角色名 AUTHORIZATION 角色拥有者名
```

【实例 17-3】创建一个服务器角色 ServerRole1，该角色为安全管理者。

```
USE master
GO
CREATE SERVER ROLE ServerRole1 AUTHORIZATION securityadmin
GO
```

17.5　数据库用户

17.5.1　数据库用户的作用

数据库用户是使用数据库的用户账号，是登录名在数据库中的映射，是在数据库中执行操作和活动的执行者。用户定义信息存放在每个数据库的 sysusers 表中。

SQL Server 把登录名与用户名的关系称为映射。在 SQL Server 中，一个登录名可以被授权访问多个数据库，但一个登录名在每个数据库中只能映射一次。即一个登录可对应多个用户，一个用户也可以被多个登录使用。好比 SQL Server 就像一栋大楼，里面的每个房间都是一个数据库。登录名只是进入大楼的钥匙，而用户名则是进入房间的钥匙。

17.5.2　创建数据库用户

打开 SQL Server Management Studio，在对象资源管理器中，连接到 SQL Server 数据库引擎实例，展开该实例下的【数据库】节点，展开选中的数据库，展开【安全性】节点，右击【用户】节点，在弹出的快捷菜单中选择【新建用户】命令，打开【数据库用户-新建】对话框，如图 17-9 所示。输入用户的类型、用户名、默认架构、拥有的架构、成员身份等内容，单击【确定】按钮，完成数据库用户的创建。

CREATE USER 语句用来创建数据库用户，其语法格式如下：

```
CREATE USER 用户名 FOR LOGIN 登录名
```

【实例 17-4】创建 student 数据库的一个用户名 User1，该用户名对应于 TESTLogin登录名。

```
USE student
GO
```

```
CREATE USER User1 FOR LOGIN TESTLogin
GO
```

图 17-9　【数据库用户-新建】对话框

17.6　数据库级别角色

17.6.1　数据库级别角色的作用

数据库级别角色的权限作用域为数据库范围。SQL Server 中有两种类型的数据库级别角色，即数据库中预定义的"固定数据库角色"和用户可以创建的"灵活数据库角色"。固定数据库角色是在数据库级别定义的，并且存在于每个数据库中。db_owner 和 db_securityadmin 数据库角色的成员可以管理固定数据库角色成员身份。msdb 数据库中还有一些特殊用途的固定数据库角色。

用户可以向数据库级别角色中添加任何数据库账户和其他 SQL Server 角色。固定数据库角色的每个成员都可向同一个角色添加其他登录名。

17.6.2　固定数据库角色

数据库级角色定义在数据库级别上，是指对数据库执行特有的管理及操作。在 SQL Server 中有两种数据库级别角色，即固定数据库级别角色和自定义数据库级别角色。

1. 固定数据库级别角色

固定数据库级别角色是 SQL Server 系统中预定义的，不允许用户进行修改的角色。SQL Server 中提供了以下固定数据库级别角色。

- db_owner：该角色的成员可以执行数据库的所有配置和维护活动，还可以删除数据库。
- db_securityadmin：该角色的成员可以修改角色成员身份和管理权限。
- db_accessadmin：该角色的成员可以为 Windows 登录名、Windows 组和 SQL

Server 登录名添加或删除数据库访问权限。

- db_backupoperator：该角色的成员可以备份数据库。
- db_ddladmin：该角色的成员可以在数据库中运行任何数据定义语言(DDL)命令。
- db_datawriter：该角色的成员可以在所有用户表中添加、删除或更改数据。
- db_datareader：该角色的成员可以从所有用户表中读取所有数据。
- db_denydatawriter：该角色的成员不能添加、修改或删除数据库内用户表中的任何数据。
- db_denydatareader：该角色的成员不能读取数据库内用户表中的任何数据。
- msdb 角色：msdb 数据库中包含特殊用途的角色有 db_ssisadmin、db_ssisoperator、db_ssisltduser、dc_admin、dc_operator、dc_proxy、PolicyAdministratorRole、ServerGroupAdministratorRole、ServerGroupReaderRole 和 dbm_monitor。

2. 自定义数据库级别角色

有时固定数据库级别角色不能满足用户要求时，需要创建新的数据库级别角色。在创建数据库角色时将某些权限授予该角色，然后将数据库用户指定为该角色的成员，这样用户将继承这个角色的所有权限。

17.6.3　创建数据库角色

打开 SQL Server Management Studio，在对象资源管理器中，连接到 SQL Server 数据库引擎实例，展开该实例下的【数据库】节点，展开选中的数据库，展开【安全性】节点，展开【角色】节点，右击【数据库角色】节点，在弹出的快捷菜单中选择【新建数据库角色】命令，打开【数据库角色-新建】对话框，如图 17-10 所示。输入角色的名称、架构、成员等内容，对于该角色所具有的权限可以在【安全对象】页中设置。单击【确定】按钮，完成数据库角色的创建。

图 17-10　【数据库角色-新建】对话框

CREATE ROLE 语句用来创建数据库角色，其语法格式如下：

```
CREATE ROLE 数据库角色名 AUTHORIZATION 数据库角色拥有者
```

【实例 17-5】　在 student 数据库中创建一个数据库角色 Role1。

```
USE student
GO
CREATE ROLE Role1 AUTHORIZATION User1
GO
```

17.7　权　　限

权限用来控制登录账号对服务器的操作以及用户账号对数据库的访问与操作，是执行操作、访问数据的通行证。在 Microsoft SQL Server 2012 系统中，不同的对象有不同的权限。本节将介绍权限的类型、设置用户权限等几个方面内容。

在 Microsoft SQL Server 2012 系统中，按照权限是否与特定的对象有关，可以把权限分为针对所有对象的权限和针对特殊对象的权限。

针对所有对象的权限有 CONTROL、ALTER、ALTER ANY、CREATE、TAKE OWNERSHIP 等。

针对特殊对象的权限有 SELECT、UPDATE、INSERT、DELETE、EXECUTE 等。

在 SQL Server 中不同的对象具有不同的权限，常见的对象权限如下。

- 数据库：BACKUP、DATABASE、BACKUP、LOG、CREATE、DATABASE、CREATEDEFAULT、CREATE、FUNCTION、CREATE、PROCEDURE、CREATE、RULE、CREATE、TABLE、CREATE、VIEW。
- 表，表值函数，视图：SELECT、DELETE、INSERT、UPDATE、REFERENCES。
- 存储过程：EXECUTE、SYNONYM。
- 标量函数：EXECUTE、REFERENCES。

17.7.1　授予权限

打开 SQL Server Management Studio，在对象资源管理器中，连接到 SQL Server 数据库引擎实例，展开该实例下的【数据库】节点，展开选中的数据库，展开【安全性】节点，展开【用户】节点，右击选定的用户，在打开的快捷菜单中选择菜单项【属性】，打开【数据库用户】对话框，如图 17-11 所示。

选择【安全对象】页，单击【搜索】按钮，打开如图 17-12 所示的【添加对象】对话框，选中【特定类型的所有对象】单选按钮。

单击【确定】按钮之后，打开如图 17-13 所示的【选择对象类型】对话框，选中所需对象类型复选框，单击【确定】按钮。

图 17-11　【数据库用户】对话框

图 17-12　【添加对象】对话框

图 17-13　【选择对象类型】对话框

返回到如图 17-14 所示的【安全对象】页，在【权限】列表框中列出所有的权限，通过选择为用户授权。单击【确定】按钮，完成用户的授权操作。

图 17-14　【数据库用户】对话框中的【安全对象】页

GRANT 语句用来给用户授予权限，其语法格式如下：

```
GRANT{{SELECT|INSERT|UPDATE|DELETE|RULE|REFERENCES|TRIGGER}[,...]|ALL
[ PRIVILEGES ] } ON 表名 [, ...] TO 用户名[, ...]
```

其中各选项的含义说明如下。

- SELECT：允许对声明的表，试图，或者序列 SELECT 任意字段。
- INSERT：允许向声明的表 INSERT 一个新行。
- UPDATE：允许对声明的表中任意字段做 UPDATE。
- DELETE：允许从声明的表中 DELETE 行。
- RULE：允许在该表/视图上创建规则。
- REFERENCES：要创建一个外键约束，读者必须在参考表和被参考表上都拥有这个权限。
- TRIGGER：允许在声明表上创建触发器。
- ALL [PRIVILEGES]：一次性给予所有适用于该对象的权限。

【实例 17-6】为 student 数据库的用户账号 User1 授予 SELECT 权限。

```
USE student
GO
GRANT SELECT ON student TO User1
GO
```

17.7.2 撤销权限

撤销权限是撤销以前给用户账号授予或拒绝的权限。撤销权限的操作方法和授予权限的操作方法相同。

REVOKE 语句用来撤销权限，其语法格式如下：

```
REVOKE { { SELECT | INSERT | UPDATE | DELETE | RULE | REFERENCES |
TRIGGER } [,...] | ALL [ PRIVILEGES ] }
ON  数据库对象名 [, ...] FROM  数据库用户名 [, ...]
```

其中各参数选项的含义说明与 GRANT 语法类似，此处不再赘述。

【实例 17-7】为 student 数据库的用户账号 User1 撤销 SELECT 权限。

```
USE student
GO
REVOKE SELECT ON student FROM User1
GO
```

17.7.3 拒绝权限

拒绝权限是可以拒绝给当前用户授予的权限。撤销权限的操作方法和授予权限的操作方法相同。

DENY 语句用来拒绝权限，其语法格式如下：

```
DENY { { { SELECT | INSERT | UPDATE | DELETE | RULE | REFERENCES |
TRIGGER }[,...] | ALL [ PRIVILEGES ] } ON 表名[, ...] TO 数据库用户名[,...]
```

其中各参数及选项的含义说明与 GRANT 语法类似,此处不再赘述。

【实例 17-8】不允许 User1 用户对 student 表执行 UPDATE、INSERT、DELETE 操作。

```
USE student
GO
DENY UPDATE,INSERT,DELETE ON student TO User1
GO
```

17.8　小型案例实训

通过 17.1~17.7 节内容的学习,已经了解数据库的安全机制,掌握了登录账号、数据库用户的创建,掌握了角色与权限的设置。完成以下任务。

【任务 17-1】创建一个管理员用户,管理员名称为 adminTest,密码为 123,默认数据库是 student。权限是可以对 student 数据库执行所有的操作。

具体操作步骤如下。

(1) 打开 Microsoft SQL Server Management Studio,在对象资源管理器中,展开【SQL Server 服务器】节点,展开【安全性】节点,右击【登录名】,在弹出的快捷菜单中选择【新建登录名】命令,打开【登录名-新建】对话框,如图 17-15 所示。输入登录名"adminTest",输入密码"123",选择默认数据库"student"。

(2) 选中【服务器角色】页,选择 sysadmin 服务器角色,如图 17-16 所示。

图 17-15　【登录名-新建】对话框　　图 17-16　【登录名-新建】对话框中的【服务器角色】页

(3) 选中【用户映射】页,选择 student 数据库,如图 17-17 所示。

(4) 单击【确定】按钮,完成用户 adminTest 的创建。请读者以 adminTest 用户登录到 SQL Server 中,验证是否拥有系统管理员的权限。

【任务 17-2】创建教师用户,用户名为 Teacher,密码为 123,默认数据库是

student。权限是只能对成绩表执行所有的操作。

图 17-17　【登录名-新建】对话框中的【用户映射】页

具体操作步骤如下。

(1) 打开 Microsoft SQL Server Management Studio，在对象资源管理器中，展开【SQL Server 服务器】节点，展开【安全性】节点，右击【登录名】，在弹出的快捷菜单中选择【新建登录名】命令，打开【登录名-新建】对话框，如图 17-18 所示。输入登录名"Teacher"，输入密码"123"，选择默认数据库"student"。

(2) 选中【用户映射】页，选择 student 数据库，如图 17-19 所示。

　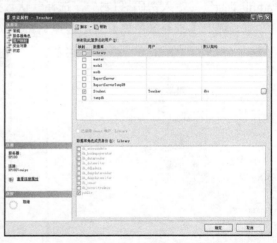

图 17-18　【登录名-新建】对话框　　图 17-19　【登录名-新建】对话框中的【用户映射】页

(3) 单击【确定】按钮，完成登录名 Teacher 的创建。

(4) 展开该实例下的【数据库】节点，展开选中的 student 数据库，展开【安全性】节点，右击 Teacher 用户，在弹出的快捷菜单中选择【属性】命令，打开如图 17-20 所示的对话框，设置该用户对成绩表的权限。

(5) 单击【确定】按钮，完成 Teacher 用户的创建。

请读者以 Teacher 用户登录到 SQL Server 中，验证是否拥有对成绩表的所有权限。

图 17-20   【数据库用户-Teacher】对话框

小   结

数据库引擎管理着可以通过权限进行保护的实体的分层集合。这些实体称为"安全对象"。SQL Server 通过验证主体是否已被授予适当权限来控制主体对安全对象的操作。

身份验证模式分为 Windows 身份验证模式和混合身份验证模式。Windows 身份验证模式是指要登录到 SQL Server 系统的用户身份是由 Windows 系统来进行验证。混合身份验证是 Windows 身份验证和 SQL Server 身份验证的混合验证模式。采用混合验证方式登录 SQL Server，允许用户使用 Windows 身份验证和 SQL Server 身份验证进行登录。

SQL Server 需要创建登录名来控制数据库的合法登录。在 Windows 身份验证模式下，只能使用基于 Windows 登录的登录名。在混合身份验证模式下需要创建 SQL Server 登录名。创建登录名时，可以通过 CREATE LOGIN 语句完成。

数据库用户是使用数据库的用户账号，是登录名在数据库中的映射，是在数据库中执行操作和活动的执行者。创建数据库用户时，可以通过 CREATE USER 语句完成。

角色是 SQL Server 2012 用来集中管理数据库或者服务器的权限。数据库管理员将操作数据库的权限赋予角色。然后，数据库管理员再将角色赋给数据库用户或者登录账户，从而使数据库用户或者登录账户拥有了相应的权限。角色分为服务器级别角色和数据库级别角色。创建服务器级别角色时，可以通过 CREATE SERVER Role 语句完成。创建数据库级别角色时，可以通过 CREATE Role 语句完成。

权限用来控制登录账号对服务器的操作以及用户账号对数据库的访问与操作，是执行操作、访问数据的通行证。针对所有对象的权限有 CONTROL、ALTER、ALTER ANY、CREATE、TAKE OWNERSHIP 等。针对特殊对象的权限有 SELECT、UPDATE、INSERT、DELETE、EXECUTE 等。授予权限，可以通过 GRANT 语句完成。撤销权限，可以通过 REVOKE 语句完成。拒绝权限，可以通过 DENY 语句完成。

习　题

1. 填空题

(1) SQL Server 的身份验证有_____和_____两种。

(2) 创建 Windows 登录时使用 T-SQL 语句是_____。

(3) 创建数据库用户的 T-SQL 语句是_____。

(4) 在 SQL Server 中，授权的 T-SQL 命令是_____，拒绝权限的 T-SQL 命令是_____，撤销权限的 T-SQL 命令是_____。

(5) 在 SQL Server 中，角色分为_____和_____。

(6) 在创建数据库用户时，默认情况下该用户属于_____角色。

(7) 为一个用户指派角色时需要使用_____存储过程。

(8) 创建自定义数据库级别角色的 T-SQL 语句是_____。

2. 操作题

项目 3 中创建的图书馆管理数据库 library，该数据库中包含图书馆所需要管理的书籍和读者信息。数据库中包含的表包括读者类型表、读者信息表、图书类型表、图书基本信息表、图书信息表、图书借阅表和图书罚款表。

请在 SQL Server Management Studio 中，对图书馆管理数据库 library 的安全性进行设置，需要创建以下内容:

(1) 创建图书馆管理数据库的管理员 admin，可以对该数据库执行所有的操作。

(2) 创建读者用户 user，只能对读者信息表中的姓名、证件号、性别、联系方式和已借书数量字段进行操作。

(3) 创建图书借阅操作员用户 operator，可以对图书借阅表进行修改、删除、查看操作。

(4) 创建一个角色 Role，只能对图书借阅表进行操作。

(5) 创建一个图书借阅操作员用户 op，将该用户添入角色 Role 中。

项目 18

学生管理系统案例

【项目要点】

● 连接数据库的设计方法。
● 添加学生信息功能的设计。
● 查询学生信息功能的设计。
● 调试运行。

【学习目标】

● 了解 Windows 应用程序的创建方法。
● 了解 Web 应用程序的创建方法。
● 了解添加学生信息功能的设计方法。
● 了解查询学生信息功能的实现方法。

18.1 程序设计介绍

18.1.1 Microsoft Visual Studio 2010 集成环境

Visual Studio 是微软公司推出的开发环境，是目前最流行的 Windows 平台应用程序开发环境。Visual Studio 2010 版本于 2010 年 4 月 12 日上市，其集成开发环境(IDE)的界面被重新设计和组织，变得更加简单明了。Visual Studio 2010 同时带来了 NET Framework 4.0、Microsoft Visual Studio 2010 CTP(Community Technology Preview——CTP)，并且支持开发面向 Windows 7 的应用程序。

Visual Studio 2010 有专业版、高级版、旗舰版、学习版和测试版 5 个版本。教材中使用的是旗舰版。

Visual Studio 2010 较之前版本增加了 9 个新功能。

(1) C# 4.0 中的动态类型和动态编程。

(2) 多显示器支持。

(3) 使用 Visual Studio 2010 的特性支持 TDD。

(4) 支持 Office。

(5) Quick Search 特性。

(6) C++ 0x 新特性。

(7) IDE 增强。

(8) 使用 Visual C++ 2010 创建 Ribbon 界面。

(9) 新增基于.NET 平台的语言 F#。

18.1.2 C#语言

C#读做"C Sharp"，是一种安全的、稳定的、简单的、优雅的，由 C 和 C++衍生出来的面向对象的编程语言。C#综合了 VB 简单的可视化操作和 C++的高运行效率，以其强大的操作能力、优雅的语法风格、创新的语言特性和便捷的面向组件编程的支持成为.NET

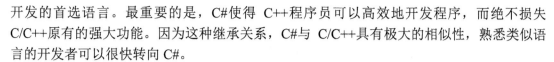

开发的首选语言。最重要的是，C#使得 C++程序员可以高效地开发程序，而绝不损失 C/C++原有的强大功能。因为这种继承关系，C#与 C/C++具有极大的相似性，熟悉类似语言的开发者可以很快转向 C#。

C#语言的特点如下：

(1) 语法简洁。不允许直接操作内存，去掉了指针操作。

(2) 彻底面向对象设计。C#具有面向对象语言所应有的一切特性——封装、继承和多态。

(3) 与 Web 紧密结合。C#支持绝大多数的 Web 标准，如 HTML、XML、SOAP 等。

(4) 强大的安全机制。可以消除软件开发中的常见错误(如语法错误)，.NET 提供的垃圾回收器能够帮助开发者有效地管理内存资源。

(5) 兼容性。因为 C#遵循.NET 的公共语言规范(CLS)，从而保证能够与其他语言开发的组件兼容。

(6) 灵活的版本处理技术。因为 C#语言本身内置了版本控制功能，使得开发人员可以更容易开发和维护。

(7) 完善的错误、异常处理机制。C#提供了完善的错误和异常处理机制，使程序在交付应用时能够更加健壮。

18.1.3　ASP.NET

ASP.NET 是 ASP(微软动态服务器网页技术)的最新版本。ASP.NET 是 Microsoft .NET 框架的组成部分，同时也是创建动态交互网页的强有力的工具。

ASP.NET 的新特性如下：

(1) 更好的语言支持。ASP.NET 使用新的 ADO.NET；支持完整的 Visual Basic，而非 VBScript；支持 C# (C Sharp)和 C++。

(2) 可编程的控件。

ASP.NET 包含大量 HTML 控件。几乎所有页面中的 HTML 元素都能被定义为 ASP.NET 控件，而这些控件都能由脚本控制。ASP.NET 同时包含一系列新的面向对象的输入控件，比如可编程的列表框和验证控件。新的 data grid 控件支持分类、数据分页，以及对一个数据集控件所期待的一切。

(3) 事件驱动的编程。所有 Web 页面上的 ASP.NET 对象都能够发生可被 ASP.NET 代码处理的事件。可由代码处理的加载、单击和更改事件使得编程更轻松、更有条理。

(4) 基于 XML 的组件。ASP.NET 组件深入基于 XML。比如新的 AD Rotator，它使用 XML 来存储广告信息和配置。

(5) 用户身份验证，带有账号和角色。ASP.NET 支持基于表单的用户身份验证，包括 cookie 管理和自动的非授权登录重定向；User 账户和角色；ASP.NET 允许用户账户和角色，赋予每个用户(带有一个给定的角色)不同的服务器代码访问权限。

(6) 更强的性能。对服务器上 ASP.NET 页面的第一个请求是编译其 ASP.NET 代码，并在内存中保存一份缓存的备份。这样做的结果当然极大地提高了性能。

(7) 更容易配置和开发。通过纯文本文件就可完成对 ASP.NET 的配置。配置文件可在应用程序运行时进行上传和修改。无须重起服务器。也没有 metabase 和注册方面的难题。不需要重启服务器来配置和替换已编译的代码。ASP.NET 会简单地把所有新的请求重定向到新的代码。为了解决这个问题，ASP.NET 使用了一个新的文件扩展名 ".aspx"。这样就使 ASP.NET 应用程序与 ASP 应用程序能够一起运行在同一个服务器上。

18.2　小型案例实训

本节将使用 Microsoft SQL Server 2012 设计数据库，前台则使用 Visual C# 2010 作为主要开发工具，完成 Windows 系统和 Web 系统的开发。

18.2.1　基于 Windows 的学生管理系统

基于 Windows 的学生管理系统是一个 Windows 应用程序，后台数据库可以使用 Access、Microsoft SQL Server、Oracle 等数据库形式，前台可以使用 C#、VB、Java 等多种编程语言来开发。本节使用 C#语言和 Microsoft SQL Server 数据库，实现添加学生信息功能和查询学生信息功能。

【任务 18-1】开发基于 Windows 的学生管理系统，实现添加学生信息功能、查询学生信息功能。

1．基于 Windows 的学生管理系统界面预览

系统主界面中包含菜单栏，如图 18-1 所示。

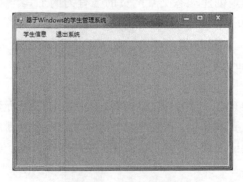

图 18-1　系统主界面

菜单栏设计模式如下：

学生信息	退出系统
添加学生信息	
查询学生信息	

(1) 添加学生信息界面。在系统主界面中选择【学生信息】|【添加学生信息】命令，即可进入添加学生信息界面，如图 18-2 所示。用户可以在该窗体中设置学生的基本信息。单击【确定】按钮，如果学生信息输入完整则显示添加成功，否则添加失败。

(2) 查询学生信息界面。在系统主界面中选择【学生信息】|【查询学生信息】命令，即可进入查询学生信息界面，如图 18-3 所示。用户可以在该窗体中根据学号查询学生的基本信息。输入学号信息，单击【查询】按钮，即可在下方表格中显示待查询学生信息。

图 18-2　添加学生信息界面

图 18-3　查询学生信息界面

2. 分析各个功能模块

(1) 添加学生信息功能模块。

- 功能：验证所输入学生信息的完整性，验证通过之后将该学生信息添加到学生成绩数据库中。
- 输入项目：学号、学生姓名、性别、出生日期、班号。
- 输出项目：在窗体加载时，初始化性别和班号信息。

(2) 查询学生信息模块。

- 功能：输入学号，查询学生基本信息。
- 输入项目：学号。
- 输出项目：待查询学生信息。

3. 系统开发过程

(1) 连接数据库。启动 Visual Studio 2010，新建 Windows 应用程序，命名为 studentMIS。在程序中专门设计了连接字符串模块 StdConnection.cs，具体操作如下。

在 studentMIS 项目的解决方案中，右击项目名称，在弹出的快捷菜单中，选择【添加】|【类】来添加 StdConnection.cs 类文件，在该类中创建连接字符串的属性。详细代码如下：

```
class StdConnection
    {
    public static string conString
        {
        get
        {
        return"data source=.;database=student;integrated security=SSPI";
        }
```

```
        }
    }
```

(2) 系统主界面(mainForm.cs)。

在学生管理系统的主界面 mainForm.cs 中，选择【添加学生信息】命令，即运行添加学生信息界面。选择【修改学生信息】命令，即运行修改学生信息界面。选择【退出系统】命令，即可退出学生管理系统。具体代码如下：

```
private void 添加学生信息 ToolStripMenuItem_Click(object sender, EventArgs e)
    {
        AddStudent AddForm = new AddStudent();
        AddForm.MdiParent = this;
        AddForm.Show();
    }
private void 修改学生信息 ToolStripMenuItem_Click(object sender, EventArgs e)
    {
        UpdateStudent UpdateForm = new UpdateStudent();
        UpdateForm.MdiParent = this;
        UpdateForm.Show();
    }
private void 退出系统 ToolStripMenuItem_Click(object sender, EventArgs e)
    {
        this.Close();
    }
```

(3) 添加学生信息界面(AddStudent.cs)。

① 初始化。当运行 AddStudent.cs 界面时，将学生成绩数据库班级表中的班号添加到班级组合框 cmbclassid 中，同时将"男"、"女"添加到性别组合框 cmbgender 中。具体代码如下：

```
SqlConnection con = new SqlConnection(StdConnection.conString);
SqlCommand com;
private void AddStudent_Load(object sender, EventArgs e)
{
    //添加班级
    com = new SqlCommand("", con);
    com.CommandText = "select 班号 from 班级表";
    con.Open();
    SqlDataReader dr = com.ExecuteReader();
    while (dr.Read())
    {
        cmbclassid.Items.Add(dr["班号"].ToString());
    }
    con.Close();
    //添加性别
    cmbgender.Items.Add("男");
    cmbgender.Items.Add("女");
}
```

② 【确定】按钮。需要判断学生信息是否输入完整，若按要求输入则将该学生信息添加到学生成绩数据库学生表中。并在添加完成之后，所有文本框置空。具体代码如下：

```
private void btnOK_Click(object sender, EventArgs e)
{
  string sid = txtsid.Text.Trim();
  string sname = txtsname.Text.Trim();
  string gender = cmbgender.Text.Trim();
  DateTime dt = dtbirthday.Value;
  string classid = cmbclassid.Text.Trim();
  if (sid.Length == 0)
    MessageBox.Show("学号不能为空", "提示");
  else
    if (sname.Length == 0)
      MessageBox.Show("姓名不能为空", "提示");
    else
      if (gender.Length == 0)
        MessageBox.Show("请选择性别", "提示");
      else
        if (System.DateTime.Now.Year - dt.Year < 15)
          MessageBox.Show("学生年龄至少15岁", "提示");
        else
          if (classid.Length == 0)
            MessageBox.Show("请选择班号", "提示");
          else
          {
            com.CommandText= "insert into 学生表(学号,姓名,性别,出生日期,班号)
values(@sid,@sname,@gender,@birthday,@classid )";
            SqlParameter sq_sid = com.Parameters.Add("@sid",SqlDbType.Char);
            sq_sid.Value = sid;
            SqlParameter sq_sname = com.Parameters.Add("@sname",SqlDbType.
NVarChar);
            sq_sname.Value = sname;
            SqlParameter sq_gender = com.Parameters.Add("@gender",SqlDbType.
NChar);
            sq_gender.Value = gender;
            SqlParameter sq_birthday = com.Parameters.Add("@birthday",SqlDbType.
DateTime);
            sq_birthday.Value = dt;
            SqlParameter sq_classid = com.Parameters.Add("@classid",SqlDbType.
Char);
            sq_classid.Value = classid;
            con.Open();
            com.ExecuteNonQuery();
            MessageBox.Show("添加成功! ");
            txtsid.Text = "";
            txtsname.Text = "";
            cmbgender.SelectedIndex = -1;
            cmbclassid.SelectedIndex = -1;
            con.Close();
          }
}
```

③ 【取消】按钮。当前窗体关闭。

(4) 查询学生信息界面(SearchStudent.cs)。

① 初始化。当运行 SearchStudent.cs 界面时，界面中 dataGridView 控件显示学生表中所有记录。

```
SqlConnection con = new SqlConnection(StdConnection.conString);
private void SearchStudent_Load(object sender, EventArgs e)
{
    SqlCommand com=con.CreateCommand();
    com.CommandText = "select * from 学生表";
    SqlDataAdapter da = new SqlDataAdapter(com.CommandText, con);
    DataSet ds = new DataSet();
    da.Fill(ds,"student");
    dataGridView1.DataSource = ds.Tables["student"] ;
}
```

② 【查询】按钮。输入学号，若学号为空，则显示学生表中全部信息；若学号不存在，则消息框提示"未找到该学号的学生信息"；若学号存在，则在界面下方的表格控件中显示出该学号的学生信息。

```
private void btnSearch_Click(object sender, EventArgs e)
{
    SqlCommand com = con.CreateCommand();
    if (txtsid.Text.Trim() == "")
    {
        com.CommandText = "select * from 学生表";
        SqlDataAdapter da = new SqlDataAdapter(com.CommandText,con);
        DataSet ds = new DataSet();
        da.Fill(ds, "student");
        dataGridView1.DataSource = ds.Tables["student"];
    }
    else
    {
        com.CommandText = "select * from 学生表 where 学号='" + txtsid.
Text.Trim() + "'";
        SqlDataAdapter da = new SqlDataAdapter(com.CommandText,con);
        DataSet ds = new DataSet();
        da.Fill(ds, "search");
        if (ds.Tables["search"].Rows.Count == 0)
        {
            MessageBox.Show("未找到该学号的学生信息", "提示");
        }
        else
        {
            dataGridView1.DataSource = ds.Tables["search"];
        }
    }
}
```

(5) 调试运行。

18.2.2　基于 Web 的学生管理系统

基于 Web 的学生管理系统是一个 ASP.NET 网站。本节将开发 Web 版的学生管理系统，实现其中的查询学生基本信息功能和查询成绩信息功能。

【任务 18-2】开发基于 Web 的学生管理系统，实现查询学生基本信息功能、查询成绩信息功能。

1. 基于 Web 的学生管理系统页面预览

(1) 网站首页。网站首页中列出具体功能的超链接，页面效果如图 18-4 所示。

(2) 查询学生信息页面。在网站首页中单击超链接【查询学生信息(按班号、按姓名)】控件，网站即可跳转到【查询学生信息】页面 SearchStudent.aspx，如图 18-5 所示。在 SearchStudent.aspx 中可以按照两种途径查询学生信息。选中【按班号查询】单选按钮，查询页面变为如图 18-6 所示的页面。选中【按姓名查询】单选按钮，查询页面变为如图 18-7 所示的页面。

图 18-4　网站首页

图 18-5　查询学生信息页面

图 18-6　按班号查询学生信息页面

图 18-7　按姓名查询学生信息页面

(3) 查询成绩页面。在网站首页中单击超链接【查询成绩(按学号、按课程)】控件，网站即可跳转到【查询成绩】页面 Score.aspx，如图 18-8 所示。在 Score.aspx 中可以按照两种途径查询学生成绩信息。选中【按学号查询】单选按钮，查询成绩页面变为如图 18-9 所示的页面。选中【按课程查询】单选按钮，查询成绩页面变为如图 18-10 所示的页面。

图 18-8 查询成绩页面　　　　　　　　　　图 18-9 按学号查询成绩页面

图 18-10 按课程查询成绩页面

2．分析各个功能模块

(1) 查询学生信息模块。

● 功能：可以根据两种途径来查询学生信息，即根据班级号查询和根据学生姓名查询。

● 输入项目：输入班级号或输入学生姓名。

● 输出项目：根据输入的查询条件，显示查询结果。

(2) 查询成绩模块

● 功能：可以根据两种途径来查询成绩信息，即根据学号查询和根据课程查询。

● 输入项目：输入学号或课程号。

● 输出项目：根据输入的查询条件，显示查询结果。

3．系统开发过程

(1) 连接数据库。启动 Visual Studio 2010，新建 ASP.NET 空网站，命名为 studentWebSite。在程序中专门设计了连接字符串模块 StdConnection.cs，具体操作如下。

在 studentWebSite 网站的解决方案中，右击项目名称，在弹出的快捷菜单中选择【添加】|【新建项目】|【类】命令，添加 StdConnection.cs 类文件，在该类中创建连接字符串的属性。详细代码如下：

```
class StdConnection
    {
        public static string conString
        {
```

```
        get
        {
            return"data source=.;database=student;integrated security=SSPI";
        }
    }
}
```

(2) 网站首页(Default.aspx)。在 studentWebSite 网站的解决方案中，右击项目名称，在弹出的快捷菜单中选择【添加】|【新建项目】|【Web 窗体】命令，添加 Default.aspx 窗体文件，在该窗体中添加两个超链接控件"查询学生信息(按班号、按姓名)"、"查询成绩(按学号、按课程)"。单击超链接【查询学生信息(按班号、按姓名)】控件，网站跳转至查询学生信息页面 SearchStudent.aspx。单击超链接【查询成绩(按学号、按课程)】控件，网站跳转至查询成绩页面 Score.aspx。具体代码如下：

```
protected void LinkButton1_Click(object sender, EventArgs e)
{
    Response.Redirect("SearchStudent.aspx");
}
protected void LinkButton2_Click(object sender, EventArgs e)
{
    Response.Redirect("Score.aspx");
}
```

(3) 查询学生信息页面(SearchStudent.aspx)。用户可以在该页面中根据班号和姓名查询学生的基本信息。

① 初始化。页面加载之后，将学生成绩数据库班级表中的班号添加到班级下拉列表框 ddlclassid 中。

```
SqlConnection con = new SqlConnection(StdConnection.conString);
SqlCommand com;
protected void Page_Load(object sender, EventArgs e)
{
    if (!Page.IsPostBack)
    {
        com = new SqlCommand("", con);
        com.CommandText = "select 班号 from 班级表";
        con.Open();
        SqlDataReader dr = com.ExecuteReader();
        while (dr.Read())
        {
            ddlclassid.Items.Add(dr["班号"].ToString());
        }
        con.Close();
        ddlclassid.Visible = false;
        txtsname.Visible = false;
        btnSearch.Visible = false;
    }
}
```

② 选中【按班号查询】单选按钮。显示班级下拉列表框 ddlclassid。

```
protected void rbclassid_CheckedChanged(object sender, EventArgs e)
{
    if (rbclassid.Checked)
    {
        ddlclassid.Visible = true;
        txtsname.Visible = false;
        btnSearch.Visible = true;
    }
    else
    {
        ddlclassid.Visible = false;
        txtsname.Visible = true;
        btnSearch.Visible = true;
    }
}
```

③ 选中【按姓名查询】单选按钮。显示学生姓名文本框 txtsname。

```
protected void rbsname_CheckedChanged(object sender, EventArgs e)
{
    if (rbclassid.Checked)
    {
        ddlclassid.Visible = true;
        txtsname.Visible = false;
        btnSearch.Visible = true;
    }
    else
    {
        ddlclassid.Visible = false;
        txtsname.Visible = true;
        btnSearch.Visible = true;
    }
}
```

④ 单击【查询】按钮。可以根据前面选择的途径进行查询，根据班级号进行精确查询，根据学生姓名进行模糊查询。

```
protected void btnSearch_Click(object sender, EventArgs e)
{
    if (rbclassid.Checked)
    {
        string classid = ddlclassid.SelectedItem.Text.Trim();
        com = new SqlCommand("", con);
        con.Open();
        com.CommandText = "select 学号,姓名,性别,出生日期,班号 from 学生表
where 班号='" + classid + "'";
        SqlDataAdapter da = new SqlDataAdapter(com.CommandText, con);
        DataSet ds = new DataSet();
        da.Fill(ds, "student");
        GridView1.DataSource = ds.Tables["student"];
```

```
        GridView1.DataBind();
    }
    else
    {
        string sname = txtsname.Text.Trim();
        com = new SqlCommand("", con);
        con.Open();
        com.CommandText = "select 学号,姓名,性别,出生日期,班号 from 学生表
where 姓名 like'" + sname + "%'";
        SqlDataAdapter da = new SqlDataAdapter(com.CommandText, con);
        DataSet ds = new DataSet();
        da.Fill(ds, "student");
        GridView1.DataSource = ds.Tables["student"];
        GridView1.DataBind();
    }
}
```

按班号查询学生信息结果如图 18-11 所示。按姓名查询学生信息结果如图 18-12 所示。

图 18-11 按班号查询学生信息结果页面

图 18-12 按姓名查询学生信息结果页面

(4) 查询成绩界面(Score.aspx)。用户可以在该页面中根据学号和课程号查询成绩。

① 初始化。页面加载之后，页面中的学号文本框、课程号文本框、查询按钮处于隐藏状态。

```
protected void Page_Load(object sender, EventArgs e)
{
    if (!Page.IsPostBack)
    {
        txtsid.Visible = false;
        txtcourse.Visible = false;
        btnSearch.Visible = false;
    }
}
```

② 选中【按学号查询】单选按钮，显示学号文本框 txtsid。

```
protected void txtsid_CheckedChanged(object sender, EventArgs e)
{
    if (rbsid.Checked)
```

```
    {
        txtsid.Visible = true;
        txtcourse.Visible = false;
        btnSearch.Visible = true;
    }
    else
    {
        txtsid.Visible = false;
        txtcourse.Visible = true;
        btnSearch.Visible = true;
    }
}
```

③ 选中【按课程查询】单选按钮，显示课程号文本框 txtcourse。

```
protected void txtcourse_CheckedChanged(object sender, EventArgs e)
{
    if (rbsid.Checked)
    {
        txtsid.Visible = true;
        txtcourse.Visible = false;
        btnSearch.Visible = true;
    }
    else
    {
        txtsid.Visible = false;
        txtcourse.Visible = true;
        btnSearch.Visible = true;
    }
}
```

④ 【查询】按钮。可以根据前面选择的途径进行查询，根据学号或根据课程号进行查询。

```
protected void btnSearch_Click(object sender, EventArgs e)
{
    if (rbsid.Checked)
    {
        string sid = txtsid.Text.Trim();
        com = new SqlCommand("", con);
        con.Open();
        com.CommandText = "select 学生表.学号,姓名,课程表.课程号,课程表.课程
名,学期,成绩 from 学生表,课程表,成绩表 where 学生表.学号=成绩表.学号 and 课程表.课
程号=成绩表.课程号 and 学生表.学号='" + sid + "'";
        SqlDataAdapter da = new SqlDataAdapter(com.CommandText, con);
        DataSet ds = new DataSet();
        da.Fill(ds, "score");
        GridView1.DataSource = ds.Tables["score"];
        GridView1.DataBind();
    }
    else
```

```
    {
        string courseid = txtcourse.Text.Trim();
        com = new SqlCommand("", con);
        con.Open();
        com.CommandText = "select 课程表.课程号,课程表.课程名,学期,学生表.学
号,姓名,成绩 from 学生表,课程表,成绩表 where 学生表.学号=成绩表.学号 and 课程表.课
程号=成绩表.课程号 and 课程表.课程号='"+courseid+"'";
        SqlDataAdapter da = new SqlDataAdapter(com.CommandText, con);
        DataSet ds = new DataSet();
        da.Fill(ds, "score");
        GridView1.DataSource = ds.Tables["score"];
        GridView1.DataBind();
    }
}
```

按学号查询成绩结果如图 18-13 所示。按课程查询成绩结果如图 18-14 所示。

(5) 调试运行。

图 18-13　按学号查询成绩结果页面

图 18-14　按课程查询成绩结果页面

小　　结

Visual Studio 2010 有专业版、高级版、旗舰版、学习版和测试版 5 个版本。教材中使用的是旗舰版。

C#综合了 VB 简单的可视化操作和 C++的高运行效率，以其强大的操作能力、优雅的语法风格、创新的语言特性和便捷的面向组件编程的支持成为.NET 开发的首选语言。

ASP.NET 是 ASP(微软动态服务器网页技术)的最新版本。ASP.NET 是 Microsoft.NET 框架的组成部分，同时也是创建动态交互网页的强有力的工具。

利用 Visual Studio，可以通过使用 Windows 窗体创建基于 Windows 的应用程序和用户界面(UI)。可创建 Windows 服务应用程序或基于 Win32 的 Windows 应用程序。

Web 应用程序是一种可以通过 Web 访问的应用程序。Web 应用程序的一个最大好处是用户很容易访问应用程序。用户只需要有浏览器即可，不需要再安装其他软件。

习　　题

操作题

1. 训练内容

设计开发一个功能全面的图书馆管理系统，该系统分为后台管理员系统和前台图书借阅网站。后台管理员系统是 Windows 应用程序，前台图书借阅系统是 Web 应用程序。

后台管理员系统应具备如下功能：

(1) 图书信息维护。主要完成图书馆新进图书的编号、登记、入馆等操作。

(2) 读者信息维护。主要是完成读者信息的添加、修改、删除等操作，只有是系统中的合法读者才有资格进行图书的借阅活动。

前台图书借阅网站应具备如下功能：

(1) 借书/还书处理。主要完成读者的借书和还书活动，记录读者借还书情况并及时反映图书的在库情况。

(2) 读者借阅记录。让每位读者能及时了解自己的借书情况，包括曾经借阅记录以及未还书记录。

(3) 图书书目检索。读者能够根据不同的信息对图书馆的存书情况进行查找。

(4) 图书超期通知。可以统计出目前为止超期未归还的图书以及相应的读者信息。

该系统的后台数据库应使用前面介绍的 library。

2. 训练要求

界面简洁美观，布局合理；选用合适的或必要的控件，数据类型准确，有清晰的结果输出以及必要的提示信息，运行各模块没有错误。

附　录

各项目习题参考答案

项目 1

1．填空题

(1) 长期存储在计算机内的、有组织的、有共享的、统一管理　数据模型　冗余度　数据独立性　易扩展性

(2) 数据定义功能　数据定义语言 DDL　数据操纵功能　数据操纵语言 DML　数据库的运行管理和安全保护功能　数据控制语言 DCL

(3) 数据库、数据库管理系统、操作系统、应用开发工具和数据库应用程序　系统分析员、数据库设计人员、程序开发人员、数据库管理员和最终用户　数据库管理系统

(4) 人工管理阶段　文件系统阶段　数据库系统阶段

(5) 外模式、模式和内模式　外模式/模式映像　模式/内模式映像

(6) 数据结构　数据操作　完整性

(7) 概念数据模型　逻辑数据模型　物理数据模型

(8) 概念数据模型

(9) 实体-联系模型　实体集、属性、联系　实体集　属性　联系　一对一、一对多和多对多

(10) 层次模型、网状模型和关系模型

(11) 二维表　行和列

(12) 关系模式的每一个属性都是不可分割的基本数据项　部分函数依赖　传递依赖 BCNF

(13) 并、差、交和笛卡儿积　选择、投影、连接和除运算

(14) 新奥尔良方法　需求分析、概念设计、逻辑设计、物理设计、数据库实施和部署、数据库运行和维护

2．操作题

由题意可知：图书馆管理数据库 E-R 图中包含 3 个实体，即图书基本信息、图书信息和读者。各实体的属性设计如图书基本信息(ISBN，书名)、图书信息(图书编号，ISBN，状态)、读者(读者编号，姓名)。各实体之间的联系包括图书信息与图书基本信息之间的隶属关系；读者与图书信息之间的"借阅"联系；"借阅"联系应有属性为借阅编号、图书编号、读者编号、借阅日期、到期日期、处理日期和状态。根据以上分析得到 E-R 图如下图所示。

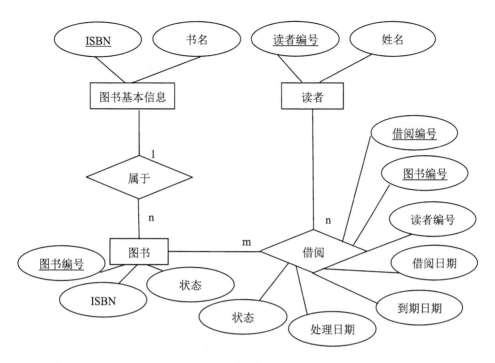

图书馆管理数据库 E-R 图

项目 2

1. 填空题

(1) 关系

(2) 企业版(Enterprise)、商业智能版(Business Intelligence)、标准版(Standard)、Web版、开发者版(Developer)和精简版(Express)

(3) SQL Server 数据库引擎、Analysis Services、Reporting Services、Integration Services、Master Data Services SQL Server 数据库引擎

(4) SQL Server Management Studio、SQL Server 配置管理器、SQL Server Profiler、数据库引擎优化顾问、数据质量客户端、SQL Server 数据工具以及连接组件 SQL Server Management Studio SQL Server 配置管理器

(5) 命名实例

2. 操作题

略，自行阅读学习。

项目 3

1. 填空题

(1) 系统数据库 用户数据库

(2) master、model、tempdb、msdb 和 resource   master

(3) 主数据文件   日志文件

(4) 主要数据文件、次要数据文件和日志文件   主要数据文件   次要数据文件   日志文件

(5) 文件组

(6) PRIMARY

(7) CREATE DATABASE   ALTER DATABASE   DROP DATABASE

(8) 分离和附加

2. 操作题

(1)

```
USE MASTER
GO
CREATE DATABASE library ON  PRIMARY
( NAME = library, FILENAME = 'C:\library\librarydata.mdf' ,
SIZE = 10MB , MAXSIZE = 100MB , FILEGROWTH = 10%)
LOG ON
(NAME =librarylog, FILENAME = 'C:\librarylog.ldf' , SIZE = 2MB ,
FILEGROWTH = 10MB )
GO
```

(2)

```
USE master
GO
ALTER DATABASE library ADD FILEGROUP librarygroup
GO
ALTER DATABASE library ADD FILE
(NAME = librarydata2, FILENAME = 'C:\librarydata2.ndf' ,
SIZE = 10MB , MAXSIZE = 100MB, FILEGROWTH = 10%)
TO FILEGROUP librarygroup
GO
```

项目4

1. 填空题

(1) 记录(元组)   属性(字段)

(2) 用户定义表、已分区表、临时表、系统表和宽表

(3) CREATE TABLE   ALTER TABLE   DROP TABLE

(4) 计算列

(5) 标识列   标识种子值   标识步长值

(6) 值未知

(7) 保证数据库的表中各字段数据完整而且合理   实体完整性   域完整性   引用完整性

(8) 通过表中属性或属性组合能将表中各记录唯一区别开来　表中特定属性的值的有效取值　数据库中的不同表中属性的值或者表自身不同属性的值之间的引用关系

(9) 主键约束　唯一约束

(10) 列默认值　CHECK 约束

(11) 外键约束

2. 操作题

(1)

```
USE library
GO
CREATE TABLE 读者类型表(
    类型 nvarchar(20) NOT NULL,
    可借册数 int NOT NULL,
 CONSTRAINT PK_读者类型表 PRIMARY KEY CLUSTERED (类型 ASC))
GO
```

(2)

```
USE library
GO
CREATE TABLE 读者信息表(
    读者编号 char(15) NOT NULL,
    姓名 char(20) NOT NULL,
    类型 nvarchar(20) NOT NULL,
    证件号 char(15) NOT NULL,
    性别 nvarchar(4) NOT NULL,
    联系方式 char(12) NOT NULL,
    登记日期 datetime NOT NULL,
    有效日期 datetime NOT NULL,
    已借书数量 int NOT NULL,
    是否挂失 nchar(4) NOT NULL,
 CONSTRAINT PK_读者信息表 PRIMARY KEY CLUSTERED (读者编号 ASC))
GO
ALTER TABLE 读者信息表 ADD  CONSTRAINT DF_读者信息表_登记日期
DEFAULT (getdate()) FOR 登记日期
GO
ALTER TABLE 读者信息表 ADD  CONSTRAINT DF_读者信息表_已借书数量
DEFAULT (0) FOR 已借书数量
GO
ALTER TABLE 读者信息表 ADD  CONSTRAINT DF_读者信息表_是否挂失
DEFAULT ('否') FOR 是否挂失
GO
ALTER TABLE 读者信息表  WITH CHECK ADD  CONSTRAINT FK_读者信息表_读者信息表
FOREIGN KEY(类型) REFERENCES 读者类型表(类型)
GO
ALTER TABLE 读者信息表  WITH CHECK ADD  CONSTRAINT CK_读者信息表
CHECK  ((性别='男' OR 性别='女'))
GO
ALTER TABLE 读者信息表  WITH CHECK ADD  CONSTRAINT CK_读者信息表_1
```

```
CHECK  (有效日期>=登记日期)
GO
```

(3)

```
USE library
GO
CREATE TABLE 图书类型表(
    类型 nvarchar(20) NOT NULL,
 CONSTRAINT PK_图书类型表 PRIMARY KEY CLUSTERED (类型 ASC))
GO
```

(4)

```
USE library
GO
CREATE TABLE 图书基本信息表(
    ISBN char(20) NOT NULL,
    书名 nvarchar(50) NOT NULL,
    版次 nvarchar(20) NOT NULL,
    类型 nvarchar(20) NOT NULL,
    作者 nvarchar(50) NOT NULL,
    出版社 nvarchar(50) NOT NULL,
    价格 money NOT NULL,
    可借数量 int NOT NULL,
    库存数量 int NOT NULL,
 CONSTRAINT PK_图书基本信息表 PRIMARY KEY CLUSTERED (ISBN ASC))
GO
ALTER TABLE 图书基本信息表 ADD  CONSTRAINT DF_图书基本信息表_版次
DEFAULT ('第1版') FOR 版次
GO
ALTER TABLE 图书基本信息表 ADD  CONSTRAINT DF_图书基本信息表_价格
DEFAULT ((0)) FOR 价格
GO
ALTER TABLE 图书基本信息表 ADD  CONSTRAINT DF_图书基本信息表_可借数量
DEFAULT ((1)) FOR 可借数量
GO
ALTER TABLE 图书基本信息表 ADD  CONSTRAINT DF_图书基本信息表_库存数量
DEFAULT ((1)) FOR 库存数量
GO
ALTER TABLE 图书基本信息表 WITH CHECK ADD  CONSTRAINT
FK_图书基本信息表_图书类型表 FOREIGN KEY(类型) REFERENCES 图书类型表 (类型)
GO
ALTER TABLE 图书基本信息表 WITH CHECK ADD  CONSTRAINT CK_图书基本信息表
CHECK  ((可借数量<=库存数量))
GO
```

(5)

```
USE library
GO
CREATE TABLE 图书信息表(
图书编号 char(8) NOT NULL,
```

```
        ISBN char(20) NOT NULL,
        状态 nvarchar(20) NOT NULL,
        状态更新时间 datetime NOT NULL,
 CONSTRAINT PK_图书借阅表 PRIMARY KEY CLUSTERED (图书编号 ASC))
GO
ALTER TABLE 图书信息表 ADD  CONSTRAINT DF_图书借阅表_状态
DEFAULT ('可借') FOR 状态
GO

ALTER TABLE 图书信息表 ADD  CONSTRAINT DF_图书借阅表_状态更新时间
DEFAULT (getdate()) FOR 状态更新时间
GO
ALTER TABLE 图书信息表  WITH CHECK ADD  CONSTRAINT FK_图书借阅表_图书基本信息表
FOREIGN KEY(ISBN) REFERENCES 图书基本信息表 (ISBN)
GO
ALTER TABLE 图书信息表  WITH CHECK ADD  CONSTRAINT CK_图书借阅表
CHECK   (状态='可借' OR 状态='借出' OR 状态='挂失' OR 状态='不可借')
GO
ALTER TABLE 图书信息表  WITH CHECK ADD  CONSTRAINT CK_图书信息表
CHECK  (图书编号 like '[0-9][0-9][0-9][0-9][0-9][0-9][0-9][0-9]')
GO
```

(6)

```
USE library
GO
CREATE TABLE 图书借阅表(
借阅编号 uniqueidentifier NOT NULL,
    图书编号 char(8) NOT NULL,
    读者编号 char(15) NOT NULL,
    借阅日期 datetime NOT NULL,
    到期日期 datetime NOT NULL,
    处理日期 datetime NULL,
    状态 nvarchar(20) NOT NULL,
 CONSTRAINT PK_图书借阅表_1 PRIMARY KEY CLUSTERED (借阅编号 ASC))
GO
ALTER TABLE 图书借阅表 ADD  CONSTRAINT DF_图书借阅表_借阅编号
DEFAULT (newid()) FOR 借阅编号
GO
ALTER TABLE 图书借阅表 ADD  CONSTRAINT DF_图书借阅表_借阅日期
DEFAULT (getdate()) FOR 借阅日期
GO
ALTER TABLE 图书借阅表 ADD  CONSTRAINT DF_图书借阅表_状态_1
DEFAULT ('借出') FOR 状态
GO
ALTER TABLE 图书借阅表  WITH CHECK ADD  CONSTRAINT FK_图书借阅表_读者信息表
FOREIGN KEY(读者编号) REFERENCES 读者信息表 (读者编号)
GO
ALTER TABLE 图书借阅表  WITH CHECK ADD  CONSTRAINT FK_图书借阅表_图书信息表
FOREIGN KEY(图书编号) REFERENCES 图书信息表 (图书编号)
GO
```

```
ALTER TABLE 图书借阅表 WITH CHECK ADD CONSTRAINT CK_图书借阅表_1
CHECK (状态='借出' OR 状态='已还' OR 状态='挂失' OR 状态='不可借')
GO
ALTER TABLE 图书借阅表 WITH CHECK ADD CONSTRAINT CK_图书借阅表_2
CHECK (到期日期>=借阅日期)
GO
ALTER TABLE 图书借阅表 WITH CHECK ADD CONSTRAINT CK_图书借阅表_3
CHECK (处理日期>=借阅日期)
GO
```

(7)

```
USE library
GO
CREATE TABLE 图书罚款表(
罚款编号 int IDENTITY(1,1) NOT NULL,
    借阅编号 uniqueidentifier NOT NULL,
    罚款日期 datetime NOT NULL,
    罚款金额 money NOT NULL,
    罚款原因 nvarchar(20) NOT NULL,
 CONSTRAINT PK_图书罚款表 PRIMARY KEY CLUSTERED (罚款编号 ASC))
GO
ALTER TABLE 图书罚款表 ADD CONSTRAINT DF_图书罚款表_罚款日期
DEFAULT (getdate()) FOR 罚款日期
GO
ALTER TABLE 图书罚款表 ADD CONSTRAINT DF_图书罚款表_罚款原因
DEFAULT ('超期归还') FOR 罚款原因
GO
ALTER TABLE 图书罚款表 WITH CHECK ADD CONSTRAINT CK_图书罚款表
CHECK (罚款原因='超期归还' OR 罚款原因='挂失' OR 罚款原因='损坏')
GO
```

项目 5

1. 填空题

(1) 与表或视图关联的磁盘上结构　加速查询表或视图中的记录　键　B 树

(2) 聚集索引　非聚集索引　表扫描或查找索引

(3) 聚集表　键值　一

(4) 键值　零个到多

(5) 唯一

(6) 包含

(7) 筛选

(8) CREATE INDEX　DROP INDEX

2. 操作题

(1)

```
USE library
GO
```

```
CREATE CLUSTERED INDEX CL_读者类型表 ON 读者类型表(类型 ASC)
GO
```

(2)

```
USE library
GO
CREATE NONCLUSTERED INDEX CL_读者信息表 ON 读者信息表(姓名 ASC)
GO
```

(3)

```
USE library
GO
CREATE UNIQUE NONCLUSTERED INDEX CL_读者信息表1 ON 读者信息表(证件号 ASC)
GO
```

(4)

```
USE library
GO
CREATE NONCLUSTERED INDEX CL_图书基本信息表 ON 图书基本信息表(书名 ASC)
INCLUDE(版次 ASC)
GO
```

(5)

```
USE library
GO
CREATE NONCLUSTERED INDEX CL_图书信息表 ON 图书信息表(ISBN ASC)
WHERE 状态='可借'
GO
```

项目6

1. 填空题

(1) 虚拟　定义　记录　更新
(2) 标准视图　分区视图　索引视图　系统视图
(3) CREATE VIEW　ALTER VIEW　DROP VIEW
(4) SP_HELPTEXT

2. 操作题

(1)

```
USE library
GO
CREATE VIEW View图书基本信息
AS
SELECT ISBN,书名,版次,类型,作者,出版社,价格,可借数量,库存数量
FROM 图书基本信息表
```

```
GO
```

(2)

```
USE library
GO
CREATE VIEW View 图书基本信息加密 WITH ENCRYPTION
AS
SELECT ISBN,书名,版次,类型,作者,出版社,价格,可借数量,库存数量
FROM 图书基本信息表
GO
```

(3)

```
USE library
GO
CREATE VIEW View 计算机图书基本信息
AS
SELECT ISBN,书名,版次,类型,作者,出版社,价格,可借数量,库存数量
FROM 图书基本信息表
WHERE 类型= '计算机 '
WITH CHECK OPTION
GO
```

(4)

```
USE library
GO
SELECT * FROM View 图书基本信息
GO
```

(5)

```
USE library
GO
INSERT INTO View 图书基本信息
(ISBN,书名,版次,类型,作者,出版社,价格,可借数量,库存数量)
VALUES ('9787302355182', 'SQL Server 2012 王者归来', '第 1 版', ' 计算机',
'秦婧', '清华大学出版社', 99.80,2,2)
GO
```

(6)

```
USE library
GO
UPDATE View 图书基本信息 SET 书名='SQL Server 2012 教程' WHERE ISBN='9787302355182'
GO
```

(7)

```
USE library
GO
DELETE FROM View 图书基本信息 WHERE ISBN='9787302355182'
GO
```

项目 7

1. 填空题

(1) 常规标识符　分隔标识符

(2) 服务器名称、数据库名称、架构名称和对象名称

(3) 系统数据类型　用户定义数据类型

(4) @　DECLARE　SET　SELECT　PRINT

(5) 系统函数　用户定义函数

(6) --　/*　*/

(7) USE

(8) 批处理　GO

(9) PRINT　RAISERROR

(10) BEGIN…END

(11) GOTO

(12) RETURN

(13) IF…ELSE

(14) WHILE

(15) CONTINUE　BREAK

(16) WAITFOR

(17) TRY…CATCH　THROW

2. 操作题

(1)

```
DECLARE @i tinyint, @result int
SET @i=1
SET @result=1
WHILE @i<=10
    BEGIN
        SET @result=@result*@i
        SET @i+=1
    END
PRINT('结果是'+STR(@result))
GO
```

(2)

```
USE library
GO
SELECT SUBSTRING(书名,1,6) FROM 图书基本信息表
GO
```

(3)

```
DECLARE @MYINT smallint,@MYSTR NCHAR(10)
SET @MYINT=2000
WHILE(@MYINT<=2010)
    BEGIN
        IF(@MYINT%4<>0 OR (@MYINT%100=0 AND @MYINT%400<>0))
            SET @MYSTR='年是平年'
        ELSE
            SET @MYSTR='年是闰年'
        PRINT(STR(@MYINT)+@MYSTR)
        SET @MYINT+=1
    END
```

项目 8

1. 填空题

(1) SELECT   FROM   WHERE   GROUP BY   HAVING   ORDER BY

(2) DISTINCT

(3) TOP

(4) 内联接   外联接   交叉联接

(5) LIKE

(6) IN

(7) BETWEEN AND

(8) 未知或不可用

(9) INTO

(10) UNION   EXCEPT   INTERSECT

2. 操作题

(1)

```
USE library
GO
SELECT * FROM 图书基本信息表 ORDER BY 书名
GO
或者
USE library
GO
SELECT ISBN,书名,版次,类型,作者,出版社,价格,可借数量,库存数量
FROM 图书基本信息表 ORDER BY 书名
GO
```

(2)

```
USE library
GO
```

```
SELECT B.图书编号,书名,COUNT(C.图书编号)
FROM 图书基本信息表 AS A INNER JOIN 图书信息表 AS B ON A.ISBN=B.ISBN
INNER JOIN 图书借阅表 AS C ON B.图书编号=C.图书编号
GROUP BY B.图书编号,书名
GO
```

(3)

```
USE library
GO
SELECT DISTINCT 图书编号 FROM 图书借阅表
GO
```

(4)

```
USE library
GO
SELECT * INTO 一字表 FROM 图书基本信息表
WHERE 书名 LIKE ('%一%')
GO
```

(5)

```
USE library
GO
SELECT 书名 FROM 图书基本信息表 AS A
WHERE EXISTS(SELECT B.图书编号 FROM 图书信息表 AS B,图书借阅表 AS C
WHERE A.ISBN=B.ISBN AND B.图书编号=C.图书编号)
GO
或者
USE library
GO
SELECT 书名 FROM 图书基本信息表 AS A
WHERE ISBN IN (SELECT B.ISBN FROM 图书信息表 AS B INNER JOIN 图书借阅表 AS C
ON B.图书编号=C.图书编号)
GO
或者
USE library
GO
SELECT DISTINCT 书名 FROM 图书基本信息表 AS A
INNER JOIN 图书信息表 AS B ON A.ISBN=B.ISBN
INNER JOIN 图书借阅表 AS C ON B.图书编号=C.图书编号
GO
```

(6)

```
USE library
GO
SELECT 类型,AVG(价格) AS 平均价格 FROM 图书基本信息表 GROUP BY 类型
GO
```

(7)

```
USE library
```

```
GO
SELECT 类型,AVG(价格) AS 平均价格 FROM 图书基本信息表 WHERE 价格<=30
GROUP BY 类型 ORDER BY 类型 ASC
GO
```

(8)

```
USE library
GO
SELECT 类型,COUNT(类型) AS 种数 FROM 图书基本信息表
GROUP BY 类型 HAVING COUNT(类型)>1
GO
```

(9)

```
USE library
GO
SELECT 图书编号 FROM 图书信息表
UNION
SELECT DISTINCT 图书编号 FROM 图书借阅表
GO
```

项目 9

1. 填空题

(1) INSERT

(2) UPDATE

(3) DELETE

(4) DELETE   TRUNCATE TABLE   TRUNCATE TABLE

(5) MERGE

2. 操作题

(1)

```
USE library
GO
INSERT INTO 图书基本信息表(ISBN,书名,版次,类型,作者,出版社,价格,可借数量,库存数量)
VALUES('978-7-302-35518-2','SQL Server 2012 王者归来','第1版','计算机','秦婧',
'清华大学出版社',￥99.80,2,2)
GO
或者
USE library
GO
INSERT INTO 图书基本信息表 VALUES('978-7-302-35518-2','SQL Server 2012 王者
归来','第1版','计算机','秦婧','清华大学出版社',￥99.80,1,1)
GO
```

(2)

```
USE library
GO
INSERT INTO 图书信息表(图书编号,ISBN) VALUES('00578047','978-7-302-35518-2')
GO
```

(3)

```
USE library
GO
SELECT ISBN,书名,作者,价格 INTO 计算机图书基本信息表 FROM 图书基本信息表
WHERE 类型='计算机'
GO
```

(4)

```
USE library
GO
UPDATE 计算机图书基本信息表 SET 价格=价格*1.1
GO
```

(5)

```
USE library
GO
UPDATE 计算机图书基本信息表 SET 价格=价格*1.1
WHERE ISBN IN (SELECT ISBN FROM 图书基本信息表 WHERE 出版社='清华大学出版社')
GO
或者
USE library
GO
UPDATE a SET a.价格=a.价格*1.1
FROM 计算机图书基本信息表 AS a INNER JOIN 图书基本信息表 AS b ON a.ISBN=b.ISBN
WHERE 出版社='清华大学出版社'
GO
```

(6)

```
USE library
GO
MERGE 计算机图书基本信息表 AS target
USING (SELECT ISBN,书名,作者,价格 FROM 图书基本信息表)
AS source (ISBN,书名,作者,价格)
ON (target.ISBN = source.ISBN)
WHEN MATCHED THEN
    UPDATE SET target.价格=target.价格*0.9
WHEN NOT MATCHED THEN
INSERT (ISBN,书名,作者,价格) VALUES (source.ISBN,source.书名,
source.作者,source.价格);
GO
```

(7)

```
USE library
GO
DELETE FROM 计算机图书基本信息表 WHERE 价格<=30
GO
```

(8)

```
USE library
GO
DELETE FROM a
FROM 计算机图书基本信息表 AS a INNER JOIN 图书基本信息表 AS b ON a.ISBN=b.ISBN
WHERE 出版社<>'清华大学出版社'
GO
```
或者
```
USE library
GO
DELETE FROM 计算机图书基本信息表 WHERE ISBN NOT IN
(SELECT ISBN FROM 图书基本信息表 WHERE 出版社='清华大学出版社')
GO
```

(9)

```
USE library
GO
DELETE FROM 计算机图书基本信息表
GO
```
或者
```
USE library
GO
TRUNCATE TABLE 计算机图书基本信息表
GO
```

项目 10

1. 填空题

(1) 逻辑工作单元　原子性、一致性、隔离性和持久性　ACID　显式事务、自动提交事务、隐式事务、批处理级事务和分布式事务

(2) BEGIN TRANSACTION　SAVE TRANSACTION　COMMIT TRANSACTION ROLLBACK TRANSACTION

(3) 丢失更新、未提交的依赖关系(脏读)、不一致的分析(不可重复读)、虚拟读取、由于行更新导致的读取缺失和重复读

(4) 悲观并发控制　乐观并发控制

(5) 未提交读、已提交读、可重复读和可序列化

(6) SET TRANSACTION ISOLATION LEVEL

(7) 死锁　LOCK_TIMEOUT

2. 操作题

```
USE library
GO
BEGIN TRANSACTION
        DELETE FROM b FROM 图书借阅表 AS b INNER JOIN 读者信息表 AS r
ON b.读者编号=r.读者编号 WHERE 姓名='陈珍'
        IF @@ERROR<>0
            ROLLBACK TRANSACTION
DELETE FROM 读者信息表 WHERE 姓名='陈珍'
        IF @@ERROR<>0
            ROLLBACK TRANSACTION
COMMIT TRANSACTION
GO
```

项目 11

1. 填空题

(1) Transact-SQL 游标　应用编程接口(API)服务器游标　客户端游标

(2) FETCH

(3) DEALLOCATE

(4) 声明游标　打开游标　读取游标数据　关闭游标　删除游标

2. 操作题

(1)

```
USE Library
GO
--声明游标
DECLARE  Cursor_BookInfo CURSOR
    FOR SELECT * FROM 图书基本信息表
    --打开游标
OPEN Cursor_BookInfo
--首先提取第一行数据
FETCH NEXT FROM Cursor_BookInfo
    --从游标逐行读取值
WHILE @@FETCH_STATUS = 0
        FETCH NEXT FROM  Cursor_BookInfo
--关闭游标
CLOSE Cursor_BookInfo
--删除游标
DEALLOCATE  Cursor_BookInfo
GO
```

(2)

```
USE Library
GO
--声明游标
DECLARE  Cursor_RecordInfo CURSOR
    FOR SELECT * FROM 图书借阅表 WHERE 状态='借出'
    --打开游标
OPEN Cursor_RecordInfo
--首先提取第一行数据
FETCH NEXT FROM Cursor_RecordInfo
    --从游标逐行读取值
WHILE @@FETCH_STATUS = 0
        FETCH NEXT FROM  Cursor_RecordInfo
--关闭游标
CLOSE Cursor_RecordInfo
--删除游标
DEALLOCATE  Cursor_RecordInfo
GO
```

项目 12

1. 填空题

(1) 系统存储过程　扩展存储过程　用户存储过程

(2) CREATE PROCEDURE

(3) 常量　　NULL

(4) ALTER PROCEDURE　　　DROP PROCEDURE

(5) EXECUTE

(6) sp_

2. 操作题

(1)

```
CREATE PROCEDURE getVipReader
AS
BEGIN
SELECT 读者编号, 姓名, 读者信息表.类型,联系方式 FROM 读者信息表 INNER JOIN 读者类
型表 ON
读者信息表.类型=读者类型表.类型
WHERE 读者类型表.类型='学生'
END
```

(2)

```
CREATE PROCEDURE getRecord
@readerid CHAR(15)
AS
```

```
BEGIN
SELECT * FROM 图书借阅
WHERE 读者编号=@readerid
END
```

(3)

```
CREATE PROCEDURE getRecordBookState
@state nvarchar(20)= '已还'
AS
BEGIN
SELECT * FROM 图书借阅表
WHERE 状态=@state
END
```

项目 13

1. 填空题

(1) 标量值函数　内联表值函数　多语句表值函数

(2) CREATE FUNCTION

(3) SELECT 语句　EXEC 语句

(4) ALTER FUNCTION　　DROP FUNCTION

(5) SELECT

2. 操作题

(1)

```
USE Library
GO
CREATE FUNCTION BorrowNum(@readerid CHAR(15))
RETURNS INT
AS
BEGIN
DECLARE @Num INT
SELECT @Num=count(*) FROM 图书借阅表
WHERE 处理日期 IS NULL AND 读者编号=@readerid
RETURN @Num
END
GO
```

(2)

```
USE Library
GO
CREATE FUNCTION FindRecord(@date DATETIME)
RETURNS TABLE
AS
RETURN
```

```
SELECT  图书信息表.图书编号,ISBN,借阅日期,姓名, 图书借阅表.状态
FROM  图书信息表 INNER JOIN 图书借阅表 ON  图书信息表.图书编号=图书借阅表.图书编号
INNER JOIN  读者信息表  ON  读者信息表.读者编号=图书借阅表.读者编号
WHERE  借阅日期<@date
GO
```

项目 14

1. 填空题

(1) 登录触发器 DML 触发器   DDL 触发器

(2) CREATE TRIGGER

(3) ALTER TRIGGER   DROP TRIGGER

(4) AFTER   INSTEADOF

(5) AFTER

(6) INSTEAD OF

2. 操作题

(1)

```
CREATE TRIGGER DeleteReader_trigger
  ON  读者信息表
  AFTER DELETE
AS
BEGIN
    DELETE FROM 图书借阅表 WHERE 读者编号=
    (SELECT 读者编号 FROM deleted)
END
```

(2)

```
CREATE TRIGGER UpdateReader_trigger
  ON  读者信息表
  AFTER UPDATE
AS
BEGIN
  DECLARE @newid CHAR(15)
  DECLARE @oldid CHAR(15)
  SELECT @newid=读者编号 FROM inserted
  SELECT @oldid=读者编号 FROM deleted
  UPDATE 图书借阅表 SET 读者编号=@newid
  WHERE 读者编号=@oldid
END
GO
```

(3)

```
CREATE TRIGGER Book_trigger
  ON  图书基本信息表
```